读客®图书

涂鸦思考力

THE DOODLE REVOLUTION

UNLOCK THE POWER TO THINK DIFFERENTLY

[美] 桑妮 · 布朗 著　杨蓓 译

SUNNI BROWN

江苏凤凰文艺出版社
JIANGSU PHOENIX LITERATURE AND ART PUBLISHING, LTD

谨以此书献给以下六位给予我勇气、卓见、创意和热情支持的人：

精灵搞怪的洛奇·布朗

直言不讳的埃迪·维德

思想家切特·霍尔欣

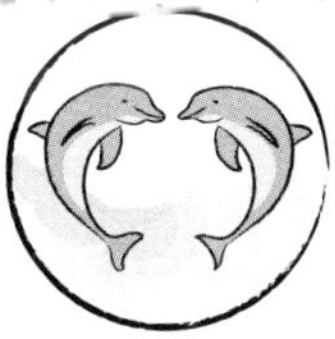

武术大师乔治斯·圣皮埃尔

循循善诱的弗林特·斯帕克斯

富于远见的杰弗里·加纳达

“21世纪的文盲不是那些不会读书写字的人，而是那些不懂得如何学习、如何摒弃过时的错误知识并且重新学习新知识的人。”

——阿尔文·托夫勒（美国社会思想家、著名未来学家）

目　录

引言

第一章

涂鸦的本质就是思考

第二章

涂鸦的革命性贡献：认知力、团队表现力、个人乐趣

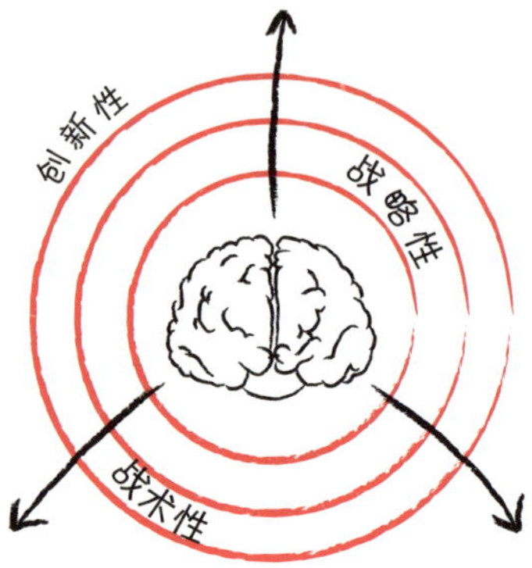

第三章

学习涂鸦：探秘视觉语言

第四章

学习资讯涂鸦：精通视觉思维

第五章

将资讯涂鸦带到工作中去：改变我们在团队中的思维方式

第六章

迈向视觉文明：涂鸦革命呼唤我们的行动

最后的话

引 言

“涂鸦没有特定的定义，只有你对它的洞见。”

——桑妮·布朗（又名“涂鸦博士”）

亲爱的读者：

在我们的首次互动中，我想作出一个承诺：这本书将给你们的生活和工作带来深远的影响。我写这本书不是自娱自乐，说老实话，甚至不是为了娱乐你们。我写这本书是因为我们每一个人都能从中得到有用的东西。我说的“有用”不是化妆品或者蛋糕上的糖霜那种有用，而是潜艇或者利剑那种有用。这种有用方式就像X光或是深海油井钻头，甚至是蓝天下的一张吊床。这本书的本意——请原谅我在这里陈词滥调一把——就是要改变你的生活。当你希望拥有一件对抗愚昧的武器时，当你希望有得心应手的工具帮助自己处理复杂情势时，当你希望通过冥想审视内心时，当你希望参与一个充满新奇发现的游戏时，这本书将给你提供一种全新的可能。所有这些可能性其实就在你触手可及之处，藏在一个广为人知的名字后面——“涂鸦”。所以呢，我的朋友，这就是本书面世的原因。它是全球化运动的一部分，这场运动旨在为视觉文化立言，我将其称为“涂鸦革命”。而你们都是这场革命中必不可少的一分子。

爱你们的

桑妮

涂鸦革命的缘起

为什么涂鸦革命必然会兴起？为什么涂鸦革命者们必须找到彼此，互相学习？有以下五个原因：

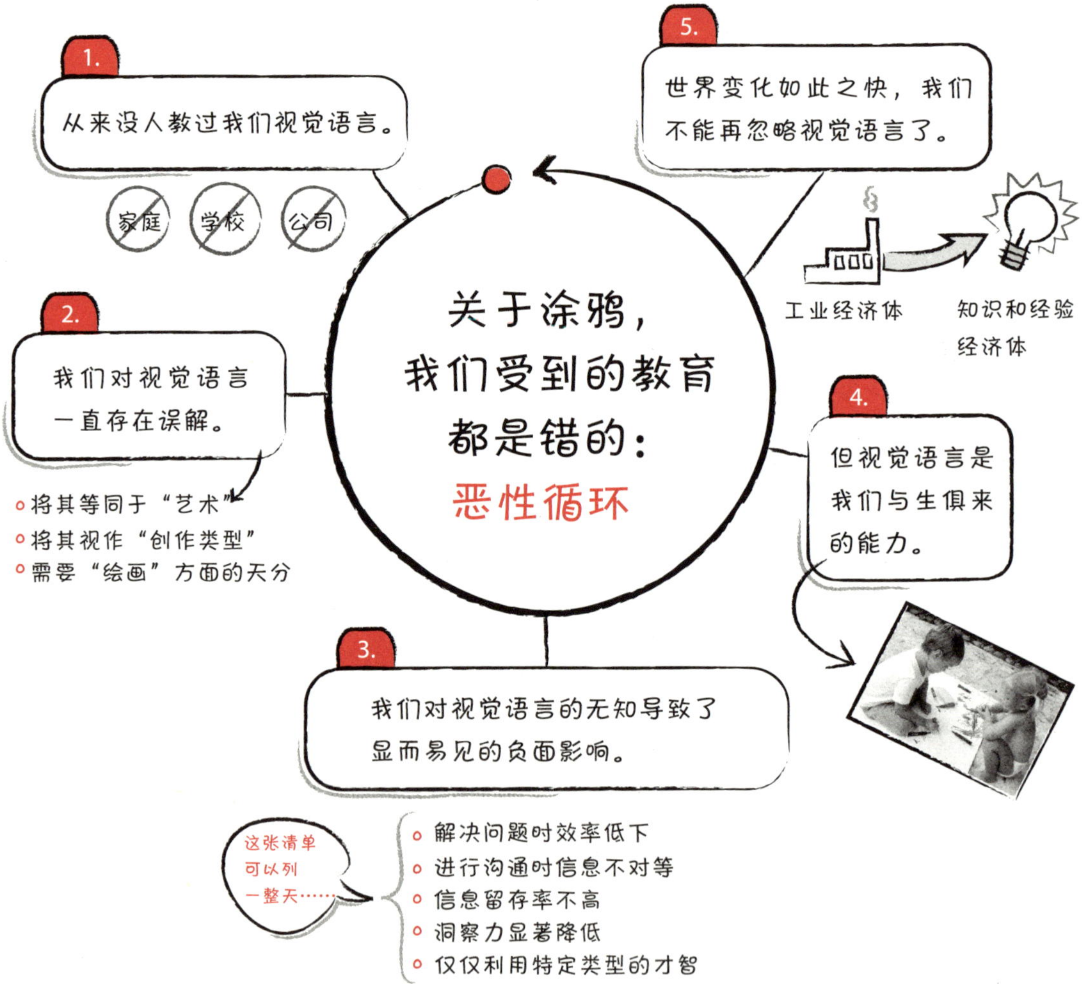

#1.从来没人教过我们视觉语言。

在如何应用视觉语言方面，我们从来没有得到过充足的教育，不管是在家里、学校还是公司。在我们确信上述任一机构能够胜任此种教育之前，我们必须选择自学。

#2.我们对视觉语言一直存在误解。

我们的文化对于“艺术”“绘画”和“涂鸦”有着刻板印象，这种成见对于我们的学习和成长是种阻碍。关于如何体现“创意”，我们一直被误导了，这极大地阻碍了我们对视觉语言的接纳。我们必须摒弃这些错误印象，它们对我们毫无益处。

#3.我们对视觉语言的无知导致了显而易见的负面影响。

不能有效运用视觉语言使得我们认知事物的效果大打折扣。运用视觉语言的能力是我们与生俱来的，它能使我们更有效率地进行探知、学习、记忆和思考，这种能力的缺失是不可接受的。我们值得更好的。

#4.但我们每一个人天生就会视觉语言。

其实我们已经知道怎样运用视觉语言——我们天生就会。我们手握一件如此强大的工具，用它发挥的作用却如此之少，这实在太令人吃惊了。我们需要做的就是解开束缚，训练这种能力。我们每个人都已经站在了涂鸦世界的大门口，门里边是一个充满无限可能的世界。

#5.我们没法承担忽视视觉语言的后果。

我们再也无法承担漠视视觉语言的后果了。现在信息的密度如此之大，市场朝着知识与经验经济的方向迅速发展，形势不等人。我们的竞争对手——不管是国内的还是国外的——可没有在呼呼大睡。如果我们民族的成年人都是些受过教育但对视觉语言一无所知的人，那么，我们面对未来的挑战可没什么胜算。

涂鸦思考力学习之旅

本书将带你开启一段了解视觉文化的旅程，你可以参考下面的弧线选择起始点。有一点我想特别指出，你对涂鸦的态度不会影响到这趟旅程，不管你深深着迷于涂鸦还是激烈反对涂鸦，这段旅程都能给予你有价值的东西。

开篇

第一部分：涂鸦革命的实例

第一章

破除关于涂鸦的谬见

如果你想拥有完整的革命体验：破除偏见、深入探讨、实际应用，请从此章开始。

第二章

了解涂鸦的宝贵价值

如果你已经不再受关于涂鸦的谎言及谬见所束缚，希望从了解涂鸦对认知过程带来的好处开始，请从此章开始。

深入探讨

第二部分：涂鸦大学堂

第三章

练习入门级别的涂鸦

如果你已经不再受关于涂鸦的谎言及谬见所束缚，已经了解涂鸦对认知过程的好处，希望从基本的涂鸦开始学习，请从此章开始。

第四章

学习资讯涂鸦及三种子类型

如果你已经不再受关于涂鸦的谎言及谬见所束缚，已经了解涂鸦对认知过程的好处，自信已经掌握了基本的视觉语言，想让表现更上一层楼，请从此章开始。

结语

第三部分：将资讯涂鸦运用到工作中去

第五章

涂鸦在工作中的运用

如果你已经精通资讯涂鸦，希望在团队工作中用它来解决问题，请从此章开始。

第六章

冲破“影子”，签署涂鸦革命宣言

如果你是坚定的革命者，需要为团队工作提供简明提示以及振聋发聩、反抗世俗成见的慷慨陈词，请从此章开始。

第一章

涂鸦的本质就是思考

成年人不会画画：一份来自视觉语言研究的报告

过去几年里，我常常直视人们的眼睛，听他们对我当面撒谎。我一点也没夸张，数以千计的成年人这么干过，而且在可预见的未来，这样的事还会继续发生。也许在这件事里，最糟糕的部分是所有这些成年人都对自己的谎言深信不疑——他们真的认为自己听到的那些胡说八道的话是正确的。这些无处不在的谎言以各种各样的形式传播——相信我，成年人在说谎这件事情上可是很有创造力的——不过它们的中心思想可以概括成三个词：

我，不会，画画。

为什么这句话荒谬可笑呢？有很多原因。首先，我面对的那些人，眼睛和双手功能健全，大脑皮层里主管视觉的功能区也完好无损。其次，我还从没遇到过一个跳过了童年时代直接长到四十岁的成年人——而在童年时代，我们绝大部分人都很乐于涂涂画画。再次，我和大家一样，都是在一个无形中将视觉语言看得不名一文的文化氛围中长大的，所以我也曾不得不揭穿自己的谎言，这一经历使我变得非常善于辨认那些谎言。最后一个原因基于我的经验。作为一个作家、企业家和专业的资讯涂鸦者，我收到了无数先前坚信自己没有绘画基因的人手绘的资讯涂鸦，这些图里有图形符号、流程图、鲜明个性的独特字体，技法可谓十分纯熟。当我收到这些礼物时，根本没必要再揭发他们之前对我说的谎——它们已经彻彻底底地不攻自破了，很不可思议吧。

到底发生了什么，我们手中只剩下数字和词语？

在发现世界各地的组织机构和团体中，“我不会画画”的典型症状无处不在后，我的好奇心（以及挫败感）终于占据了上风。在一个社会体系中，当占据绝对数量优势的成年人相信自己缺乏视觉化表达事物的能力时，肯定有什么不对。我想将这一现象称为“视觉文盲”流行病，而在判定“视觉文盲”时，任何一种判定成年人是文盲的既定标准都不太适用。所以要理解我所说的“视觉文盲”，让我们先来深入探讨一下“有文化”这个词。

有文化 = 有能力……

- 辨识
- 理解
- 诠释
- 创造
- 交流
- 估算

……在不同情境下使用印制和手写的素材

上面说的很有道理，是不是？但谈到“有文化”时，我们还需要认识到一个重要的方面：“有文化”包括了一个连续的学习过程，它能够让个体达成目标，增长知识和潜能，充分融入社群及社会。[1]

当我们认识到文化水平影响人的潜力时，提高全人类的文化水平便成为当务之急。同时，我相信提高人们的“视觉”文化水平也一样紧迫。这一想法在经济发达国家已经开始流行——让我们坦率地承认这一点——视觉文化水平同样也能影响人们的潜力，让人们可以达成目标，扩展知识，在改造世界方面做出更充分的实践。“视觉文化”可以定义为有能力运用视觉语言及材料来处理信息。

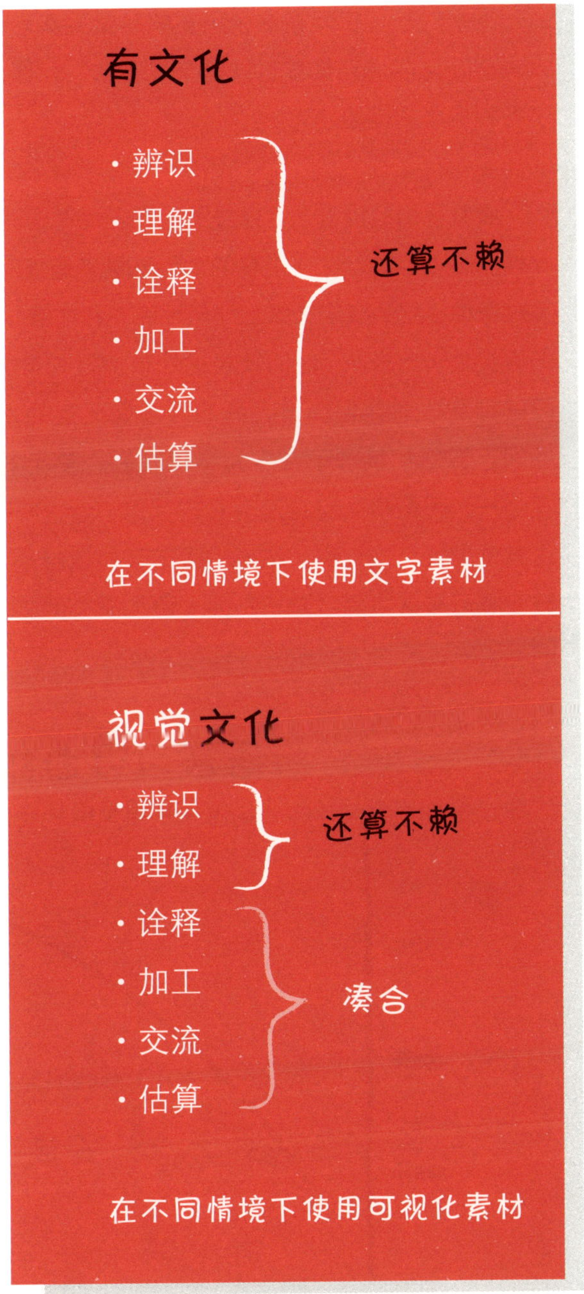

因为人类在生理上先天具备开发图像智力的条件，我们的视觉文化水平怎么也不可能糟到无药可救的地步，我们基本上都已经准备好成为一个“视觉文化人”了。绝大多数不是瞎子的人都能轻松辨识图像信息。（奶奶，看！一只土狼！）但在要求解析图像信息时，我们就有点力不从心了。[2]（那只土狼摆出那个姿势说明了什么？）当试图运用视觉语言进行情势的估算、信息的加工和交流时，我们就开始彻底抓瞎了。在这几个方面我们通常会发现自己面临很大的障碍，但这几个方面偏偏又很重要，因为正是它们使人类拥有了复杂的思想。我能看见并认出一只土狼，这点我很欣慰，但要是这只土狼决定以后定期来洗劫我的露营地，也许我会需要一个比嚷嚷“快跑！”更复杂的计划。而一旦我琢磨出一个应对未来突发状况的计划，我肯定希望能够同别人进行交流，以便得到他们的意见和行动上的支持。这就是情势的估算、信息的加工和交流。明白了吧？

不幸的是，在现在这个历史的紧要关头，我们同视觉语言之间的关系却很令人失望，可以说充其量也就是个“凑合”，而且这一视觉文盲症的大肆流行引发了各种各样的问题。

看看我们的语言学习曲线图，代表视觉语言的那条曲线是怎样像丢出去的石头那样一路下坠的？这一潜在的危险现象又是何时开始冒头的？原因又是什么？[3]我见过各种年纪的孩子在纸上娴熟地涂鸦和作画，那些线条就像藤蔓源源不断地从他们指尖生长出来。[4]他们做起这件事情轻松自如，完全不需要外部的驱策或是专门的训练。对他们而言，涂涂画画是天生的本领，就像走路和说话一样。可接下来，当他们接触了数字和字母以后，使用视觉语言的能力仿佛一下子便丢失了——大人们事先完全没有警告过他们会这样——更要命的是，根本没有成年人注意或是关心这一点。孩子们丢下了使用起来无拘无束、轻松自在的图画工具，转而拿起被认为是“真正”的、更加有力的工具——数字和字词，而在他们以后的人生中，所关注的多半也只有这两种“工具”了。

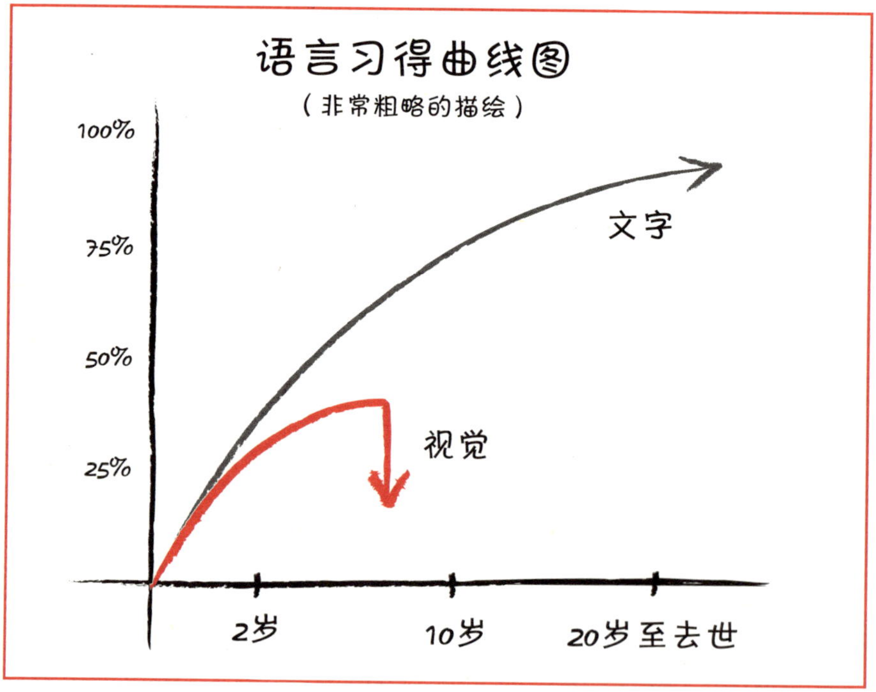

和大多数成年人一样，你也许会认为：那又怎样？就算我们把怎样涂鸦、画画全忘光了，又有谁在乎？那些东西同我们成年人的生活、工作有什么关系？我明白你的意思。我本人就是个文字爱好者，这一点无法否认，我痴迷语言学研究，并且对数字和数据怀有深深的敬意。[5]但鉴于我与无数成年人一同工作时的见闻，我没法忽视下面这个重大的问题：

为什么我们绝大多数人在能够有效利用视觉语言的时候对它弃而不用，反而去使用数字及文字语言？！！

为什么，当我们完全有能力——这种能力可是由我们的基因决定的，如假包换——使用视觉语言时，绝大多数人却一意孤行地选择那些需要通过学习才能掌握的符号语言呢？为什么我们要放下手中已有的工具以便拾起另外两种工具，而不是将这三种工具都利用起来呢？如果一种工具能让我变得更聪明，更敏捷更清晰，与人交流起来更顺畅，那我到底为什么要丢弃它呢？

在这里我要抖个包袱了：我觉得绝大多数人并不知道可以拿视觉语言这个工具干什么，除了在某些特定领域。在建筑学、工程学、设计及艺术领域，我们觉得图像的存在是理所当然的。对在教室或者办公室外墙涂鸦的做法，我们也还算OK。我们会觉得餐馆里那些画在餐巾纸上的速写挺有意思（在喝下几杯玛格丽塔酒以后，我们甚至会很欣赏它们）。我们会和朋友们一起玩“画图猜词”。但我不认为我们意识到了视觉语言在绝大多数其他地方也是有用武之地的。对视觉语言与批判性思维、视觉语言与解决问题之道、视觉语言与理解力或是视觉语言与创新之间的关系，我们当代的文化和大学没有进行过任何系统化的研究。在这些领域，我的朋友，我们还处在黑暗的中世纪呐。但视觉语言已经解放了那么多的智慧和创造力，不能再被漠视了。我们必须把它推到聚光灯下。必须打破对涂鸦和画画的陈旧认识，拂去覆盖在这一工具上的尘埃，将它真正用起来。这就是涂鸦革命的全部意义所在。

涂鸦时刻

在这本书中，我会邀请你做各种各样练习。随着你对涂鸦的理解不断加深，这些练习会变得越来越复杂，需要动脑筋的地方越来越多。下面是第一个练习。拿起一只钢笔或记号笔，试着进行这一简单的练习。照着下面两个图案开始画：线条不能中断——尽量在十秒钟内不要让你的笔尖离开纸面——让线条互相交叉数次，构成一个闭合的形状。此外，你可以自己设计这些线条的特点或颜色，让它在纸上自由地旋转漂移，就像风中的塑料袋一样（抱歉，在城市生活的人只能打这个比方了，悲哀啊）。在大概十秒钟之后，停下来，花点时间往线条交叉处围成的闭合空间里涂上阴影。然后体会一下这个练习对你产生的影响。你有没有觉得更加放松？你是不是想要继续画下去？不管你有什么感受，我都要祝贺你，你刚刚往你大脑中主管想象力和视觉的区域输送了富含葡萄糖和氧气的血液。你还让自己回想起原来自己早已知道怎样涂鸦，回想起它是多么有趣。

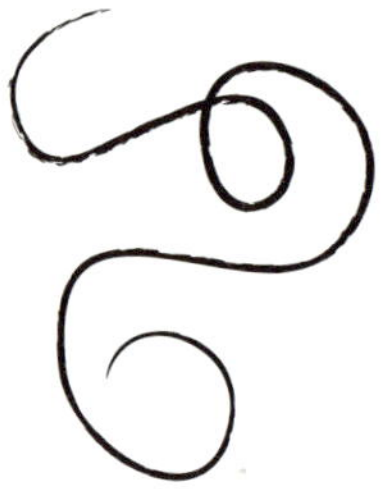

话说回来，为什么成年人应该学习涂涂画画?

我教成年人涂涂画画的原因和其他人教成年人写作的原因一样：视觉语言也是一种**语言**，流利使用这种语言能给予我们一种令人吃惊的能力——清晰地表达我们的想法，顺畅地同他人交流，解决我们用别的方式无法解决的问题。

对于这一说法，有大量科学及意义建构方法论（Sense-Making Theory）的例子可以支持，不过在详细讲述这些例子前，我要先告诉你一个秘密——我是怎么学会哄劝成年人拿起笔来涂涂画画的——要知道，拦着他们涂涂画画的障碍可谓无处不在。[6]

我不会对成年人说“画画”这个词。

在同生意伙伴共事时，我遇到过很多挫折，犯下了很多错误，经过这些挫折和错误，我认识到“画画”这个词语承载了太多的东西。如果你问成年人他们会不会画画，他们会理解成你在问“你能不能创造出栩栩如生的艺术形象？”。当我说“画画”这个词时，人们的脑海里立马会浮现出达·芬奇或毕加索的大作，然后吓得够呛。听到这个词时，那些可怜的家伙做出的反应从抗拒到逃跑不一而足，这都是可以理解的。如果我们认为画画要求你熟练地用画笔将现实中的事物再现在纸上，那么悄悄告诉你们，按照这个标准，我也不会画画。就算一只树袋熊在我书桌上耐心地摆上两天姿势，我也没法画出它的画像（但毫无疑问，我能够给它来张涂鸦，你也可以）。

我要说明的是，学习怎样作画并不是本书或涂鸦革命的着眼之处。在阅读这本书的过程中，有时候你会发现你正在画画（如果你对此感兴趣，请坚持看下去），但这本书所关注的，是普及、倡导一种简单明了的视觉语言，也就是“涂鸦”。

本书关注的是涂鸦——以及涂鸦的升级版本“资讯涂鸦”——的应用，它们作为好上手、强有力的工具，能够帮你应对一切凶险的挑战。

我花10秒钟时间画的树袋熊涂鸦，灵感来自我在互联网上找到的照片。现在你来试试。

现在，我知道有些人仍在怀疑：涂鸦？你是认真的吗？也许你画画不在行，但事实上，你是一个受过教育的成年人，涂鸦对你而言就是小儿科。我的意思是，小孩子们都会涂鸦。哪怕一个傻子，给他一截粉笔，他都能涂上几笔。哈哈，谢谢你说出了我想说的话。涂鸦不需要艺术天赋，不需要昂贵的画具，不需要正规训练，不需要“上天赋予的”作画能力。涂鸦很简单，它是一种天性，人人皆有。全世界的人涂鸦起来都得心应手。事实上，涂鸦的概念和表现形式在我们生活中非常普遍，出现的频率就像唱歌和跳舞一样高。人类天生就擅长“秀出来”，而不是“讲出来”，所以在引导浮躁的成年人重新掌握这种“秀出来”的能力时，涂鸦是一种极好的工具。而且这一工具拥有不同寻常的力量，一旦我们接受了它，它便能在我们手中发挥越来越大的作用。

为了让那些爱纠结字眼的家伙安心，之后我们会简要地进行一些语义学上的探讨。

想想这一现实吧：即使是最简单随意的涂鸦，也已经给社会带来了巨大的、划时代的革新。无数科学、数学及商业上的突破性进展，都源自一个在纸上涂画粗略记号的微小动作。[7]涂鸦让无数团队对自己的事业有了更深入的了解，让无数个人对生活有了全新的体会。外人没法看到一个涂鸦者大脑中思想火花在神经元突触间噼里啪啦跳跃的情形，但，我的朋友——你真的能看到他在由内而外地发光。不要再把涂鸦视作一种毫无价值的行为了，因为这么想便是无视了这样一个事实：成百上千个发明创造的灵感正是源自视觉语言和思想之间的共生关系。我可没骗你。涂鸦能改变你的思考方式。而你只需要迈出小小一步，就能完成这个转变。

我的侄子和侄女，非常专注地在涂鸦。

对不起，你刚才是说“涂鸦”？

世界各地的人都听过“涂鸦（doodle）”这个词，也都对这个词有先入为主的印象。[8]这一点对我们结交“涂鸦”这个强大的朋友来说既有好处，也有坏处，所以在这个章节里我将给涂鸦下一个定义，我衷心希望它能帮我们拨开笼罩的迷雾，让我们开始以全新的目光看待涂鸦。首先，让我列举“涂鸦（to doodle）”用作动词时的定义。

正是这一定义，绝大多数教师不喜欢有人在教室里涂鸦。

《韦氏字典》告诉我们“to doodle”意指“浪费时间或混时间”，它的同义词包括“胡混或闲耍”“闲待着”“做无聊的事”“怠惰”以及“像猴子一样瞎晃悠”（我发现最后一个定义既奚落了涂鸦又奚落了猴子）。维基百科告诉我们，“doodle”指“某人心不在焉时的信手涂画”。《美国传统英语字典》则直截了当地将“doodling”定义为“浪费时间”。

17世纪的
“涂鸦”定义：
傻子；蠢货

唔……这些定义没有一个像是在说好话。也许历史上这个词的定义会比现在的更友善些？让我们来瞧瞧。17世纪，“doodle”这个词只是一个名词，意思是“蠢货或傻瓜”。哎哟。现在我们知道“《扬基歌》（Yankee Doodle）”的由来了。

18世纪，“doodle”变成了一个动词，意思是“嘲笑，欺骗，耍弄”——由之前它那个恶意满满的名词词义自然而然地引申而来。

18世纪的
“涂鸦”定义：
嘲弄、欺骗

19世纪的
“涂鸦”定义：
堕落腐败的政客

到了19世纪，“doodle”作为名词又有了新的意思：“堕落腐败的政客”，也就是尸位素餐或以权谋私的公职人员。正是从这个义项引申出了现在我们将“doodle”用作动词时那一大堆充满贬义的词义——简而言之就是“无所事事”。

你看，到目前为止，谈到“doodle”这个词时，我们连一个含有褒扬之意的词义都没有，甚至连一个持宽容中立态度的词义都没有。这可真是太不友好了。

也许你会因为“doodle”的定义而窃笑不已，或者因为它蠢蠢的发音忍不住蹦出几句俏皮话，但说真的，对于这样一种真正称得上是我们与生俱来的能力，世人的误解可真够深的。

所以接下来我们将刷新“doodle”这个词的定义。在同数以千计的涂鸦者共事过、亲眼见过他们的所作所为后，我发现有必要提出一种关于涂鸦的不同观点，而且这个观点必须非常清晰明确地表述出来。

我不相信涂鸦的人都是心不在焉的。我不相信涂鸦的人都像猴子一样在瞎晃悠，不相信他们是在浪费时间。所以我要大声说出下面这句话：

世上根本没有漫不经心的涂鸦。

为什么在三万多年的岁月里，无数人在雪地里涂鸦，在沙地上涂鸦，在山洞的墙壁上涂鸦，在日记本里涂鸦？为什么涂鸦会出现在我们最著名的思想家、科学家、作家和创新者的笔记本上？因为世上没有漫不经心的涂鸦，涂鸦同无所事事一点关系也没有，吃惊吧？有太多的证据表明，当一个人涂鸦时，他的大脑实际上正在进行深入和必要的信息处理。他正在将之前断开的思路重新连通起来，将纷繁的信息一一过滤。他全神贯注、专心致志，头脑中闪现出大量的思想火花——经常比我们意识到的要多很多。亲爱的朋友们，这一事实正是我想让你记住怎样涂鸦的原因。我希望你们在读完这本书后，能够认真地提高你的涂鸦技巧，因为同时得到提升的还有你的思考能力和解决问题的能力。

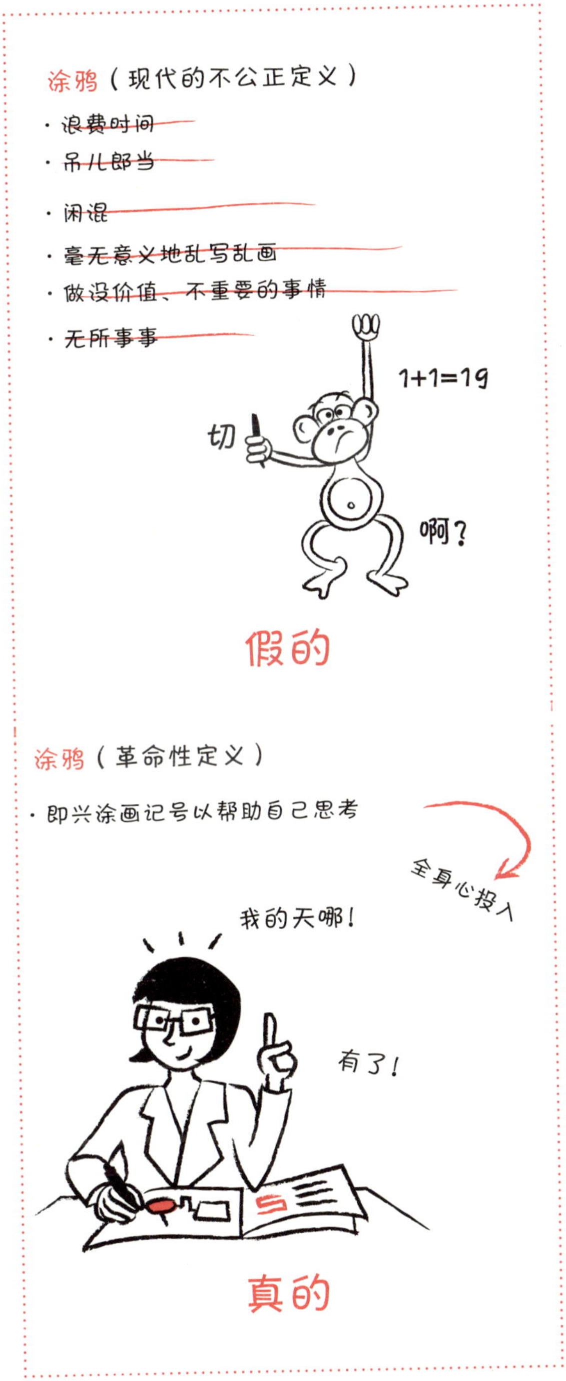

让我们完成这件早该完成的事情：为“涂鸦”正名。从现在开始，当你看到“涂鸦”这个词时，我希望浮现在你脑海中的是这样一个解释：“**全身心投入地即兴涂画记号，以帮助自己思考。**”我希望你将“涂鸦”看作“无所事事”的反义词。本书结尾时，你将清楚地了解到涂鸦的力量以及它在你生活及工作中的绝妙用途。

涂鸦与鬼画符、草图及绘画作品

现在我们已经推翻了大量加诸“涂鸦”这个词上的错误定义，你们中的一些人自然就会问了：那要怎样区分一幅涂鸦之作、一张草图或是一幅绘画作品呢？我在这里作一个宽泛的解释来帮助你理解。

鬼画符：随意抽象的线条，涂画时画笔通常不会离开纸面；同孩子们手眼协调能力的发展相关。

草图：快速地、不加修饰的涂画。

绘画：对某个物体或形态的图像表达，一般来说可辨识性较高。

涂鸦：即兴地涂画记号以帮助思考。

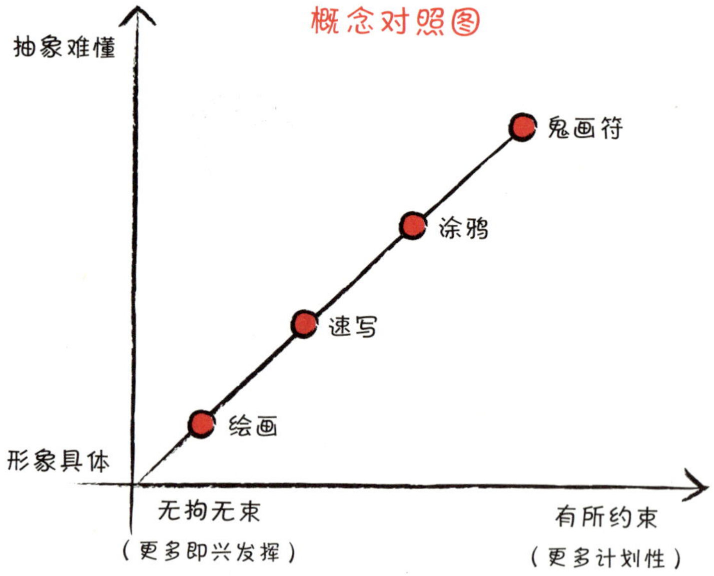

那些爱纠结字眼的读者也许要挠头了。不过在某些时候，一幅涂鸦之作能否被看作是一幅绘画作品呢？答案是肯定的。[9]一张草图能被看作是涂鸦吗？能。一幅绘画作品能够同时又是一幅涂鸦之作吗？能。[10]一张鬼画符能够同时又是一幅涂鸦之作吗？能。[11]一幅涂鸦之作能否同时也是一张草图呢？答案还是能。[12]千万不要自投罗网，跳进语义学的陷阱。真正重要的事实是，我们在这里给“涂鸦”这个词下了一个令人振奋的定义，因为它是一件我们所有人都力所能及的事情，之后我们还会一起来实践它。我们正在邀请全世界以一种积极的、实用性的角度看待涂鸦，它那了不起的实用性将使我们获益匪浅。

一个更为广义的“涂鸦”定义

在上一章节里我们推翻了“涂鸦”的“标准”定义，但接下来我们要做的才是真正的打破成规之举。

事实上，许多传奇人物非常仰赖涂鸦，将其视为帮助自己不断突破认知的可靠工具。你只需要稍微搜索一下就能发现，这样做的人数量相当可观，不过我想仔细说说其中三位：史蒂夫·乔布斯、阿尔伯特·爱因斯坦以及尼古拉·特斯拉。

还记住我们对“涂鸦”所下的新定义吗——“即兴地涂画记号以帮助思考”，现在请设想那些记号并不非得是笔在纸上留下的。设想那些记号可以是任何种类的印迹——在雪中踽踽而行踩下的脚印，演奏乐器时发出的音符，抑或是大脑中电化学反应的踪迹。设想“涂鸦”这个概念可以超越视觉范畴，并不仅仅局限于能被人们看见的图形。设想涂鸦可以是动觉的，存在于身体的运动中。设想它是手语式的，存在于手势的变幻中；设想它是音乐性的，存在于手指对乐器的拨弄中；或者是精神性的，存在于思绪翻飞的过程中。听起来很疯狂是不是？稍安勿躁，听我举几个例子。

史蒂夫·乔布斯：动觉涂鸦者

史蒂夫·乔布斯，享誉全球的CEO、七大产业的变革者[13]，他有个著名的习惯：喜欢和别人一边长时间地散步一边讨论问题、作出决策。《财富》杂志将此称为“走动式会议”[14]——众所周知，这也是Facebook的CEO马克·扎克伯格所热衷的会谈形式——乔布斯去世前，他们两人还进行了数次这样的散步。沃尔特·艾萨克森在其所著的《乔布斯传》中多次提到，乔布斯在面临挑战时，会通过长时间的散步来整理思绪。[15]乔布斯似乎并不是希望通过这些散步来放空头脑，相反，他的目的应该是调整思绪，筛选有关此次挑战的已知信息，以期决定接下来要采取何种行动。

根据那些曾经同乔布斯一起散过步的人的说法，乔布斯很少会坐下来进行思考。他就像一根点燃的导火索，冒着火花四处乱蹿。而且他在开会时会很自然地使用视觉语言，在白板上涂涂画画，展示他的想法和策略[16]——不过同时他还会不断走动。乔布斯习惯于在肢体的运动中进行思考和作出决策，基于这一事实，我想将他称为“动觉涂鸦者”（同时也是资讯涂鸦者）。他是那种用自己身体做出即兴记号以帮助思考的人。

从这种意义上说，我们所有人身上都有点史蒂夫·乔布斯的影子。发展分子生物学家、《大脑规则》的作者约翰·梅迪纳博士就颇具见地地在办公室里装了一台跑步机，以便在慢跑中检索自己的记忆，得到有用的点子，因为他知道这是符合神经学机理的做法。对人类的机体而言，一边运动一边思考——我们可以将此称为“动觉涂鸦”——能够激发创意的产生。

阿尔伯特·爱因斯坦：音乐涂鸦者

对你们中那些不喜欢长时间走动的人来说，还有其他的涂鸦形式可供选择，其中一种拥有一位了不得的代言人：阿尔伯特·爱因斯坦。众所周知他是音乐的狂热爱好者。根据他的一本传记，对于爱因斯坦来说：

音乐不仅仅是消遣。相反，它帮助他思考。他的儿子汉斯·阿尔伯特说：“无

阿尔伯特·爱因斯坦：一流涂鸦者

论何时，只要他觉得自己的研究走进了死胡同，或是面临某个艰难的挑战，他便会逃向音乐的怀抱，这样做似乎能帮他解决一切难题。”在爱因斯坦独自住在柏林冥思苦想广义相对论的那些年里，他那把小提琴就是这样发挥作用的。一位朋友回忆说：“当他纠结于某个复杂难题时，经常会在深夜跑到厨房拉小提琴，即兴演奏曲调，然后，在演奏当中，他会突然兴奋地喊道，我知道了！就好像他受到了什么启发，在音符间一下子看到了问题的答案。”[17]

这段描述在不经意间体现了“音乐涂鸦”的价值。它为爱因斯坦提供了发现答案的全部条件。爱因斯坦的头脑中塞满了解决问题所需要的数据。他对问题的思考已经深入到了只可意会不可言传的境地。所以当他的思绪遇到阻碍难以前行时，他聪明地借助于这样一个手段：一边思考一边演奏——这正是任何一位优秀的音乐涂鸦者都会做的事情——通过即兴发挥在音乐中放飞想象。

从这个意义上说，爵士音乐家也是“音乐涂鸦”的大师，他们都很擅长即兴演奏。在关于爵士乐的研究中，人们非常关注带有大量反复节奏的古典乐与即兴发挥的爵士乐之间的区别。根据雅克·埃塔里[18]的观点，这两种演奏方式体现了两种非常不同的音乐思维模式。第一种音乐思维模式就像一张清晰的地图，给人们提供了一个可供立足和不断提高的模板，它对打磨、完善已有思路很有价值。但第二种音乐思维模式就像灯塔，给人们照出一条全新的去路，开启通往创意和变数的大门，让音乐家和听众获得超乎意料的发现。许多学者都对此看法表示支持。这种音乐涂鸦蕴含了改变我们世界本原存在的潜力（瞧瞧相对论！）。音乐涂鸦允许创作过程远远超出现有模式的限定，因而即兴表演者便成为了一个拓荒者，通过这种即兴发挥，沉睡的灵感种子得以有机会破土而出。

尼古拉·特斯拉：精神涂鸦者

尼古拉·特斯拉是世界上最多产的发明家之一，公认的科学狂人。终其一生，他开发并取得专利的发明成果足有七百多项，其中包括无线通讯、远程控制、X光技术以及荧光灯。尽管特斯拉对当代工程学作出了如此深远的贡献，但在20世纪90年代早期他的著作未受到世人瞩目之前，他也是世界上最没有名气的发明家之一。他去世时形单影只、一文不名，外面大街上的绝大多数人都没听说过他的名字。我希望通过讲述一些关于他如何工作的有趣事实，让世人重新认识他。

根据对其工作方式的历史记载，我相信特斯拉是一位非凡的“精神涂鸦者”。用涂鸦革命的术语来说，精神涂鸦者是指具有下述能力者：仅仅使用其头脑便能快速地进行多维模型建构。这样的涂鸦者不需要真实存在的模型图以供观看、调整或是改进。多位与特斯拉共事过的科学家都不约而同地提到，特斯拉几乎能在听到一个复杂装置名称的同时立刻在脑海中勾画出它的样子，细节清晰而精确。他基本上不需要用到纸笔。发明某件装置时，他能在自己的脑袋瓜里完成从设计到最终成品的全部过程！

尼古拉·特斯拉：一流涂鸦者

举个例子，特斯拉设计并实验了一种涡轮机，希望用它来发电。他用想象力把这台机器整个建造了出来，让它在自己的头脑中呼呼转动，然后修正机器运行过程中的错误。特斯拉玩起精神涂鸦来真是一把好手，以至于他认为托马斯·爱迪生搞发明的方法既笨拙又效率低下，需要麻烦的实验和过多程序上的步骤。

虽然不是每个人都能把精神涂鸦玩到如此风生水起的地步，

但它依然不失为一个可行的技巧。想象力就像肌肉，它能够增长、变强、伸展、弯曲。请记住这样一个事实：我们能够教会我们的大脑看得更清楚，也能够教会它“秀出来”。为了实现这一过程，我们可供利用的涂鸦技巧范围很广——既有复杂的，又有简单的。

那么，涂鸦将怎样履行这一承诺呢？我很高兴你想知道这一点。下面，掌声请出你们的新朋友：涂鸦的三个贡献（3P）——认知力（Power）、团队表现力（Performance）及个人的乐趣（Pleasure）。它们将回答你接下来必然会提出的问题：“要是我暂时抛开偏见，接纳涂鸦的所有形式，我能获得什么呢？”

第二章

涂鸦的革命性贡献：认知力、团队表现力、个人乐趣

三大贡献（3P）：涂鸦带来的惊喜

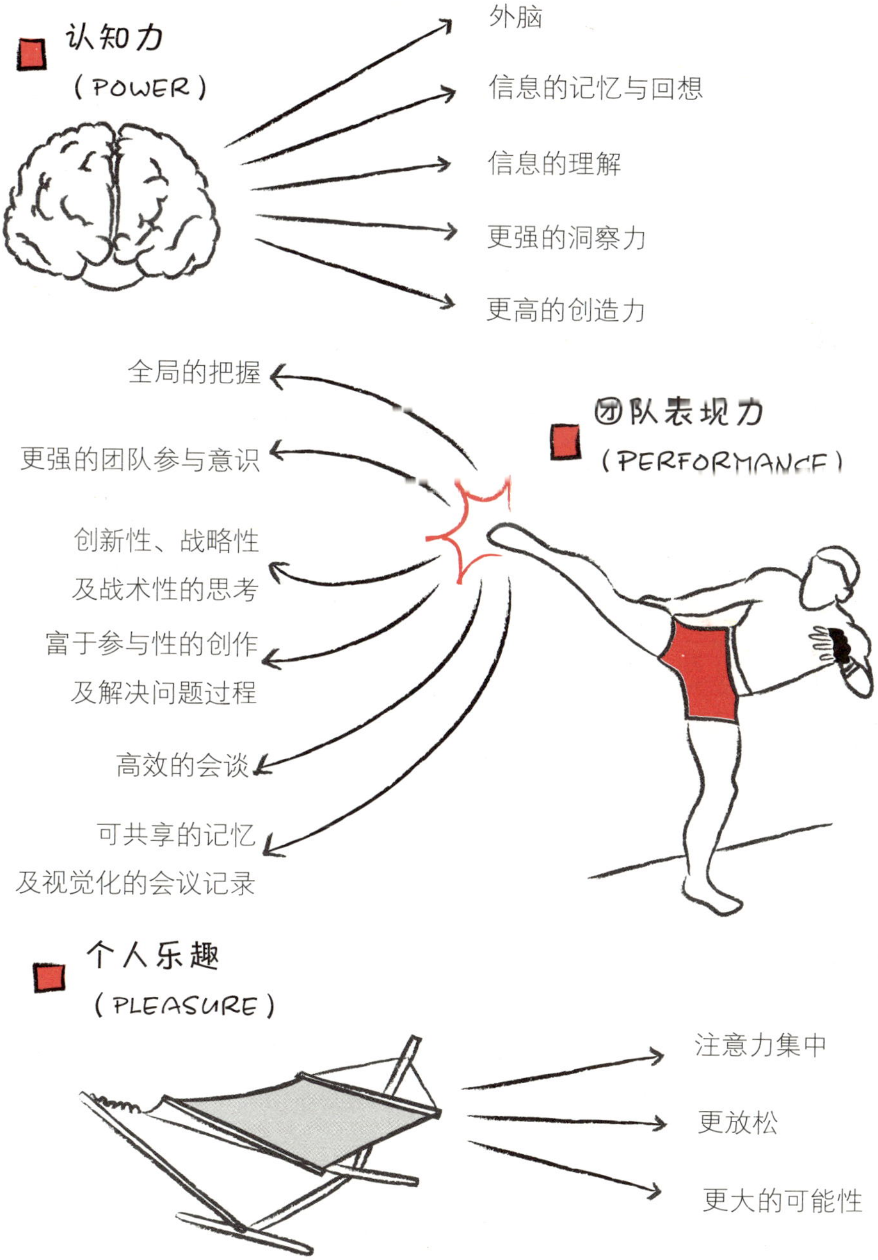

认知力

涂鸦作为一种思考的进阶模式，一种伪装起来的有用技巧，几百年来却一直被那些低估它的人误解。实际上，这个小小的技巧蕴含着极大的认知力量。

信息的记忆与回想

科学家和教育家们已经开始研究涂鸦在不同情境中产生的作用，其中一些人的发现也许会让你大吃一惊。比方说，你知不知道涂鸦实际上能提升你对信息的记忆和回想能力？我们的社会普遍认为，人们只会在注意力从正事上转移开时才会乱涂乱画，但事实刚好相反，涂鸦行为能起到一个“船锚”的作用——而且它在发挥这个作用时不会耽误你做其他事情——涂鸦就像一个“预防措施”，让我们避免在面对枯燥的话题时神游天外。英国普利茅斯大学的杰基·安德雷德博士曾进行一项实验，参与者被要求接听一通单调乏味的电话，接听电话时，一些实验对象可以涂鸦，另外一些只能单纯地听电话。[19]

她惊讶地发现，在对实验对象进行记忆测试后，涂鸦的人记住和回想起的内容要比对照组多出29%。这说明，涂鸦行为之所以会出现在复杂、令人感到不自在或冗长的讨论过程中，是因为人们通过涂鸦来集中注意力，而不是神游天外。

不过公平地说，涂鸦的确表明某人并没有把全部注意力放在当前的话题上。除非涂鸦者在主观上加以控制，否则他们很容易在涂鸦过程中陷入自己的思绪，而忽略身边正在进行的讨论或谈话。所以涂鸦革命者们需要时刻留神，不要毁了涂鸦的好名声，我们必须不断磨炼将涂鸦同身边的事情联系起来的技巧。我们将在后面的章节中逐步完善这一技巧。

谈到信息的记忆与回想，主要是因为，在现代社会，每天都有巨大数量的信息争先恐后地涌向我们的大脑。要想应对它们，我们绝大多数人需要借助所有能借助的工具。[20]不过，我们可以从安德雷德博士的研究以及古希腊抒情诗人西蒙尼戴斯那里得到安慰——西蒙尼戴斯被认为是两种最受欢迎的记忆方法的发明者[21]。他曾写道："任何事情都能被铭刻在记忆里，井然有序、随取随用；你只需简单地将其转变成一系列生动有趣的图像，再将这些图像存放进记忆房间。"这家伙肯定也是个酷爱涂鸦的人。

信息的理解

讲完了记忆，现在让我们来聊聊涂鸦如何帮助我们理解信息。首先，我要给你讲个故事，它也许能永远改变你对教室墙壁上那些涂鸦之作的看法。

1969年的冬天，我的朋友弗吉尼亚·斯科菲尔德正面临着一个令人畏惧的挑战：通过大学有机化学课的考试。此前她已经考砸过一次了，正处在恐慌发作的边缘。彼时的弗吉尼亚是得克萨斯大学的一名生物学学生，她对自己人生的规划可以用这么一句话概括："不当博士毋宁死！"为了拿到这个梦寐以求的头衔，她必须通过此次考试，别无他途。她必须理解、记住、消化有机化学课程里那些只有受虐狂才会喜欢的繁琐内容，更要命的是，连时间也没站在她那一边。

弗吉尼亚是个用功的学生，她拼尽全力，尝试了每一种她所知道的传统学习方法——用彩笔标注重点、摘抄笔记、死记硬背——直到最后她决定启用一个原始而强大的记忆工具：涂鸦。事实证明这成了她的救星。莫里森和博伊德编的那本《有机化学》出了名的晦涩，弗吉尼亚决定给里边每一个拗口的概念都配上一个浅显易懂的图像。她一边在纸上涂涂画画，一边回想笔下图案代表的化学概念，然后再接着涂涂画画。这个解决问题的办法既违背了传统观念，也违背了她所接受过的全部学院派教育。这个故事的结局可谓"一石三鸟"、皆大欢喜：弗吉尼亚顺利地通过了有机化学的终考，终于成为了斯科菲尔德博士，还在日后成为了一位著名的免疫学家，在同艾滋病传播相关的研究工作中取得了前所未有的重大突破，赢得了广泛的赞誉。[22]

斯科菲尔德博士从没忘记她所学到的这一课：简单的图像具有强大的力量，令人过目难忘，即便看起来像是——但愿不会如此！——鸡爪划拉的。斯科菲尔德博士在南加州大学、加州大学洛杉矶分校以及克莱蒙德大学教了几十年书，在执教期间，她革命性地将涂鸦作为一种教学工具加以使用。她要求自己的学生（绝大多数习惯于用文字做规整的笔记）照着她在黑板上画的草图依葫芦画瓢，要求学生们在她的课上记笔记时使用视觉语言。当然了，她也鼓励学生们使用符号、分类表、方程式和缩略语，总之要求学生们在听课时尽可能地创造形式自由的图像而不是拼命记下她说的每一个字。结果，很多之前处在挂科边缘的学生拿到了“优”。[23]斯科菲尔德认为，自己作为一位研究者和教师所取得的成功，很大一部分应归功于涂鸦，她认为涂鸦具有改变世界的力量。

最近，《科学》杂志上的一篇文章也证实了斯科菲尔德的远见。[24]三位研究者研究涂鸦及绘画对学生学习科学知识的能力的影响，他们发现，当学生们将注意力从理解图像转向通过画画表达自己的理解时，学习效果更好。

在此项研究中，研究者还发现，对比那些只阅读或是只写摘要的人，涂鸦的学生们表现出多项能力的提高，诸如：得出新的结论；引申及提炼思考过程；用概念性语言向他人清晰阐述自己的理解。而且提高程度引人注目。[25]基于此，研究者提议，绘画应被视为教育中的关键要素，与阅读、拼写以及分组讨论同等重要。

这个故事告诉我们，涂鸦和绘画作为学习工具，在应对复杂学科时，能极大地提高智力和创造力。因此这些工具非常适合用于处理高密度、高难度的信息——但这种情况下，人们往往排斥涂鸦。里根和克林顿都以喜欢在白宫会议中

大学生学习粒子体积及运动时的涂鸦笔记

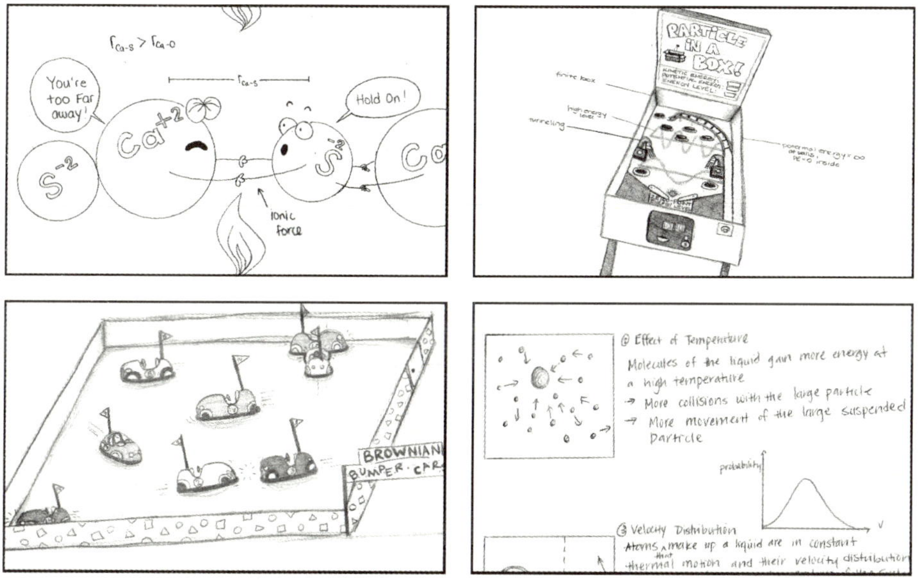

涂鸦而著称，这并非偶然——他们其实是试图在高度理性、高度风险的会谈中努力思考，作出决策。是时候让我们欢迎涂鸦了，它作为一种提升理解力的手段，在教室、会议室，甚至是作战指挥室里都值得精彩亮相。

沉浸式学习：通过多重模式进行学习

涂鸦、速写或是画图的一个重要好处就是它们打开了一扇新的窗户，让我们得以见识超越传统的学习方法。这一点相当重要，因为我相信学习者应该尝试任何能让你达成目标的学习方法。要是你用跳形意舞来学习天文学，我可是一点都不介意。面对所有能用的学习方法，我们不应该拘束自己用哪些或不用哪些，而涂鸦恰好涵盖了我所知道的每一种学习模式。不信？让我们来看看四大学习模式。

视觉型学习

视觉学习模式，即通过图像及可视化手段处理、理解观点、概念、数据及其他信息。[26]在此种学习模式中，涂鸦的好处不言而喻。

听觉型学习

> 我乐于承认，在教育界，对多重学习模式并存的定义、意义和衡量标准存在激烈的争论。我们能从中得到的有用信息就是：人类的全部知识是通过不同方式学到的，而不仅仅是通过阅读、书写和聆听——而偏偏绝大多数学校和公司只关注其中几种。

一位听觉型学习者通过听/说的方式能够最好地理解和传递信息。通过与不同类型的学习者交流，我注意到涂鸦非常适合作为一种听觉型学习的手段，途径有二：

一、聆听状态是很好的涂鸦时刻。换句话说，当人们坐在教室或会议室里，在参加会议或听收音机、电视节目的时候，会不自觉地拿出记号笔和钢笔涂涂画画。这些学习者需要通过涂鸦来更深入地专注于听到的东西，并且比不涂鸦的时候回忆出更多的内容。不管他们画的东西是否与所听到的内容相关，这些学习者似乎都很享受一边画图一边聆听的过程（我们也许可以将此称为“视觉翻译”）。说起来，我们每个人至少都认识一个开会时把手里的钢笔动个不停，就像长出了第六根手指的家伙，对不对？

二、通过自言自语、小声哼唱。涂鸦对某些人来说就好像一个开关，他们一拿起笔涂涂画画就不由自主地开始哼唱。与我共事的许多成年人会同时做出以下举动——喃喃自语，小声哼唱，涂鸦——仿佛这些行为神秘地关联在一起，并没有哪一个行为的优先级别更高，反而，它们会同时出现。这些行为结合在一起，似乎能极大地促进涂鸦者对信息的吸收和消化。

阅读&书写式学习

我们都非常熟悉阅读&书写式学习方法，因为它一直在全世界的学习领域占据统治地位（但请注意，鉴于此种方式蕴含的学习理念，它并不是必要的）。这种模式强调以文本为基础的信息输入及输出，简单说，就是以字词来传递信息。喜欢这种学习方式的人更容易接受书本、列表、杂志、报纸以及精心设计的PPT。涂鸦通过下列方式与这种学习方式关联：

文字涂鸦

“文字涂鸦者”会在一张纸上写下一个词，比方说，“肯尼迪”，然后在整个会议或发言持续时间内不断地重复书写或是描画这个词。他们可以画上几个月，甚至几年，要是我们当面遇上了，他们会用闷闷不乐的语调问我这代表了他们怎样的人格（就好像我是弗洛伊德的亲传弟子似的，可就连弗洛伊德本人也答不上来这个问题呀）。我的回答是，我从他们的文字涂鸦里看不出多少关于他们人格的东西（如果真那么做的话，这可是个危险的游戏）。但我的确知道大脑在理解字母时会把它们当成图像，所以他们反复描画的词应该是他们真正关注和思考的东西，就好像他们涂画的是头脑中想法的投射像或抽象的概念图。[27]

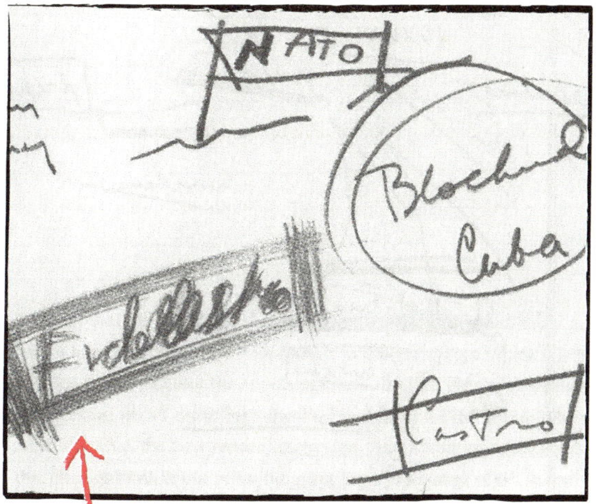

约翰·肯尼迪的文字涂鸦
“菲德尔·卡斯特罗”

字体涂鸦

接下来我们要说到的是“字体涂鸦者”。这些人与“文字涂鸦者”的区别在于，“字体涂鸦者”会给涂画的词或字母加上更为复杂的字体变化、相关的图解以及情感元素。打个比方，这些家伙可能也会书写或涂画“肯尼迪”这个词，但他们会用让人一看便能联想到卡米洛特的中古字体来涂画这个词。不管如何落笔，字体涂鸦者都会主动地将字词同视觉图像融为一体，以帮助自己思考，就像与他们相对应的文字涂鸦者一样。

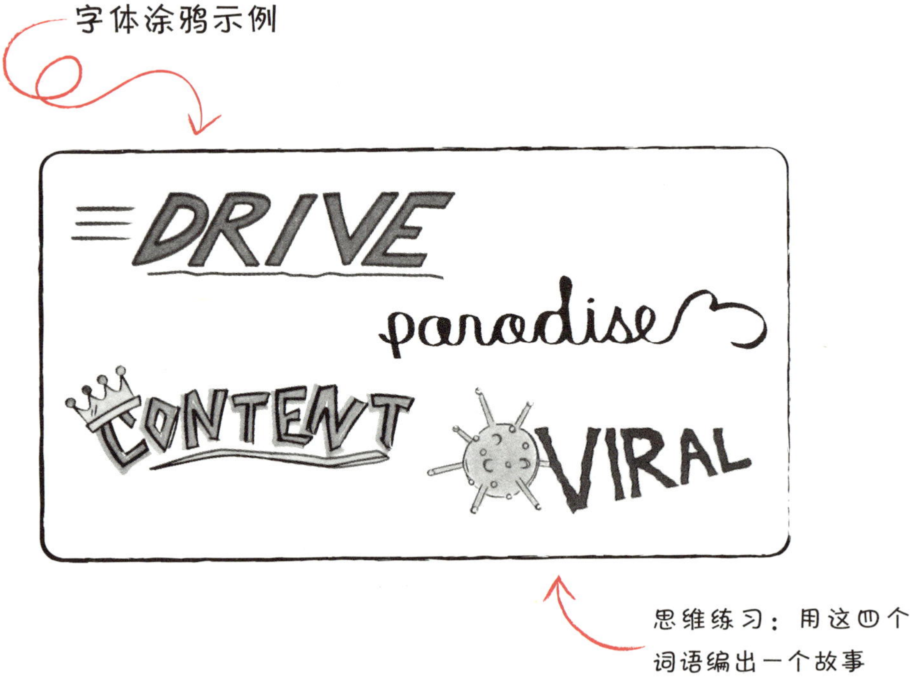

字母画涂鸦者

字体涂鸦有一个子分类特别值得一提：“字母画涂鸦”。字母画涂鸦与字体涂鸦的概念有部分重叠，字母画涂鸦也会将名词或动词词义的特征具象化，但与字体涂鸦的区别在于，字母画涂鸦在涂画词语时会使用能让人联想到这个名词或动词本身的某一个或某几个图案。用图像例子来说明会更清楚些，所以我在右面列举了两个。

字母画示例

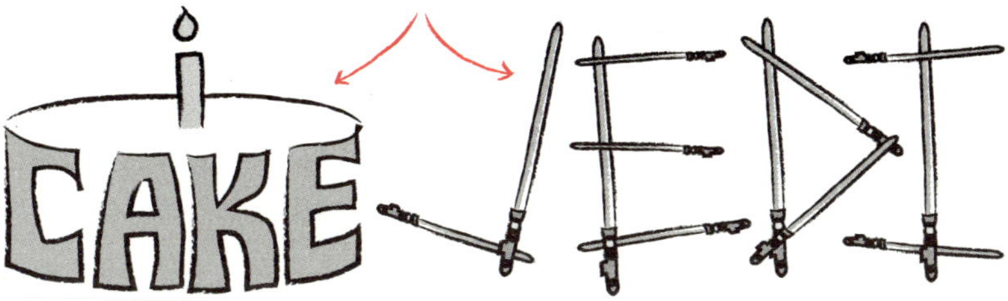

阅读&书写学习模式包含了一种高效的认知能力——它用以理解或生成书面语言的方式令人印象深刻——但作为学习模式而言，它不像涂鸦那样是人类生而有之的，必须通过学习才能掌握。[28]所以承认下面这点十分重要：阅读和书写对人类而言是意义重大的工具，但并非我们古老而强大的大脑进行思考的最优方式，我们的大脑在很大程度上更喜欢具有空间感和视觉性的信息读取方式。

动觉式学习

琳达·巴里是一位杰出的作家和漫画家，她曾经说，当你卡壳的时候，最忌讳的事情就是停下手里的动作枯坐着冥思苦想。她这话的意思能让涂鸦者们会心一笑。用我们的双手创造某些东西的动作表面上看来很细微，但这些小动作不仅肯定能让我们摆脱卡壳状态，同时也能改变我们看待、理解世界的方式。它控制、引导了我们头脑中的某些精力，若非如此，这些精力可能会因为坐立不安或白日梦而浪费掉。而且钢笔划过纸面或是记号笔划过白板的动作能让学习者的注意力显著地集中到当下。即使是在进行标准的涂鸦行为时，人体的运动幅度也远远小于，比方说，跳舞；但事实上涂鸦行为包含了抓握与走动这两个重要的肢体动作，无疑，它会影响到思考者头脑中可能出现的东西。[29]一个重要的提醒：当你准备进阶资讯涂鸦时，你会发现动觉式学习以及它所包含的肢体运动能让你学到的东西也许是四大学习模式中最多的。

在了解了四大学习模式以及涂鸦怎样与每种模式相关联之后，请花上一点时间想想你已经是哪种（或哪几种）涂鸦者了，现在程度如何，你想成为哪种类型的涂鸦者。不用想你现在就需要深入研究每一种学习技巧——在阅读此书的过程中你自然会做到。你只需要找个没人盯你看的时候想清楚自己的类型，要知道，任何一种涂鸦类型都能进阶到资讯涂鸦。

外脑（The Extended Mind）

涂鸦之于认知的最后一大好处与“外脑”有关。这个概念来自哲学，意思是，外部环境中的客体是思想可供延展的部分。所以思想并不只是孤零零地待在你的脑袋瓜里头，它包含了认知过程中每一个潜在的方面，包括对环境辅助的利用。换句话说，在这个观点中，环境因素里的客体与空间都是思想的一部分。从哲学角度我证明不了这一点。从现实角度说，我很清楚包围了我书桌的那些便利贴和白板上的速写和涂鸦在任何时候都是我的外脑。我知道我们同团队一起得出的方案雏形实际上承载了每个团队成员所知道的信息，所以我们没必要用自己的大脑来承载这些信息。我还知道我们需要方案里的那些条目，因为典型的人类大脑只能在活跃的记忆中容纳、考虑区区四条信息，这里所说的活跃记忆指的是在一瞬间分配给信息处理的思维空间。[30]所以我们需要创造一个物理空间，把我们的想法放入其中，好让我们的大脑将这一信息从短期记忆中释放出来，这样我们就把这条信息客体化了，能够实实在在地看到它，能够对它更深入地进行组织、检查和考虑。

Google的共同创始人拉里・佩奇似乎对这一观点心领神会，因为他在早年的一次TED大会上谈到，他和他的团队在确定100个工作计划的优先级别时，采用的方法就是把它们统统写下来，然后加以排序。[31]他解释说：“也许你会把这一百件事情放在脑子里思来想去，而我们却是把它们写下来，然后你就能更好地决定该怎么做。”

> 大卫・艾伦提出的提效方法“把事情了结”（Getting Things Done，“GTD”）之所以如此广为流行，部分是因为这一“外脑”理念。他反复提到，通过有意的、系统的方式来确定、组织待办事宜——哪怕只是简单地写一张清单——便能释放出潮水般的创造力。他说得没错，这种方法能够将活跃记忆从其重负中释放出来，所以非常管用。

现在我可以放心大胆地说，借助身边的白板（以及其他各种办公设施）来延展思想，经常能够促进思维的创新和对问题的深入分析。否则，我们将会花费大量精力纠结于细枝末节，尽管作出了最大的努力却依然不断失败。我们需要外脑，以给予我们空间，这样才能对事情的本质作出更多、更深刻的领悟。而为了达成外脑，涂鸦是必不可少的。不管是何种形式的涂鸦，都有着令人惊奇的效果。

团队表现力

我们已经了解到，涂鸦行为能够显著地影响个体的认知过程。同时，又有许多理由证明，涂鸦在作用于团队时也很有价值，尤其是在促进团队成员协同合作方面。当我们将简单明了的视觉语言融入团体思考过程中时，事情立刻就会改变。这并不只是因为涂鸦唤醒了一般情况下不会参与到头脑风暴中的大脑皮层。[32]关键在于用视觉语言进行交流的行为大大提高了会谈的关联性、功能性以及沟通性。它深化了人与人之间的信息交换。我已经亲眼见证了无数团体运用涂鸦做到下述事情：

1）在平淡无奇的环境中创造出令人不可思议的东西；

2）将一群彼此不满、态度散漫的家伙凝聚成一支精干的团队；

3）洞察某件产品或服务的本质，从而更好地进行推广；

4）找到接下来五年中能够采取的最聪明举措；

5）改善团队组织的运作流程。

亲爱的读者们，你们没有听错，我一点也没夸张。当涂鸦用在团队中时，它能解开许多问题的死结，不仅因为涂鸦提升认知力，也因为如果很有技巧地运用

一支团队正在借助涂鸦做出重大举措

它，你会有上述五个惊喜回报。接着往下看，你会发现涂鸦是怎样增强团队成员间的互动的。上页这张图片能让你对此有个大致的印象。

涂鸦如何增进团队互动

团队涂鸦能够让多位成员同时看到一幅更清晰、更大的全局图景。相比于依赖文字去理解每个人所侧重的观点，一次团队涂鸦能够让整个团队在一幅主题画中达成共识。即便主题过于复杂，难以得到一致意见，我们至少可以将讨论集中围绕在相同的细节上，避免重复啰唆的对话。

说到这里，我想同你们分享我自己的故事：一次，我花了大半个晚上同丈夫争论“英勇”的定义，海豹突击队VS其他种种。然而，在直观定位这些英雄人物的行为时，我俩根本达不成共识。我们的讨论建立在价值观的基础上，而价值观很难用语言精确地表达出来，因为它们本来就一点也不直观形象。最后我们画了张图，图一画完我们立刻便发现这场争论毫无意义，因为我们能够看到我们思想的差异，认识到没有谁是“对的”。我们只

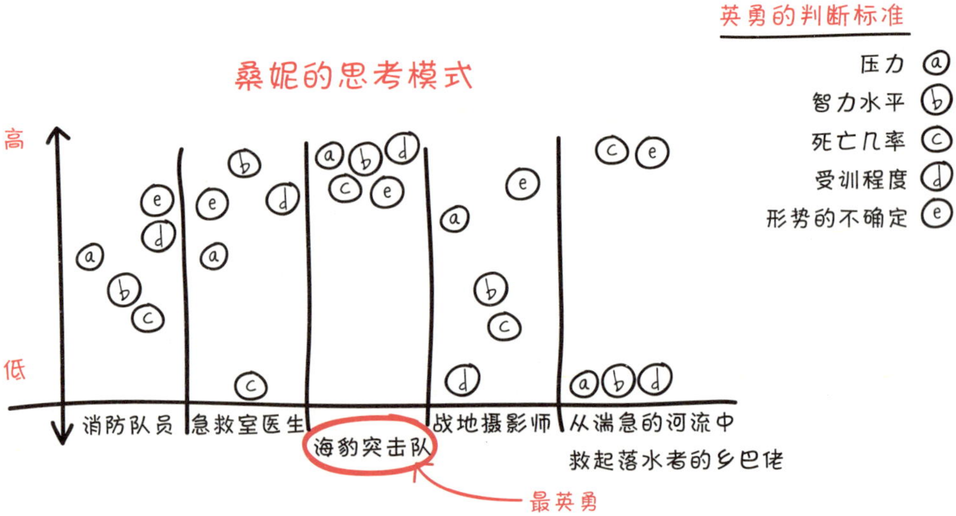

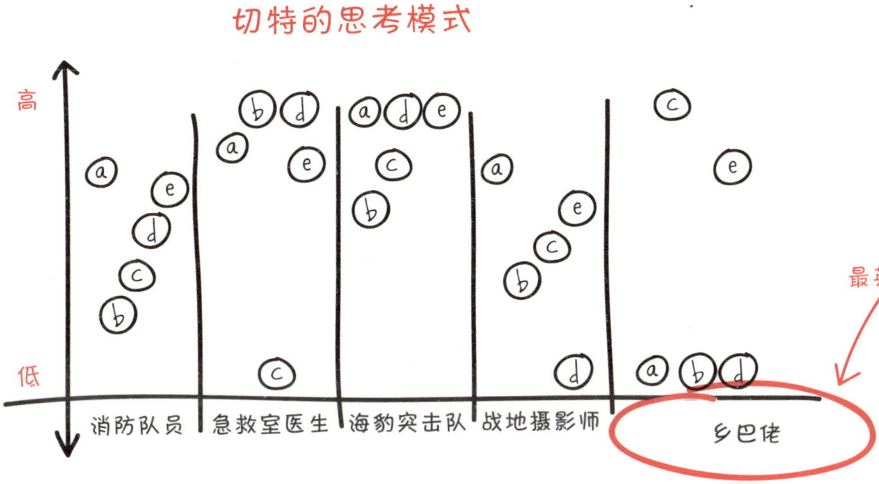

是在进行一场如同仓鼠球般原地打转的谈话，而涂鸦帮我们解脱了出来。上面是那天晚上我们用以解决争论的涂鸦。

提高参与程度

团队涂鸦能够确保人们参与问题解决的过程，因为我们生来会被以视觉空间形式呈现出来的信息吸引。放在社会中来看便是这样：我们生来更倾向于亲近图像和运动，因此将视觉语言融入团队工作中变得十分有意义。涂鸦邀请每个人全身心投入，而不只是调动受过训练的感觉，处理基于听觉和文本的信息。

提问：

你有没有去过装着电视机的餐厅？是不是发现自己根本没法做到不去看电视而专注于面前的食物？电视上有画面和空间的展现，就像古希腊的女海妖那样勾人（以及危险）。

更高的参与程度能让几乎各个会议中昏昏欲睡的家伙重新抖擞精神。在参加并主持过无数团体会议后，我发现每当人们被要求站起来进行互动，一同绘制与会议内容相关的图表时，他们瞬间散发活力，对此我依然感到惊奇。他们完全成为了参与者，而不再是假装对会议内容感兴趣的普通雇员。

团队涂鸦常常包含具有创新性、战略性，以及策略性的想法。令人惊奇的是，涂鸦能够让大脑的各个部位活跃起来，从而促进具有革命性和创新性想法的诞生，它同时也能将复杂的想法直观地呈现出来，帮助人们更快地作出决策，并在了解更多信息的基础上采取行动。[33]当形势复杂到一言难尽时，处于被视觉语言包围的环境能让我们即刻沉入更深层次的思考中去。越是复杂的情境，涂鸦越是大放异彩。

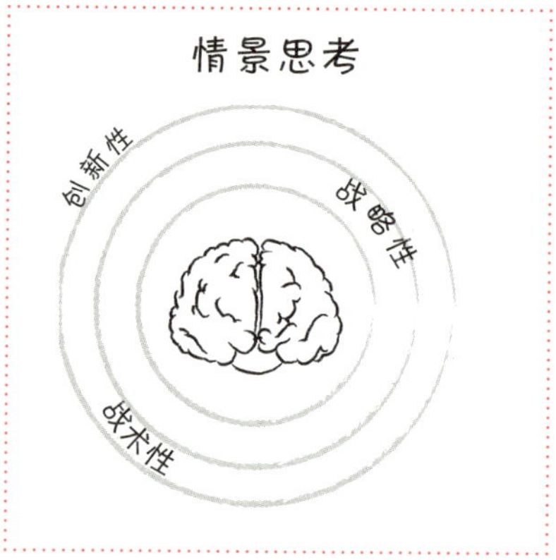

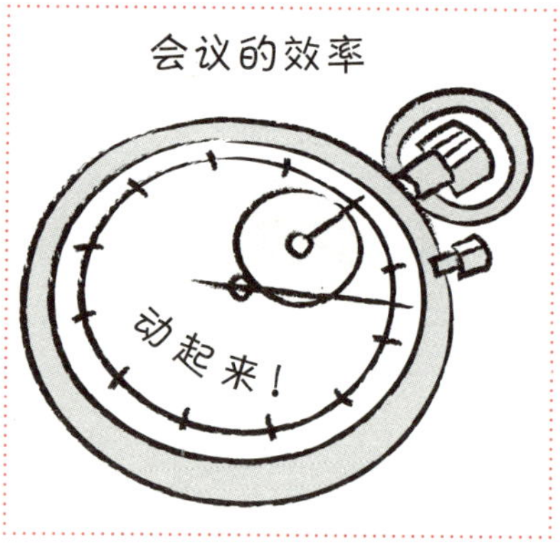

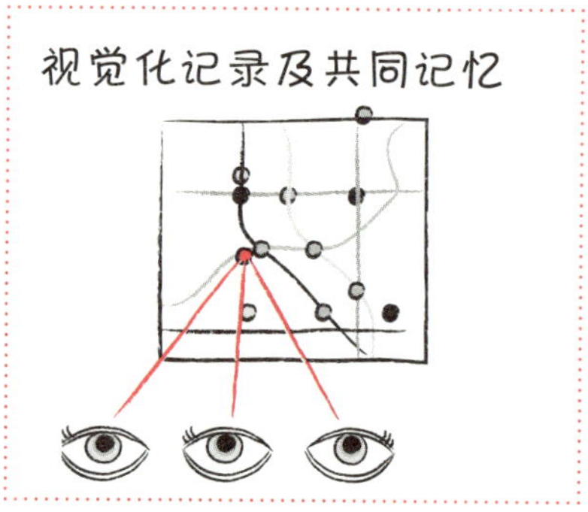

同团队成员一起涂鸦也能确保每个人都有表达的机会，确保每个想法都能被呈现出来，都有一个展示的空间。涂鸦的表达方式极大地避免了重复与啰唆（好了，某某先生，我们知道你的部门资金不足啦），也缩短了将想法进行分类以及解决某个问题所需的时间。沃顿学院一项关于视觉语言的研究显示，在会议上使用视觉语言能将会议时间缩短24%。[34]我建议我们把视觉语言的使用率再翻上一番，让会议时间缩短48%。有没有人同我想的一样？！

团队涂鸦还能生成一份图像化的会议存档，直观地呈现会谈的进程。就像画地图一样。涂鸦给了那些真知灼见一个牢靠的“挂钩”，而不是任由它们飘散在风中——在普通的会议中这样的情况实在太常见了。你肯定乐意再次阅读形象、直观的会议记录（请不要假装你会去重读那些文字写就的会议记录）。它的“图像性”也能够让你轻松记住并回想起它所记录的内容，让你建立一份可与人共享的记忆——即便会议结束，这份记忆也能长久地延续下去。

调动这五大好处：白板文化

之前我们提到了巧妙运用涂鸦能给团队带来五个好处，认真地说，这五点改变了团队合作的游戏规则，而有一点很重要：承认现实中的确存在能让这五点大放异彩的团队文化。[35]在我们开始阐述涂鸦的最后一大好处——乐趣——之前，让我们先来设想一种企业环境，这种环境使得提高团队执行力真正成为现实——我所说的便是“白板文化”。

我用“白板文化”这个词来描绘鼓励将个人想法或思考过程大规模图像化的环境。但首先，那块大白板的存在只是一个信号，表示这个团队有建立涂鸦友好型氛围的潜在可能性。[36]也就是说，单单拥有一块白板或活动挂图板是不够的。

单单挂上一块白板并不能称之为白板文化。

具有白板文化的企业是一个充满生机的地方，它鼓励雇员们使用简单明了的视觉语言——涂鸦、速写、图画、样图——并且能够在经过培训或大胆尝试后做到这一点。处于白板文化氛围中的雇员会有意无意地不断学习运用“外脑”。他们知道那块白板就是新的办公桌，他们不怕把白板弄得一团糟，只要这些涂鸦能够催生新的想法或记录会谈内容。真正的白板文化教会人们工作时要超越办公桌和电脑屏幕的界线，因为他们都知道这样做可以提升绩效。

但是，在大量的办公室文化中，白板仍然是一件与整体氛围格格不入的东西。有些公司假惺惺地在公司的墙上或会议室里挂上白板，但真正处理起那些重要的事情，依然会本能地采用晦涩复杂如同罗塞塔石碑译文般的信息交流方式。一个团队想要获得之前我们提到的那五个好处，必须付出行动。在理想的情况下，企业需要发展出具有下列特点的文化：大胆尝试、信息透明、协同合作、不断探索以及创新革新——所有这些优点都能通过在团队中进行有技巧性的涂鸦式思考实现。

在本书的第五章，我将向你展示如何将大规模的视觉化改造通过简单的步骤引入你的工作环境。这些技巧能够帮助你建立白板文化，看起来就像下边这样：

我想，你已经开始看到涂鸦是一份何等的大礼了，而且它的馈赠源源不断。当你读到最后时，你在阅读本书的过程中得到的点滴体会将汇聚成一种令人惊叹的行事方法——你将看到我们所谓的“资讯涂鸦流程”——那是一种视觉思维，能够帮你解决普遍存在于企业之中的各种问题。这一过程体现了涂鸦最高级的形式和最有价值的地方，它需要慢慢达成。当进行这一过程时请保持耐心，而且最重要的是，享受这个过程。不知不觉，你会发现你的团队已经焕然一新。

个人乐趣

在这个纷繁忙碌的世界中，我们经常忽略一份简单快乐的价值。你们中的一些超级大脑在读到这一章节时可能觉得困惑，但没有这一章，这本书就不完整。我们必须承认并赞美涂鸦带给我们的三个最能让人高兴的礼物：专注、放松和可能性。

专注与放松

热锅上的蚂蚁：
现代生活的写照。

在每天充斥着电话铃声、汽车鸣笛、老板催促的生活中，专注显得特别有价值。我们每个人都有过日复一日忙得飞起，竭尽全力想要同时兼顾一大摊子事情的经历。我们中的许多人会隐隐感觉自己的注意力不够乃至身心失调，因为我们自以为可以将这些大量的工作任务同时搞定。但我必须郑重地说，同时思考多件事情是不可能完成的任务。[37]人类大脑的构造并不支持我们同时处理多件费神的事情。你只能按顺序把注意力投向它们，一次一件事情；[38]如果我们不断将注意力在不同工作任务之间转换，完成每项任务的效率实际上都严重降低了（同时我们还会因为工作看起来没完没了而备感挫折）。人类可以同时做数件事情，但只在他们觉得轻松自在没有压力的时候，就像（你肯定已经想到了嘛）散步和嚼口香糖。[39]企图同时关注多个强烈刺激大脑的事物只会让你发疯。

好吧，我没法改变你的工作环境，也没法改变我们所生活的社会。我自然也没法改变伴随数字时代涌入每一个客厅的铃声和汽笛声。我能给你的是一份邀约——让我们来涂鸦吧。你只需要坐下来，安静地用笔在纸上涂画。正如我们不断发现的那样，涂鸦让我们愉快，暂时躲开殚精竭虑追逐目标的生活。虽然只是简单地在纸上画出随意延伸的线条，任由思绪起起落落，但在做这件事情的时候，你可以不带任何目的，不投注任何精力，你只是在动，在玩，而且你想这样多久都可以——这件事情是不是很值得做一做？

当你试着亲自做上一次，你会惊讶于（乃致永远不能忘记）涂鸦能够让人多么放松。涂鸦能帮你进入微妙的“流畅状态”。生活在现代社会，我们每个人可能都有这样的感觉：不管什么地方，都随处可见各种电子屏幕：电视、电脑、手

一次我这样做了，画出来的东西是这样

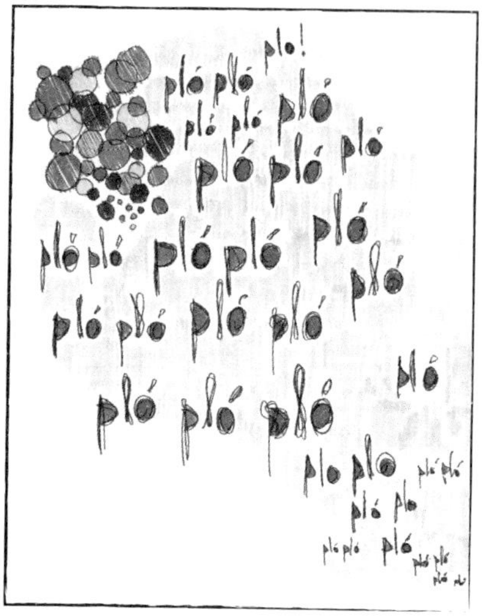

另一次我画出来的东西是这样的[40]

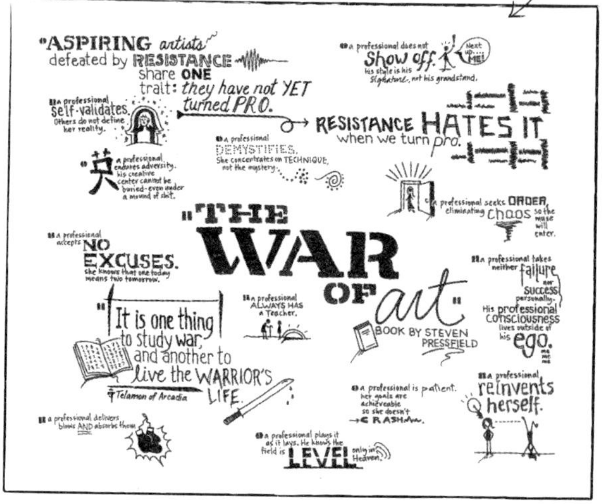

机、广告牌，它们往我们的大脑里塞进各种东西，让我们不知不觉地走神，这种现象被《纽约时报》科技记者马特·里希特称为“屏幕入侵”。科技给我们带来无尽的机会，同时也要求我们付出相应的代价。我们的注意力经常被干扰、中断，我们同其他人待在一起的时间大大减少。我们因为缺少成就而没有满足感，并不断感到急迫。不管是联系他人还是审视自己，我们都通过一种古怪扭曲的方式进行，用最嬉皮风的话来说就是：“我们按下开关，调调按键，然后退出。”这种行为如果持续一段时间，不仅不能让我们放松，反而会导致焦虑、孤独以及沉重的心理压力。[41]如你所知，心理压力大可不是什么好事。压力过大可能导致大脑出现多种问题，比方说海马体萎缩[42]，甚至是不可逆转的痴呆[43]。当然了，我们还是会继续使用高科技手段——在理想的状态下，我们能找到一种最大化其优势最小化其危害的方式来使用它——但与此同时，别忘了我们还有一个选择：不那么高科技的工具。

一次做一件事情

花一点儿时间进入“涂鸦地带”。“涂鸦地带”是一处避难所，也是一个快乐的地方，能让大脑从高速运转的状态中暂时解脱出来。它提供一个机会让我们做基础的、长时间的涂鸦，这有点像涂鸦者的冥想练习。“涂鸦地带”安静平和，它是一次没有目的的旅行，当你结束旅程之时，会因为自己看到的东西而惊叹不已。在涂鸦地带，涂鸦者的呼吸会慢下来；心跳会变得舒缓；头脑放松；注意力更加集中。你会发现自己一下子跳出喧哗匆忙的日常生活，步入一片自在安宁的风景。[44]你还会惊讶自己从这看似微不足道的尝试中得到了感悟。接下来就是你体验放松与专注的机会，就在此时此地，就在这本书的这一页。请一边听音乐一边随意地涂鸦，你甚至可以一边听电话一边涂鸦。请一边平心静气地涂鸦一边小声哼唱。来吧，你又不会有什么损失。

请在“涂鸦地带”自由漫步

可能性

在你阅读本书的过程中，我时常要求你根据一些你已经认可的观点举一反三，现在我又要让你这么做了。让我们设想一下，从可能性的角度来说，涂鸦能够给予我们什么呢？根据我个人的经验、别人的故事以及正在不断发展的神经学研究，下面我要提出一个观点，我相信你会感兴趣。准备好了吗？

我相信

对于生活的方向与结果，我们有着比原本想象中更多的影响力。

我相信为了走到现在的位置，我们付出了极大的精力——经常大到让我们觉得不甘心。我相信我们能够影响现实中正在发生或将要发生的事情，而其中的一个主要途径便是通过涂鸦构筑思维图像——调动我们大脑中的“知悉网络”（knowing network）[45]。

我们能够而且的确在通过想象改变我们的现实——这个观点听起来也许很古怪，但当你将以下几点纳入考量时，这个观点便一点也不激进：

· 专业运动员早就运用想象的技巧来达成领先对手一步的目标。我最喜欢的一些例子包括绰号“突袭”的乔治·圣·皮埃尔[46]、迈克尔·乔丹、迈克尔·菲尔普斯[47]以及查克·诺里斯，他们都曾经或者正在使用构筑

查克·诺里斯——是的，就是那个现在已经成为网络恶搞对象的家伙，他是美国第一批将构筑思维图像的技巧加入到训练过程中去的体育家。他将其称为PMA，即“positive mental attitude（积极的思想态度）”。他曾说：“在我心里，我总是看到自己获胜。我会想象格斗的场景，想象我对手的样子，分析他们的弱点，然后想象自己还击他们的情景。”他还说，“不管我为自己设下什么样的目标，我总会先在心里面想象一幅画面，精确地描绘出这个我想达成的目标。”马库斯·怀恩写了一篇文章详细介绍了诺里斯的PMA技巧，旨在将构筑思维图像的技巧引入武术训练课程。他在文章中写道：“构筑思维图像的方法是通过有意识地训练在脑海中看到自己的正面形象，并固定此形象，来让你朝着你所想象的样子转变。[48]”

思维图像的技巧以期达到巅峰状态，并维持下去。

· 经受各种病痛折磨的病人通过想象的力量控制病症发作甚至自我治愈。[49]

· 处在可怕境遇中的人们通过构筑思维图像让自己保持冷静、清醒甚至充满希望，有人甚至依靠这个办法安然度过了多年监禁生涯。[50]

· 通过“见（请按字面意思理解）我所想”的力量（当然了，然后你还得坚定信仰、努力追求），许多成果被设想出来并成为现实。

· 几乎每个人都能依靠想象运动训练的场景而练出真正的肌肉。[52]

看过这些说法，然后压下你怀疑的本能，我想你会认同我所说的。在内心深处，你我都明白，两千多年前的诗人维吉尔将它概括成这样一句话：智慧可移山。说得更明白些：心灵能有力地改变它的所见，[53]因而改变它的所感，从而改变它的所知，最终改变它可能作出的反应。[54]让我们用一张流程图更深入地审视这个观点[55]：

我（情不自禁地）想要把我自己同席琳·迪翁、阿诺德·施瓦辛格归为同一类人。我们的确有着一些相同之处：从孩提时代起，我们就曾想象自己获得某项成功。迪翁将她的许多成就归功于反复的想象，在脑海中面对无数热情粉丝进行排演。施瓦辛格一直想象自己成为一个健美冠军和电影明星。至于我嘛，我并没有明确地想过自己要成为什么人，像是演员啦、歌手啦，但我小时候花了许多年的时间想象自己摆脱了相对贫困的状态。我想象自己接受了更好的教育，环游世界，遇到各种有趣的人，在每块石头下面都能有机会找到宝藏。

接下来我要举个例子，说明想象的种子是如何生根发芽最终结出累累硕果的，这件事情就发生在最近：我有许多次想象自己站在加州长滩的TED大会讲台上发言，并把这幅情景在纸上涂画出来。我把这个想法放在心里作为一个五年计划，但就在生成这个想法的一年之后，TED的执行制作人琼·科恩便邀请我在大会上发言。

这是不是意味着我的观点便是这样：只要想象一下我们的愿望，它便会实现？当然不是。就像金·凯瑞这位以成功演绎了众多充满奇思妙想的影片而著称的演员曾经说过的那样：“你不可能仅仅想象（你想要的东西），然后啥也不干，就跑去享用三明治。[51]”我们需要一个思维图像来激发我们的动力，而后需要有策略地采取必要的步骤使这个想象成为现实。我们必须做该做的事情。而在这个过程中涂鸦能够帮助我们。要是不相信的话，你可以去问问奥普拉。

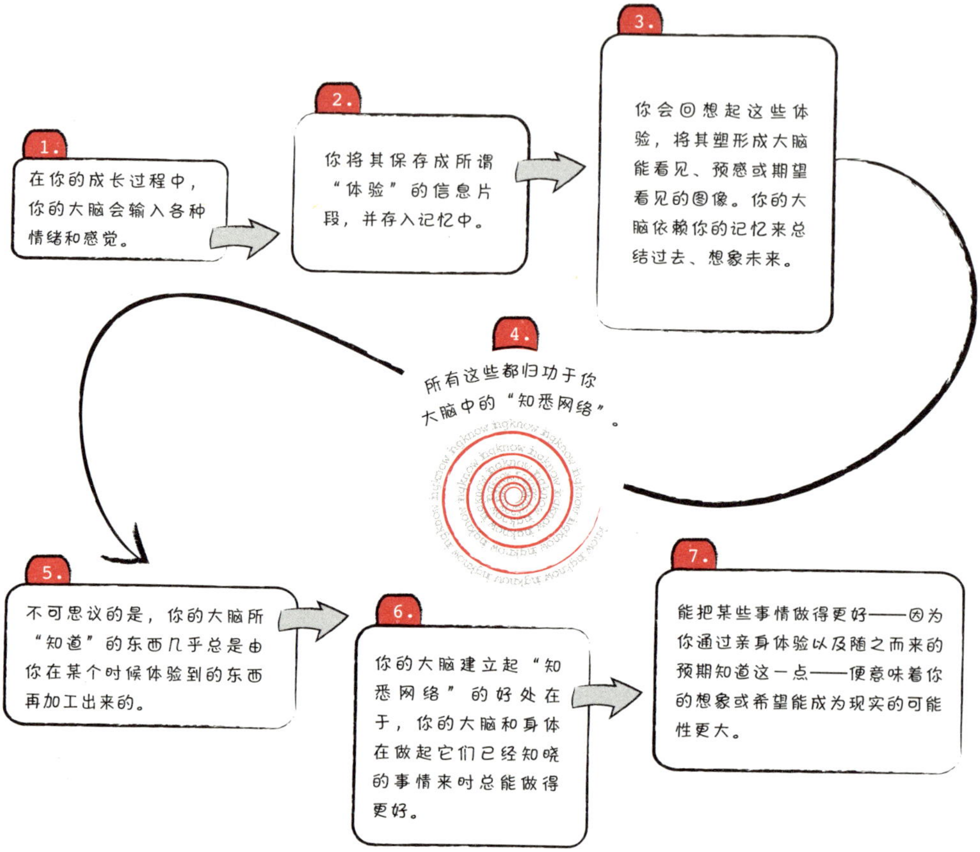

这张流程图也帮助解释了我在之前列举的那些不可思议的现象。通过反复在头脑里勾画出自己想要得到的结果，[56]人们能够并且正在朝着那个结果迈进。

接下来便有一个问题出现了——这是如何做到的？这个问题要分成两个部分来讲。首先，在向着自己想要的结果前进的过程中，构筑思维图像何以起着如此大的作用？[57]其次，涂鸦者如何通过运用了解的视觉语言知识做到这一点？为了回答第一个问题，让我们来探讨一下“知悉网络”。

在大脑中，所谓的“网络”就是一个由相互连接、功能相关的神经元构成的生物回路。你可以将它想象成一个电化学的信息高速路，连接着大脑中负责执行不同工作的不同区域。这些神经网络非常重要，因为它们的存在，我们才能够做出不同的举动。比方说，要是我想唱歌，我会激活我大脑中的听觉网络。[58]要是我想设计一件新产品，我会激活我的行动以及想象网络。[59]要是我想做会儿白日梦，我会把开关拨到“放空”网络的位置。[60]当我想要作出某个特定的行为时，这些神经网络要做的便是激活并连接我大脑中与这个行为相关的区域和部分。

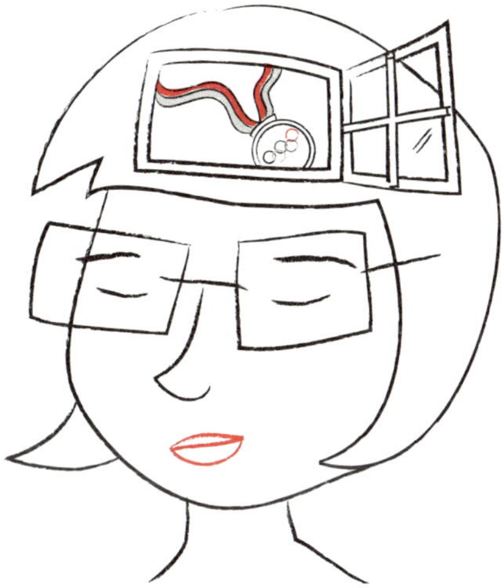

我看，故我能

我们的知悉网络也是这样一个由大脑中相互连接的功能区域构成的回路，它能让我们觉得自己知道了某件事情。为了完成这一工作，这个神经网调动了负责下述功能的区域：记忆、词语与概念、情感以及更高层次的意义，这些都是构成“知道某件事情”的必要因素。[61]涂鸦者需要了解的是，我们能够围绕那些我们想要的事实来强化知悉网络——而当你这样做的时候，便能直接提升朝着那个结果迈近的可能性。从本质上说，我们能够通过涂鸦改变我们前进的方向，使它转向更好的可能性。这不是在说大话，因为大脑几乎能吸收所有的视觉信息与训练。[62]

涂鸦要求智力、创造力以及肢体动作的参与，要求大脑同时调动数个神经网络。这使得涂鸦有促成改变的强大力量，它开启了一道大门，让你能够想象、设计更好的未来。谁不拿它当工具，谁才傻呢。

现在让我们看看第二个“如何做”的问题。涂鸦者如何利用关于视觉语言的知识提高实现愿景的可能性呢？这个过程大概是这样的：

眼睛所见，对于大脑而言，就是真实。

我知道这个观点不同寻常。我知道它很难让人相信。你和我，我们正站在神经系统科学和行为心理学的最前沿。一些人可能会认为我们疯了。但我们正在从事推翻陈旧观念与思想的伟大事业——这正是涂鸦革命的目的。

在本章的结尾，谈到涂鸦带给我们的第三个好处——那闪闪发亮的承诺：“乐趣”——那么关于涂鸦以及它可能给公司、学校以及生活带来的影响，你会从容自若地对你的同事说些什么呢?

你可以这样说：图像化能对我们期望的结果和表现产生实实在在的影响。涂鸦正是一种图像化的行为。[63]因此，涂鸦能够对我们期望的结果和表现产生实实在在的影响。虽然我不能保证说涂鸦能将你一直带到你的目的地，但它能在这个过程中不断发挥作用，值得你去尝试。这便是涂鸦革命给予你的最有力、最正式的承诺之一。[64]

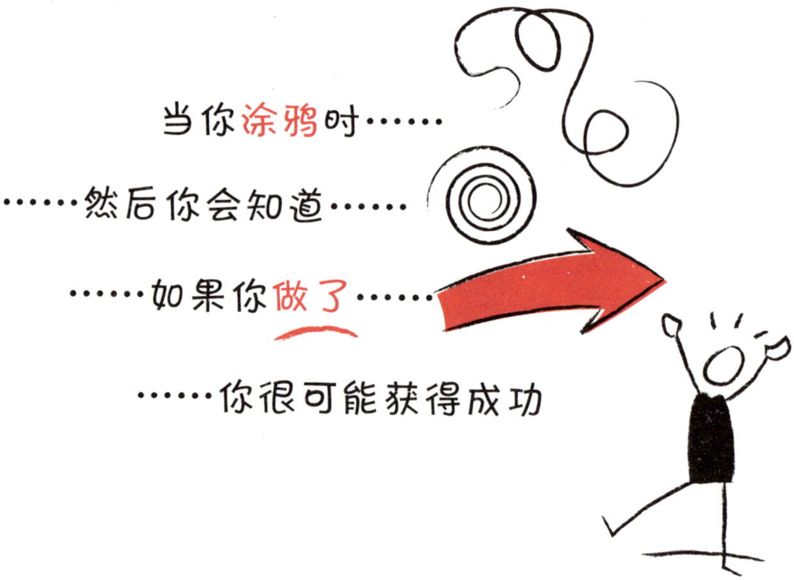

一个涂鸦者如何改变可能发生的事情？

1. 运用感情和你心灵的眼睛去想象你希望达成的结果。

2. 涂画这个结果。这意味着将它从你心里搬到你的面前。把它当作一个可能发生的现实事件放到现实世界中来看。别在意你画的是不是艺术地再现了你心灵之眼看到的东西，也别在意你画出来的东西是不是抽象难懂。关于结果的想象并不总是清晰的画面。但它需要通过某种肉眼可见的方式表达出来。不管是用语言还是用图画。

3. 改进你所想象的东西（在你心里和你面前的纸上同时进行），直到它与你所期望的结果一致。当你这样做的时候便会知道，你正在强化知悉网络。这意味着你的大脑将开始把你涂画出来的东西当作一个的确可能出现的现实事件来“认识”。

4. 再次用你的心灵之眼看看你想象的东西，再次把它涂画出来，反复这样做。你实际上是在教你的大脑将它看成真的。朝着“创造自己希望的结果”这个方向不断迈步，别去在意步子的大小。接着你便可以恭喜自己，你正在涂画着你希望在这个世界中看到的改变。

涂鸦空间（供你总结刚刚学到的东西）

第三章

学习涂鸦：探秘视觉语言

涂鸦者的分类：普通涂鸦者与资讯涂鸦者

从某种意义上说，你多少已经是个涂鸦者了。（如果你对这个说法有任何疑问，请再翻回去看看“对不起，你刚才是说‘涂鸦’？”那一小节。）既然你都已经是个涂鸦者了，那就意味着与你共同居住的那个人也是个涂鸦者，你的邻居也是，以及业主联合会的女士，甚至你的老板（好吓人！）。这意味着，毫不夸张地说，这个世界上有无数个你，而所有的你都已经是这场革命中重要的一份子了。从现在开始，你只会做得越来越好。

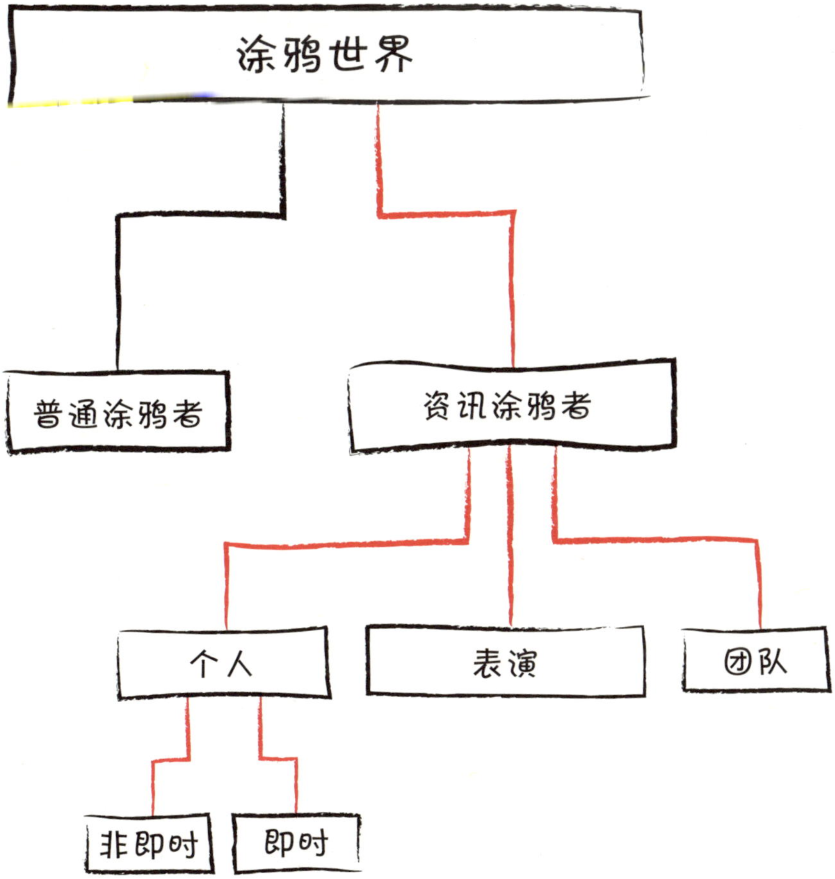

涂鸦世界中的两大分类分别是普通涂鸦者（也就是现在的你）和资讯涂鸦者（也就是将来的你）。资讯涂鸦者这个大分类又包括三个细分的小类：个人资讯涂鸦者、表演型资讯涂鸦者以及团队资讯涂鸦者。在我们清楚地了解基础涂鸦之后，你就能明确地区分这三种类型。我们已经知道你是一个涂鸦者了（即便此时此刻你没有在涂鸦），但我们仍然需要为涂鸦初学者铺垫一些基础知识，只有这样你才能准备好接触了不起的资讯涂鸦以及它那三个令人惊叹的子类型。

涂鸦初学者

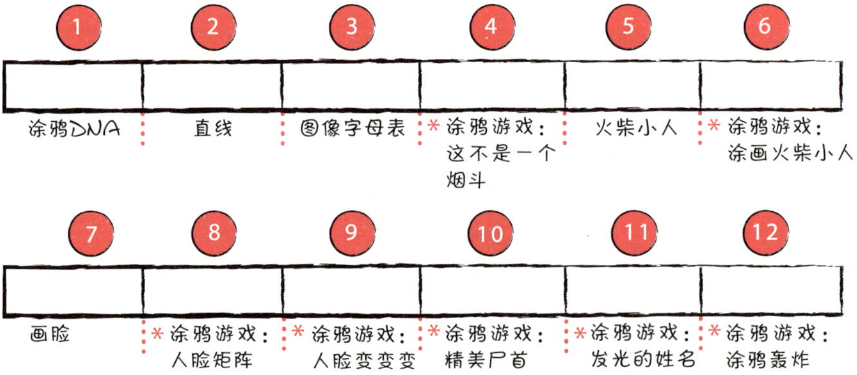

在宣讲、倡导涂鸦革命的过程中，我遇到过各种各样的涂鸦者。有的很害羞，有的很招摇。有的很热情，有的很沉郁。有的涂鸦者只是简单地将涂鸦当作工具，用来——比方说，放松；有的涂鸦者则将涂鸦发展成复杂精妙、令人目眩神迷的技法。总而言之，当我开始深入地观察众多入门级别的涂鸦时——就是当人们坐在桌子边，手边有纸笔，耳朵听着某人讲话时，画出的那些涂鸦——我发现了五种反复出现的涂鸦“类型”，我把它们称为“涂鸦DNA”。搞清楚你的“涂鸦DNA”是什么很有必要，因为你能以它为基础开发你的资讯涂鸦技巧。接下来先让我们花些时间发掘你与生俱来的涂鸦DNA，然后我们将进行基础涂鸦评估。

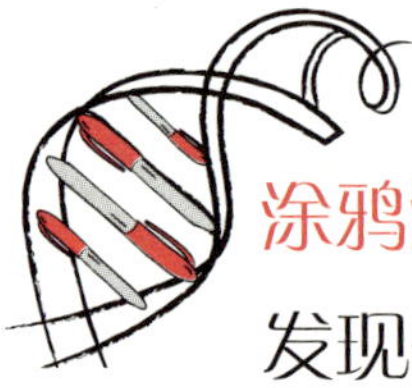

涂鸦游戏：发现你的涂鸦DNA

也许你对自己的涂鸦DNA已经有一个大概的印象，但从感觉它的存在到把它确切地发掘出来可能会花上很长时间。所以呢，我给你两种选择：打开收音机调到某

进度条

因为你的眼睛在阅读本书过程中处于警觉状态，所以你多半已经注意到出现在本页上方的那个进度条，你还会在书中其他地方见到这样的进度条。这是一个简单的技巧——给你提供一种途径，让你可以了解自己将接触怎样的内容，并且直观展示你已经完成的进度。当你完成一个部分的章节内容后，就在相应的空格内涂鸦——把那个小格子整个涂黑，在里面画张笑脸，或者是打个钩。这样做很有成就感，就像给你打了一针多巴胺，我们会开心，会觉得兴头满满，想要继续下去。（而且这个进度条能够鼓励你拿起笔来涂鸦，这点可没坏处。）

个谈话节目，或者放上一些音乐（不要开电视哦，否则最后你会发现自己的目光完全被屏幕吸引过去了）。拿上纸笔舒舒服服地坐下来，一边听收音机一边让你的笔在纸上划动。不要过分关注笔的动作，也不要满脑子想着出现在纸上的第一个图形就是你的涂鸦DNA。有时你会觉得笔尖很凝滞，如果真的出现这种情况，我们需要推自己一把，让我们内心的图像冲破桎梏，落到纸上。五到十分钟之后——或者随便多久，只要你真正感觉自己很放松了——看看你的作品。你画的是直线？是棋盘格？还是一张人脸？有没有哪一处看起来很眼熟，像是一个图案或是你以前曾经涂画过的东西？闭上双眼，回忆一下你在涂鸦时常常涂画的东西。你想起了什么？你看到了什么？你面前的这张纸上肯定呈现出了五种涂鸦类型中的某一种。那么你是哪一种呢？（重要提示：你的涂鸦之作完全可能包含了全部五种涂鸦类型哦。）

文字涂鸦者

请记住：文字涂鸦者是指那些写下一个字或词，然后反复描画的人。文字涂鸦者包括字体涂鸦者和字母画涂鸦者两个子类型。肯尼迪总统就给我们留下了不少文字涂鸦之作，你在第二章里已经看到了。

抽象涂鸦者

这些涂鸦者涂画出让人联想到风格派艺术运动（De stijl）以及让人说不出到底像什么东西的几何图形。尼克松总统和华盛顿总统都是抽象涂鸦者。

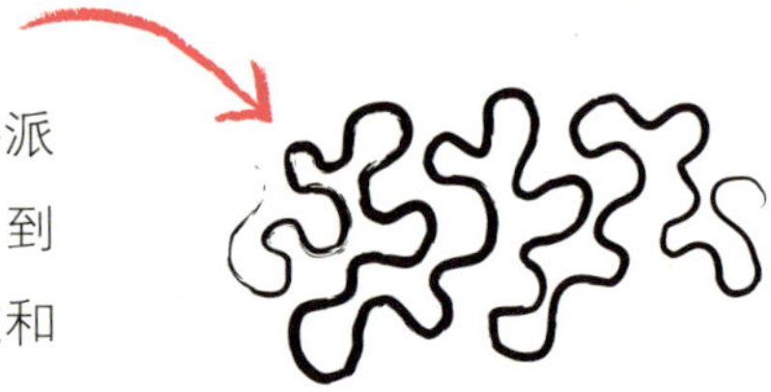

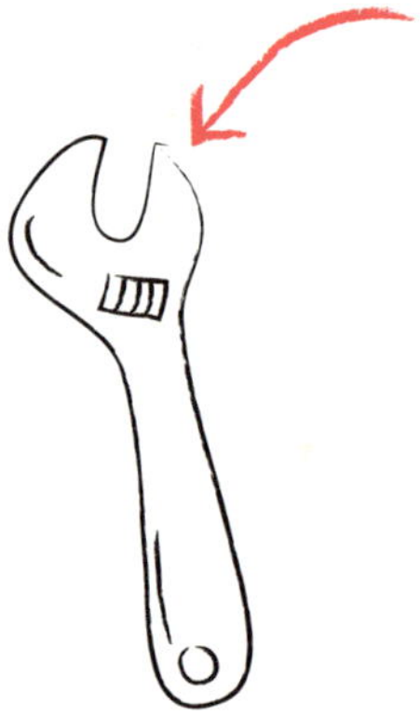

实物涂鸦者

实物涂鸦者涂画的东西你一眼就能认出来。潜水艇和铁锤。糖果和玉米。老鼠和男人。这类涂鸦者能够轻松地完成向初级的视觉思考转变的过程。艾森豪威尔总统就是一个著名的实物涂鸦者，他曾画过折断的手指、折断的铅笔以及误入歧途的导弹。（这些东西都象征着生殖器崇拜，而且都被画成损坏折断的样子，你是不是心痒痒地想要探究其背后的含义？不过我们还是别这么做为好。）

自然/风景涂鸦者

自然/风景涂鸦者专注于自然元素。他们涂鸦的时候，笔下自然而然会出现树木、花朵、山峰——一切表现伟大自然之美的东西。

人像及表情涂鸦者

这类涂鸦者专注于人像及表情。里根总统，在他安心做总统之前，曾经梦想成为一个，呃，漫画家，他就属于这类涂鸦者，他创作了大量栩栩如生的人像和表情涂鸦，其中一些就涂画在他写给南希的情书中（在这些信里他把南希亲昵地称为“小亲亲”）。约翰逊总统也涂画过人像和表情，不过他的涂鸦更超现实主义一些，更像是外星人，其中一些看起来不是很可笑就是很疯狂。（对此我不发表意见。）

现在你知道你基本的涂鸦DNA了，你也了解了这样一个事实：我们每个人都有一个独特的视觉语言标识，就像签名或指纹一样。它属于你，而且只属于你。你可以以它作为起点，重新激发起你与生俱来的能力——在不同的情境下理解、创造视觉语言。我们总得有个起点，而你的涂鸦DNA就是个很好的起点。

基础涂鸦评估

在进行下面这个评估之前，我想让你先想想自己已经积累了哪些与基础涂鸦相关的技能。下面是一个基础涂鸦评估表。它不是什么心理调查，只是一个快速的评估，帮助你准确找到你已经具备的基础涂鸦技能和需要加强的方面。在第四章里，你还会进行资讯涂鸦的评估。准备好了吗？开始！

基础涂鸦评估表	完全做不到	勉勉强强	能够做到	相当熟练	爱死这样做了
对涂鸦持开放宽容的态度 抛开个人及社会的偏见，不断开发这一工具的用途					
不用严苛的眼光看待自己的涂鸦之作 你明白我的意思					
涂画直线 只要能让观看者觉得那不是曲线就行					
涂画基本图形 涂画能够让人一眼就认出的形状，像是圆圈、方块和三角					
涂画人脸及表情 能够表现出不同的人类情绪					
涂画基本的人物形象 创造最简单的人物或动物形象					
了解物体的轮廓线和结构 用心灵的眼睛看穿物体的构成					
同他人分享你的作品 不介意别人的评价，吸取意见提高自己					

好了，结果怎么样？要我冒险猜一猜的话，我猜你们大部分人都觉得画直线这一项很难；还有涂画表情和人物形象这一项（别担心，其实我也是）；还有，你们可能会觉得不进行自我批评是不可能的。说到这一点，涂鸦革命的先驱者，也是我啦，将给你们一些贴心的指点。

平息你内心批评的声音

在教学过程中，我了解到这样一个事实：不管我是说“试着不去评判自己的作品”还是建议说“你是在学习过程中啦，要对自己耐心些”其实都无所谓。说出这样的建议，哪怕说得很大声，其实也起不到什么作用，为什么呢？因为语言是理性的，而不评判自己的作品是非理性的。它是件感性的事情，需要通过反复的执行才能为我们真正接受，特别是在我们进行视觉化的工作时。在这个时候，我们普遍会感觉信心不足，因此通常会对自己要求过严。我在世界各地都一再见过这样的现象：当我们试图用图像表现某件事物时——特别是在团队工作中时——我们会频繁地道歉，而且很容易就放弃。这种现象情有可原，但结果总是适得其反。为了帮助人们解决这个问题，我这个革命大导师常常得把自己置于尬尴的境地。我必须现场向学生们展示应该怎样原谅自己，然后让他们试着做一做。这个办法比我说出任何安慰的陈词滥调都要有用，因为我自己画起画来就很蹩脚，[65]所以从这个角度说，我和许多学生其实同病相怜。[66]但在涂鸦革命这个大前提下，我并不在意自己有没有真正的艺术天赋（这个前提很重要），为了证明这一点，我在一次工作坊上同参与者们进行了如下练习：

我：“请快速地说出一个词！我会在五秒钟内把它画出来。”

某人：“狗。”

我："很好。一只狗，画好了。谁再说一个词。"

另一个人："树。"

我："非常好。一棵树，画好了。请再说一个词。"

又一个人："汽车。"

我："搞定。嘟嘟！汽车来了。"

又一个人："纳米技术。"

我："这个聪明的家伙是谁？你说的这个词是目前为止我最喜欢的。看，纳米技术。"

当然了，这个练习所教给我们的经验比看起来的要多，意义也更为深远，这一点我们将在下一章进行探讨。但现在我要告诉你的是，通过这个练习，班上的学生通常立刻就能得到下面三点认识：

1. 我们的老师其实也不会画画嘛。

2. 她好像并不在意这一点。

3. 她坏兮兮地要求我们原谅自己"不会画画"，这样的话，这一点就不会成为我们学习的阻碍了。

在深入思考之后，班上的学生们会得到更深刻的领悟：

4. 我们的老师不在意她会不会画画，因为有效的资讯涂鸦和视觉化思考同画画本身并没有关系，而是同思考有关系！

5. 将文字和想法快速地用图像表现出来——也就是视觉化工作的基本技巧——实际上要求的只是简单乃至潦草的涂画，因为时间有限！

6. 文字和图像可以互相补充。所以我不需要知道纳米技术看起来像什么，我只需要画出我能想到的同这个概念最接近的东西，然后给它加上说明文字就可以了！

他们观察得出的结论非常正确，同我工作过的人有95%能够恍然大悟，得出这些结论。就像我们之前在书中讨论过的那样，我们的文化对于视觉语言有深刻的偏见，它们由来已久、流传甚广，可以说流毒数个世纪。好消息是，这些偏见将在我们这里终止。我们将粉碎关于涂鸦的谣言，在下一章里，我们还将消除“视觉语言=艺术”这个错误的观念。所以，不管是眼下，是将来，还是时间尽头（虽然这么说可能并不能改变现实），请平息你内心批评的声音。在那个喋喋不休的声音睡去的时候，让我们深入了解基础涂鸦，就从直线和图像字母表开始。

涂画直线

你们中那些深信自己天生就有能力画出直线的家伙，可以跳过这一部分，直直（我真不是故意说这个双关语的）前往图像字母表的部分。那些常常嚷嚷“我甚至都没法画出一条直线”的家伙，请仔细阅读这一部分。

你不是唯一一个连条直线都画不好的涂鸦者。这是一个普遍的问题，同时也是个很容易解决的问题。诀窍如下：画直线时要快。快得像闪电。把你的笔尖放在纸上，然后“咻”的一下划过纸面。要又快又有力，就像你还是个孩子时玩B.A.S.H.游戏那样。[67]你之所以画不好直线，往往是因为你心里惦记着要把这条线画直，于是不知不觉放慢了笔触。我们都有这样先入为主的印象：要是慢慢来，就能如愿画出笔直的线条。可惜事实恰好相反。当我们放慢笔触，我们的肌肉就会哆嗦，我们对准的基点就会摇摆不定。要是你速度太慢，你甚至能看到画出来的线在随着你的心跳波动起伏。除非你就想要那样的效果，否则请在下笔时充满自信，一笔挥就。在纸上找到一处地方作为瞄准的基点，像丢出一块石头那样把笔尖推到那个点。要是你真的想获得肌肉记忆，不妨站起来面对一块挂纸板进行练习。不管你怎样做，是坐着画还是站着画，记住一点：别让笔慢下来。一鼓作气，你会看到自己画出来的线居然那么直，简直就像用尺子比着画出来的一样。

图像字母表

戴夫·格雷是我的朋友，同我合著了《游戏风暴》一书。他也是一位视觉思考大师，对于视觉语言有着丰富的知识和经验，让人赞叹和羡慕（至少是那些对此感兴趣的人）。当我们合作第一本书时，他创造了他称为“图像字母表”的体系[68]——一个视觉语言的字母表，包括十二个“字母”，有了这张表，哪怕是那些觉得自己一丁点儿艺术天赋都没有的人都能够通过最少的练习将任何事物视觉化。

戴夫这家伙个子高得不可思议。大概和姚明站在一起才搭调。

现在我将这份礼物赠予你。在你不断向资讯涂鸦这座高峰攀登的过程中，你会很需要它。上面就是图像字母表：

你可以看到，这个图像字母表由十二个“字母”组成。我们之所以把它们称为“字母”，是因为它们对于视觉语言而言，就像我们标准字母表中的字母一样。[69]上面的那六个我们称之为“形”，也就是说它们是单纯的视觉符号，除非特意涂画，否则不会自动构成一个闭合的形状。[70]其余六个我们称之为“面”，也就是说构成它们的线条自行弯折闭合，围出一块视觉上的空间。

现在，请在下面的空白处再次涂画出图像字母表。然后在每个图像字母下面写上对应的说明文字。

考虑到这个字母表的简单程度，要是你们中有人跟我说“哎呀我画不出来”，我倒很想亲眼看看你长成啥样。除开那些处于昏迷状态或是全身瘫痪的可

DIY图像字母表

怜人，我想这个世界上应该没有人会觉得自己没法画出图像字母表。我不相信有这样的人存在。因为我们拿得动笔，我们能用自己的手、脚，甚至嘴巴画出图符。我们能够在堵着耳朵闭着眼睛的情形下画出图符。我们中绝大部分人甚至完全有能力自行创造出所有这些图像字母——这件事情毫无疑问，想想挺让人高兴的，因为图像字母表差不多跟我们的标准字母表一样有价值。当我们拂去这个图像字母表上的蒙尘，真正把它用起来，再处理起事情会突然有种豁然开朗的感觉，会觉得交流信息的办法居然变得那么多。接下来我们要说说有关图像字母表最重要的一点，也就是这张图所传达的理念：

这张图表达了这样一个意思：咖啡杯非咖啡杯。也就是“这不是一只烟斗”[71]。这个画在纸上的咖啡杯其实只是一些形和面（也就是图像字母）的集合，是我们的大脑把它理解成一个咖啡杯。我们之前见过咖啡杯（说不定这会儿你手里正拿着一个呢），所以我们马上就认出了它，因为它符合我们头脑中已经建立起来的思维模式。但那不是咖啡杯，亲爱的读者们。那只是一个咖啡杯的“像”，是我们大脑中思维火花闪耀的产物。这就意味着，不仅仅是咖啡杯，任何物体、形状或形象都可以被分解成图像字母表中的字母。感谢上帝，是不是？！下面我们来做个涂鸦游戏。

在你们进行这一练习的时候，我敢打赌你脑子里会有各种各样消极的声音冒出来。也许是这样的：这些画看起来不怎么样，我五岁时画得都比这好。或者是：要是我们面前刚好没有可以参照的物体怎么办？我可没法凭空想象一只海豚的样子然后把它画出来，我也想不起来应该把驴子的尾巴安在什么地方。还有这样更为严苛的想法：我们必须规规整整地把图像字母安排到我试图描画的物体中。要不然，你看我的狗在这张图里看起来就像个伊沃克人。

涂鸦游戏

这不是一只烟斗

看看你的四周，选五样东西[72]，运用图像字母表和下页的空白，将它们解构——可以是任何在你视线内的东西：椅子、桌子、绿植、灯泡、宠物、笔记本电脑、花生酱。在你把它们涂画到纸上前，试着把它们分解成图像字母表中的字母。地毯可以看成四条线。你家狗狗坐着的样子可以看成一个三角加一个椭圆加一条线。试着看穿这些物体的表象，把它们分解成一个一个的组成部分，然后涂画到纸上。[73]如果你需要，可以把同一个物体多画上几次，直到它看起来让你满意。最后，在你画完之后，请不要再嚷嚷说你不会用图像语言清晰明白地表达事物了，看看你刚刚画的画，你说我要怎么相信你?

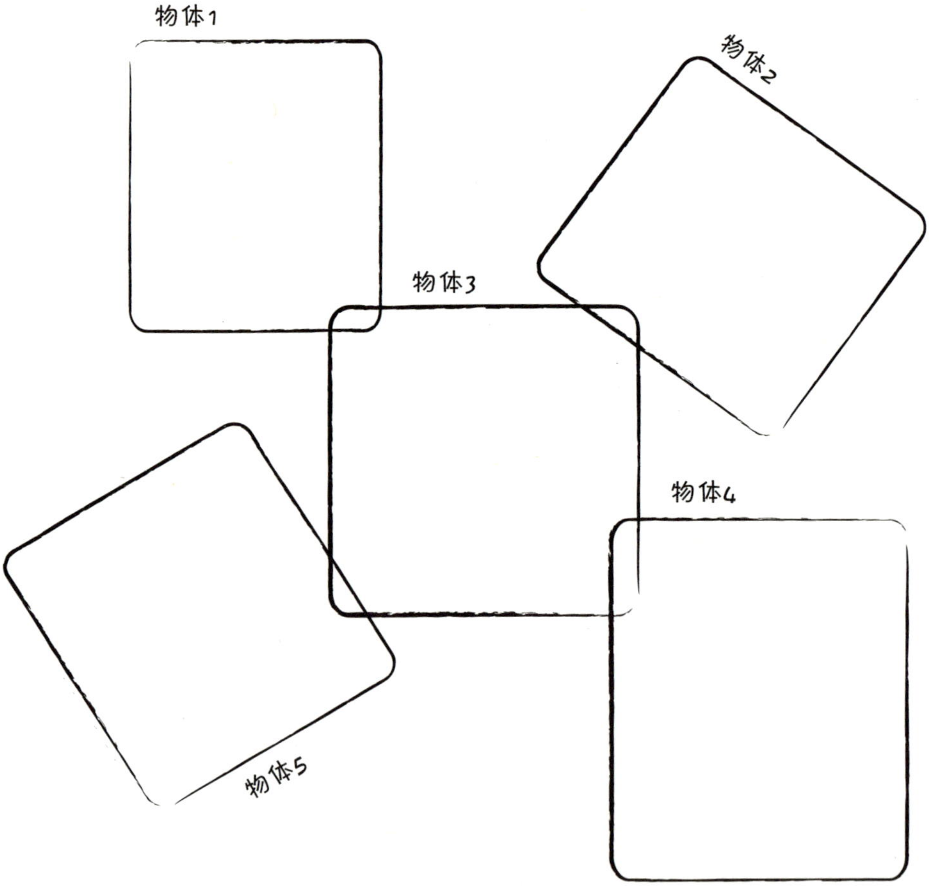

是的。所有这些担忧都是合情合理的。下面就是我对这些想法既强硬又充满爱意的回答：你是怎样学会阅读的？通过练习。你是怎样学会写字的？通过不断尝试。我敢肯定你在幼儿园讲述的那些小故事不是来自像海明威那样的作家的。你肯定得在上面花很多功夫。学习图像字母表也是一样。它是一个字母表。是入门工具，必须通过练习才能让你的视觉化表达更为生动。只有通过不断练习，它才能烙在你的大脑皮质层上。只有通过不断练习你才能像运用自己的肌肉那样运用它。它需要你付出注意力和精力，而它也将给你丰厚的回报。在许多重要的方面，视觉语言表对于初学者而言要比我们传统的字母表友好许多。下面我将列出图像字母表与传统字母表的两个区别，你看了以后会觉得安慰许多：

1. 磕磕碰碰学习图像字母表的过程其实很有趣。

学习涂画一个伊沃克人的画像远比写出这几个字好玩得多，带给人的满足感也更大。当你这个成年人写下“伊沃克人”这个词的时候，你不会一路小跑着把它拿给别人看，因为没人关心。但要是你给他们看你画的伊沃克人画像，他们肯定会停下来对你说声“酷”。这会让你乐于再次涂涂画画。

2. 想要进入视觉化思考的世界，你不需要达到把图像字母表倒背如流的程度，而要想流利地写作或演讲，你必须熟练掌握传统字母表。

不管是在普通涂鸦还是资讯涂鸦中，你只需要稍微提升运用图像字母表的能力，就能取得成功——真正巨大的成功。

涂画火柴小人

现在你有了图像字母表这个强大的武器，我们可以以更快的速度前行。我知道你们中有些人已经急不可耐，不过让我们尽量避免冒进，好不好？最好是把所有的基础涂鸦都体验一遍，至少一次，这样才能保证搭建资讯涂鸦大楼的每一块砖都稳稳地放在恰当的位置。现在让我们学习涂画客观世界中的一个重要图形，它总是能派上用场：人。

所有相信自己会涂鸦的人都一致认为人是最难画的东西之一。当我刚开始涉足资讯涂鸦领域时，光是想到画人我都紧张得想上厕所。我这一辈子就没弄明白过人在做各种动作时躯干和四肢应该怎么摆放，比方说人们干园艺活的时候、吃东西的时候，甚至是坐在椅子上的时候。我唯一能够轻松画出来的人就是笔直站着的人。基本上我能画出的就是这样一个小人：

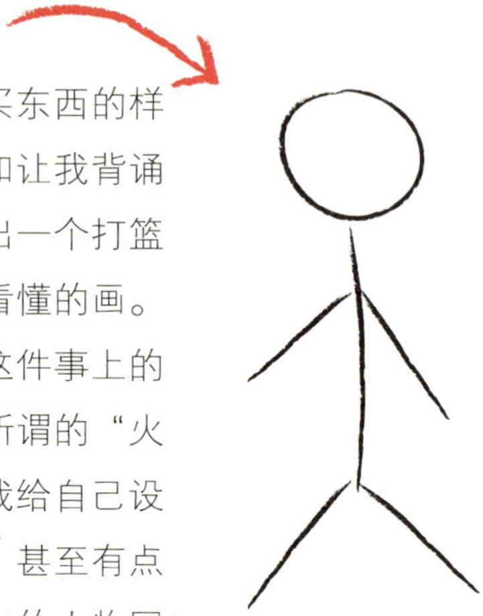

但要是我想让这个小人表现出思考的样子、买东西的样子或是逃离红色高棉的样子……别想了。你还不如让我背诵荷马的《伊利亚特》。我甚至没法在头脑中想象出一个打篮球的人是什么样子，更别提把他画成一幅别人能看懂的画。所以呢，基于这个事实，我是怎样克服我在画人这件事上的困难的呢？哈哈，秘密就是这个：我把成功画出所谓的“火柴小人”设为我的最高目标。在画人这件事上，我给自己设了一个最低的门槛。我会把人画得尽可能地简单，甚至有点傻乎乎的。为什么呢？我是否有能力描画栩栩如生的人物同涂鸦革命的目标——怎样运用视觉语言更好地进行思考——一丁点儿关系都没有。学习描画逼真准确的人物形象是一个值得赞赏的目标，但不是我们的目标。在变成一个“视觉文化人”这件事情上，我们的目标是：对视觉语言的掌握只要达到足够解决问题的程度就可以了。而要达到这个程度，我所需要具备的能力就是画出各种姿态的“火柴小人”。这一原则同样适用于你们所有人。所以请认真对待这一点：让我们笔下的人物形象尽可能地简单，哪怕它看起来有点傻乎乎的。此外我们还要学会描画运动中的火柴小人。当你开始运用资讯涂鸦解决复杂问题时，这一点会很有用的，因为你可以向客户、委托人或股东展示你可以改善的产品、服务和用户体验。

下面是三位我最爱的艺术家及涂鸦大师创作的火柴小人[74][75][76]：

汤姆·古尔德　　艾德·艾伯力　　戴夫·格雷

我希望你们仔细观察这些火柴小人，然后问问自己，它们有什么共同之处。（我可是完完全全地在引你上钩，回答问题。）不过在我把我的答案告诉你们之前，请先在下面三条横线上写下你的观察结果。然后呢，要是你的答案同我希望看到的不一样（我肯定你的答案也很不错），我会把我的答案告诉你。反正我肯定忍不住会告诉你的。

火柴小人观察报告

1. ____________________

2. ____________________

3. ____________________

仔细观察上页的火柴小人后，你也许已经吃惊地发现这些简单的人形居然能够那么吸引你的注意力。不过要是你写下的答案是“谁都能画出来”，哈哈，那我就得恭喜你了。你刚刚运用你的逻辑推理能力找到了我想要说的答案。

这些火柴小人有一种简洁的美感，而且画火柴小人不需要艺术天赋。不过要说明的是，这几位作者都是经过训练的艺术家，他们特意为本章节创作了这些火柴小人以鼓励和启发大家。他们每一个人都接受过正规的艺术教育，他们对于人体骨骼结构的了解为他们笔下的火柴小人注入勃勃生机。但我仍然要说，别灰心。在为了帮助思考问题而涂画令人信服的运动人形而言，艺术学位并不是必需品。我之所以知道这一点是因为我本人也没有接受过正规的艺术教育，（我这辈子上过的唯一值得一提的艺术课是我高中二年级的时候，艺术课的老师是位德国人，名字嘛，我已经记不得了），而我一直在用各种姿态的火柴小人解决问题。

诀窍有三点：运用你的图像字母表；尽你所能找到一个可供参考的运动人形（找张照片，运用你的想象力，自己摆造型或是请别人帮忙当模特）；还有就是记住以下这些通用原则。[77]

1. 从大处到小处。在创作一个运动中的人形时，首先要做的是确定这个人的重心落在什么地方（这取决于他在做什么），然后根据他的动作把这些着力点画在正确的位置。比方说，在人类身上，我们最大的重心落在我们的躯干处，然后是我们的腿，再然后是胳膊。所以要是一个人弯腰挠脚趾，他的重心可能就落在这个位置。

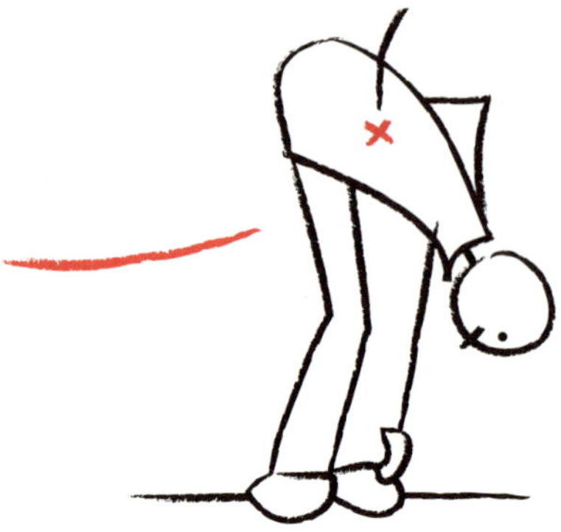

而在一头大象身上，最大的重心是它的躯干，然后是它的脑袋。所以要是一头大象追逐一个马戏团小丑，看起来就像下面这样。

要是你没法轻易找到这些主要的着力点，不妨眯起眼睛找找看。（就我个人而言，我得自己摆出姿势感受着力点在身上哪个地方。）当你眯起眼睛时，那些令人分心的细节就被模糊掉了，这个办法能帮你找到你所观察对象的主要特征。从远处观看观察对象也有着同样的效果。这样做能帮助你抓住物体的主体构造，而不会被环绕在它周围的零碎细节分散注意力。所以从大处着手，再画细节。还有，请记住：在画小人的脚趾头和脑袋的时候，你的选择很多。你可以把它们画成眼睛状、椭圆形、长方形、三角形，甚至是波浪形的曲线。看看漫画书里的那些脑袋和脚趾头，比方说《恶搞之家》（小儿子斯特威的脑袋一看就是个橄榄球的形状嘛）、《辛普森一家》和《少年骇客》。尝试画各种各样的小人，但一定要保证每个小人都很简单（在运用资讯涂鸦进行交流时，我们很少涂画繁复的细节）。你会找到独属于你的风格，然后只要把这种风格坚持下去就好了。

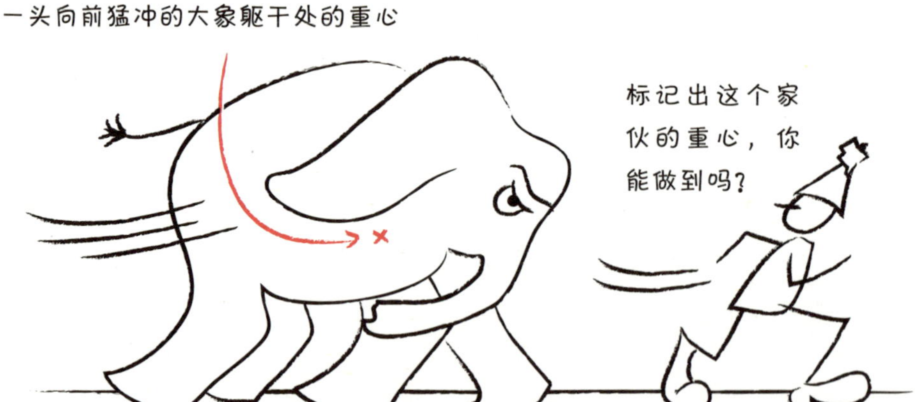

2. 无需追求过分规整。当人们画人或物体时，常常会小心翼翼地描画线条。试着抱着一颗平常心让笔下的线条同其他的线条交叉。在涂鸦时，唯一为相交线条大惊小怪的人只有你自己。所以为了达到快速创作图像的目的，请让笔尖保持移动，即使笔下的线条在“写实艺术”不会相交的地方相交。

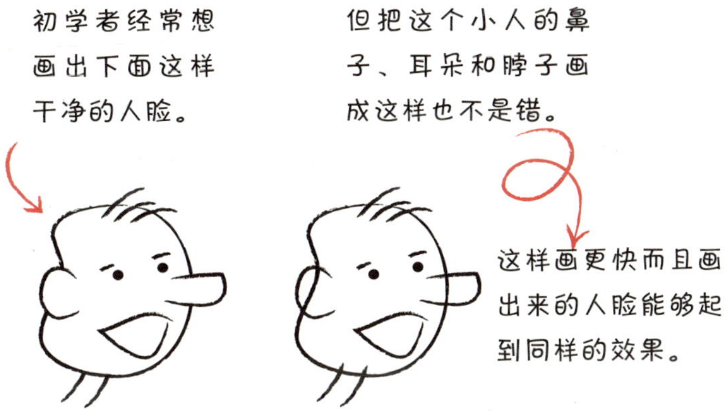

3. 画上地平线或基准线。基准线指的是水平面和垂直面交叉处的线。众所周知，它是“轮胎接触路面”①的地方。总的说来，在画小人时画上一条地平线是个很好的主意，因为这样能让你的小人落在一个空间中。不知道你注意到没有，我在第一条指导原则里拿来作为例子的涂鸦中，小人的脚下都有一条基准线，所以你会感觉这些小人是踩在实地上的。但第二条指导原则中的小人感觉就像一个飘浮在半空中的人头，因为它看起来就是那样。运用基准线让你笔下的小人同你笔下的世界联系起来是个很好的练习，尤其是有时它能很好地补充你想要表达的意思。

4. 小孩的脑袋要画得比成人的大。孩子们有着同小小身躯不成比例的大头。如果你需要解决的问题涉及到孩子，请在画小人时把脑袋的比例画大些。当然了，高度也是指示年龄的一个标准，但要是画里

① 出自美国轮胎广告词，本意指轮胎性能好，可引申为“发挥实际作用”“真正重要”。

没有成年人来做对比，那么画个大脑袋来表示这个小人是个孩子就是你最好的选择了。

5. 画龙点睛，哦不，点鼻子。许多动作之间的区别非常微妙（像是站着思考同站着找东西之间的区别），所以用鼻子来指明小人的动作和朝向是一个又快又简单的办法，在小人脸上点一个鼻子，能够给观众提供更多线索来了解你的小人正在做什么。看看右边三个小人。它们是不是让你觉得其实鼻子也是心灵的窗户呀?

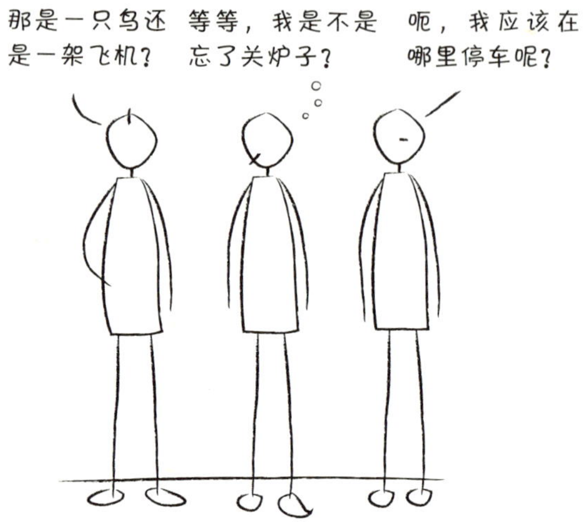

6. 要是你一开始失败了……你知道应该怎么做。如果你想要画一个在地上爬行的小人，结果画出来的小人看起来却像是在呕吐，只需要再来一次就好。画一个火柴小人只需要几秒钟时间，所以你可以不断地调整，直到你想表现的动作能够被人认出来为止。对我而言，跳舞是最难一次画好的动作之一。我画的跳舞的小人看起来总是像四肢断了，要么就是像在跳脚发脾气。我会不断重画，直到画出一个动作像模像样的小人。反复练习最后总能让你得到有用的东西。而且，谢

天谢地，我不是经常需要参加有关舞蹈的资讯涂鸦交流，所以我很少需要画出多个跳舞的小人。

现在轮到你练习快速涂画火柴小人了。你在第一次就把每个小人画得惟妙惟肖、完美无瑕的可能性不大（要是你做到了，很明显你不需要进行这个练习），但哪怕你的作品一团糟，你也能从中体会到，试着用简单的线条创造一个人物形象是多么愉快的事情。你也许会惊讶地发现，只需要稍微改变一根线条的弧度，就能够改变整个小人的动作。（同时你也会吃惊地发现你大脑中主管视觉的皮质层对动作的感知如此敏锐。）

涂鸦游戏：火柴小人

在本段文字下面你能看到六个空白的方框。在这个游戏中，你将尝试按照方框上方的要求画出相应的人物形象。要是你需要更多的空间来进行反复练习（要是你像我一样在画人方面非常笨拙，你会需要的），不妨把你的小人放到现实世界的背景中练习。要是你喜欢，可以增加动作的种类，把多个火柴小人放在同一

来吧。火柴小人画起来。

站着的人　　坐着的人　　翻跟头的人

跑步的人　　沉思的人　　在地上爬的人

个场景中，加上道具，比如手机或麦克风。为了将来的资讯涂鸦着想，你会需要这样的练习，因为就像我在之前提到过的那样，你经常需要在商业会谈中向客户或利益相关人进行展示。

我希望这一部分内容让你明白怎样画出基本的人形。以最简略的方式涂画人类和动物的形象能够让你快速地进行视觉思考，因为它摒弃了对于计划的长度、复杂程度、完美程度和精确程度的过分关注。对这些东西的追求常常阻碍人们进入资讯涂鸦的正常流程，其实这些东西对达成我们的目标并无帮助。不要将自己同诸如达·芬奇或米开朗基罗之类的人像画大师相比，要这么想，能够画得接近查尔斯·舒尔茨的《花生漫画》就好了。[78]或者让我们再勇敢一些，把标准再降低几个等级——而且，不要因为这一点而道歉，那简直没道理嘛！我们是这个世界上的视觉化思考先驱者！有这个身份，你任何时候都不应该感到羞愧。

画脸

你已经知道怎样画火柴小人了。现在让我们学习怎样给这些小人画脸。你不需要画得非常好，但是，就像画火柴小人一样，你需要了解怎样画出各种面部表情的技巧。它们非常有用，像是在这样的时候：解决关乎客户或职员满意度的问题，或者是你正在设计用户体验方案，尝试塑造一个能让人产生共鸣的形象。它们还会在你不得不拿你的老板开玩笑（在私下里）的场合发挥作用。

涂鸦游戏：人脸矩阵

人脸矩阵[79]是我最喜欢的练习之一，它能让你学会如何表现面部表情。就像到目前为止我向你们推荐的所有工具一样，它对初学者非常友好，能为你搭建一座桥梁，帮你跨越菜鸟与老手之间巨大的鸿沟。按照下面列出的步骤开始你的（第一次？）人脸涂鸦冒险吧。空白方框上方和下方为你列举了小小的范例，以免你在表情森林中迷路。

完成人脸矩阵之后，你应该回头看看你涂画的各种表情，分别为它们加上标签。这些人脸里面有没有哪一个能够被看做代表了多种情绪？同样的一张脸能表现

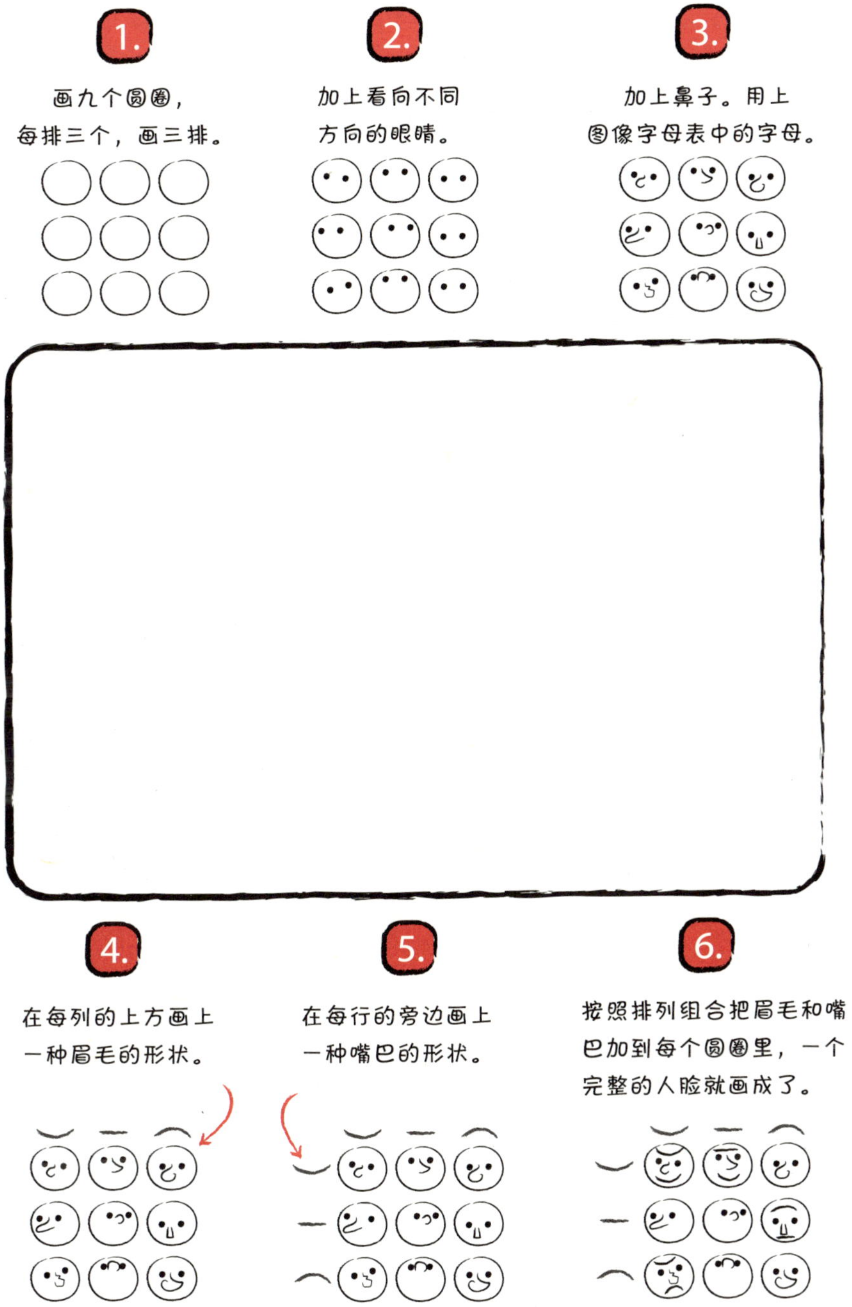

出几种不同的情绪？在体验过这个游戏之后，我希望你画出的这套表情能让你意识到人类的情绪能够通过多么简单的线条表现出来。你不需要进行长时间的痛苦练习，只需要改变一条短短弧线的朝向，就能让小人脸上的表情在欢乐与淘气之间切换。虽然掌握了涂画人脸矩阵的方法并不意味着你一下就具备了表现最微妙的表情变化（打个比方，既欢乐又如释重负的情绪）的能力，但至少现在你能画出九种不同的表情了，你能将你学到的这个技巧作为起点，探索如何表现更复杂的情绪——如果在资讯涂鸦交流过程中需要用到复杂情绪的话。

现在我感觉有必要提醒一下你们中那些总是会挑剔自己画出的人脸不够好看的家伙了——特别是在团队工作中时这样做的家伙——也许你会感到吃惊，你的观看者对这些涂鸦之作反而非常宽容。你画的人脸甚至不需要看起来像真正的人脸。在辨别人脸的时候，我们的大脑非常好说话，哪怕是最潦草的人脸也能认出来，因为我们天生就有这个能力——即使那些脸并不存在。[80]这也许是因为我们的祖先在丛林中生活的时候，哪怕是错误地把树叶投下的阴影认作猛兽的脸，也比没认出来然后被一口吃掉的好。也许我们需要具备辨识面部特征的优秀本领，是为了避免这样的风险：约出去的女孩原来是我们的远方表姐妹。不管是什么原因，辨识人脸的本能深深地埋藏在我们身体里。我们都知道所谓的月球表面的人脸，你也许还有过在云朵间、树皮上或是影子里看到并不存在的人脸的经历。就在几天前我还在我的枕套上看到一张人脸呢。

我知道你能在我的枕套上看到一张人脸。你情不自禁就会这样做。这是你的本能。

之前我们说到，不管火柴小人是什么外形，我们的大脑都能敏锐地辨识它所表现的形体动作，同样的，我们的大脑在辨识人脸时也是如此，所以你尽可以随便选择人脸的形状。要是你不喜欢圆脸，而是更喜欢心形的脸，那就画心形的脸好了。让心形的脸成为你表情套餐的载体。没有人会认不出来的。接下来，为了再次证明我们的大脑在辨识人脸方面具有的超凡变通

涂鸦游戏：人脸变变变

性，我想向你们推荐另一个游戏。我把它叫作“人脸变变变”。

玩这个游戏你需要这样做：拿起纸笔。闭上眼睛，把笔尖放在纸上。在纸上随意画一条线，画线的时候你的笔尖至少应该改变一次方向。（换句话说，不要画一个点或是一条直线。画出角度，画出弧度，画出曲线。）睁开眼睛，看看你画的这条线，然后把这条线变成一张脸。你会发现，不管你画出的线条怎样随意，总能够把它转变成一张脸。然后再来一次。再来第三次。尽你所能把这条线画得奇奇怪怪，增加把它变成一张脸的难度。但你永远没法画出一条你觉得没办法把它变成一张脸的线。你也可以找一位朋友，让他根据你画的线画一张脸出来。你会发现你找的每一个人都能做到。不相信吗？下面有三条我闭着眼画的线（我举手发誓真是我闭着眼画的！），我尽可能地让笔尖随意乱画。但最后我还是把这三条线都变成了三张能让人辨认的脸。（只是我确实没法说它们很好看就是了。）

就像你能从这个游戏中体会到的一样，脸的形状在我们身边无处不在。就算你没兴趣深入研究人脸和表情，你也能清晰地分辨出基本的视觉信号：高兴、悲

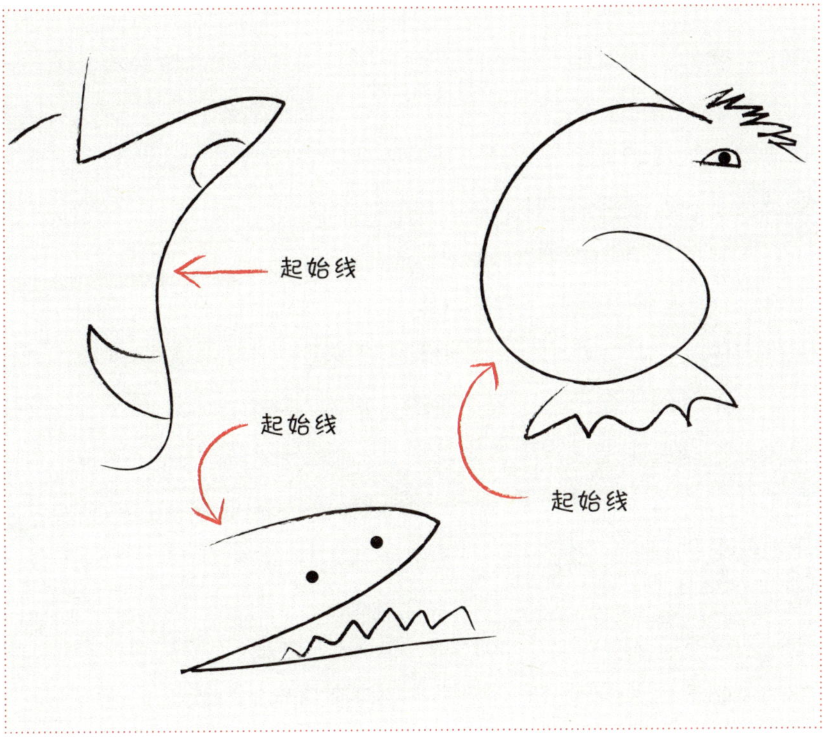

伤、愤怒、迷惑、担忧、害怕、满意。这些都是会出现在你的客户或股东脸上的标准表情。当你设计产品用途、客户体验或公司介绍时，这些视觉信号能帮助你引起客户的共鸣。在集体讨论时画一张人脸，然后你和你的团队会突然发现自己开始感同身受地理解客户的想法。在最后两章里，这种做法的价值会变得尤为清晰。

将你的作品同他人分享

基础涂鸦评估涉及的最后一项技能是“将你的作品同他人分享”。我明白这听起来不像一个正儿八经的技能，但你会惊讶地发现，许多人做起这件事情来居然感到那么困难。你的观众可能非常冷酷——有时候说的话会让你恨不得钻到地里去——哪怕是不置可否的反馈都可能导致一位热情高涨的涂鸦者转入地下。所以关注这一点很有意义，这样我们就不会让别人的批评意见扑灭我们分享的热情。下面我来回答一下这个问题：为什么我们应该将我们的作品同他人分享，即便这样做会冒着难堪、扫兴或被人看不起的风险。我们冒这些风险能得到什么好处？我希望你花上十秒考虑一下，就是现在。然后我会告诉你我从这种分享行为中得到了什么，所以觉得这样做是值得的。

近些年，我的丈夫看到和听到了无数点子，或者是我通过涂鸦表达出来的，或者是我大声说出来的。他的反馈意见——以及我的制作人、编辑以及现实和网络上的读者给我的反馈意见——是极其珍贵的。正因为有了这些关注，我发现自己面前突然多了一大堆机会，比方说：

· 让我的作品和想法变得更好的机会。

因为他人的反馈，我能弥补探索过程中的错误、改正有缺陷的假说、剔除糟糕的笑话以及蹩脚的图像范例。鉴于不擅自知是人类的共性，对于个人来说，正确评价自己的作品可能是件很难做到的事情。而那些对我们的作品抱以真切关注的人能帮助我们改进方式或完善作品。这是他人给予我们的宝贵礼物，我们应该心怀感激地收下。

· 让我脸皮变厚的机会，这样我就能更好地处理反面意见。

在你的作品遭到负面评价时，要考虑到存在这样的可能性：这并不是针对你个人，这样的事情也不是只有你一个人会碰到。常常这样想会让你变得像“琼斯妈妈”一样坚强。[81]慢慢地，你就敢把你的作品传到网上，欢迎世界各地的人们发表意见，再不会因为负面的评价而烦恼焦虑。你只会利用这些意见来让你的作品变得更好。（此外，要是有人在批评你时既没有表现出一点同情心，也没有表现出对你创作和作品的好奇心，那么他们的批评意见反映的更多是他们人性中的缺点，而不是你作品的缺点。）

· 有机会让别人记住某些你觉得很有意义的东西。

如果我不分享我的作品，其他人就不会接收到我想要传达的东西。虽然我的那些火柴小人不是每一次都能给人们留下深刻印象，但我的确时不时能影响到某个人。我把某个视觉化的想法展示给他们，能够让他们大开眼界；改变工作中的游戏规则；改变他们的观念。这是我给他们的礼物，你分享你的作品也是在给予别人礼物。所以不要剥夺人们通过你的作品而获得新的领悟的机会。赠人玫瑰，手有余香，为了保护自己不受唇枪舌剑的伤害而把作品捂起来的行为并不值得。

你已经抵达资讯涂鸦王国的大门

不管你们相信不相信，勇士们，这一章已经向你们展示了你们需要知道的所有关于基础涂鸦的东西：图像字母表（一个用途广泛、使用自由的工具，你不这样认为吗？）、怎样快速画出超级简单的火柴小人；怎样画出表情丰富的人脸矩阵。我向你们保证，其实这些东西都深深埋藏在你的DNA里面，并没有什么新鲜的。在这些东西的基础上，我们接下来将要学着使用这个了不起的工具——资讯涂鸦。

在你进入资讯涂鸦的大门前，再来做三个涂鸦游戏

涂鸦游戏：精美尸首

我将这个游戏称为“合作涂鸦练习”[82]。参加的人至少得有两个，游戏要求大家按照顺序依次在纸上涂画，而且每一个参与者都没法看到画的整体是怎样的。把一张纸折叠数次，让第一个人在纸上画一个人体部位，然后把纸传给下一个人，每个人都依次在纸上的不同地方画上任意人体部位，直到整张纸画满，然后把折起来的纸展开，一个怪异的“精美尸首”就呈现在你们面前。这个游戏对大家一同合作进行视觉化工作——这是团体资讯涂鸦的一个主要组成部分——是个很好的练习，而且能够帮助你接受这样一个理念——就算不知道一幅图画最后看起来是什么样子，其实也没什么关系。

涂鸦游戏：发光的姓名

在这个游戏里，你要涂画一个你从幼儿园以来就不断书写的词：你的名字。只是你要把它画得更加引人注目一些，在你的名字四周画上闪闪的金光，或是某种你喜欢的符号或图案。拿起一只笔，慢慢地写下你的名字，然后在四周加上你想要的效果。你可以反复涂画线条，直到你的名字看起来非常显眼，享受这个过程。这样做能够让你平静下来，很不可思议吧，因为它实在是太简单了。你可以随自己喜欢尽可能多地重复这个游戏——你可以在繁忙的工作间隙涂画你孩子的名字——当你涂画的时候关注一下你内心的感受。你是不是觉得时间仿佛变慢了？这个简单的练习能够带给你闲适的感觉和纯粹的快乐。

涂鸦游戏：

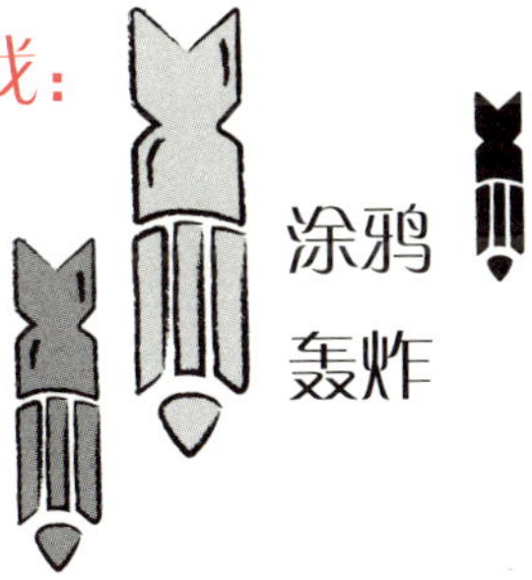

想要来场涂鸦轰炸，你需要做的就是抓过一本杂志，然后用涂鸦把它弄得面目全非。[83]在超级名模手里画上电动工具。把标题的字母改改让它变成一句可笑的话。把杂志倒过来大画一气。然后嘻嘻笑着把它给你的朋友们看。你会吃惊地发现这个游戏对于提高你的涂鸦技巧是多么的好。你不会觉得有压力说我必须画得正确，也不需要大费周折地把一个图像变成某个别的图像。你简直赚到了。

第四章

学习资讯涂鸦：精通视觉思维

引入：四大思考风格的绝妙组合

现在我们抵达了广阔而奇妙的资讯涂鸦世界，它也是本书介绍的重中之重。资讯涂鸦是最为复杂的涂鸦形式，在接下来的两章里，我们将探寻它的种种奇妙之处。资讯涂鸦的世界非常广阔——它的表现形式和作用都多得惊人——它包括三个子分类，每个子分类都有着独到之处。你在前面的章节已经看到了，这三个子分类分别是个人资讯涂鸦、表演型资讯涂鸦以及团体资讯涂鸦。我马上就向你介绍它们。不过首先让我们了解一下资讯涂鸦者的独特之处。

资讯涂鸦者简介

“资讯涂鸦者”将文字、框架和图像紧密结合在一起，以表现基于文本或听到的内容。内容可以是课本上的、白皮书上的、电子表格中的、幻灯片上的，也可以是在扬声器或是团队会议中听到的——任何文字或数字，都可以被他们通过视觉语言重新展现出来，并且变得更好理解。资讯涂鸦者个个堪称大师，他们能够利用眼下一切能够利用的方法手段（比方说记号笔、便利贴、数字写字板、软件、笔记本、拼图块——任何你能想到的东西），将数据、信息以及谈话内容以一种更为丰富生动的形式表现出来。关于资讯涂鸦，你需要了解的重要一点是：它能承载所有类别的学习方法，并帮你达成促进思考的目的，不管你是为了更好地理解、记忆、创新、核对、设想，还是解决问题。资讯涂鸦是一种强大的工具，一旦你掌握了它，你便朝着“视觉文化”的方向迈出了至关重要的一步——还记得吗？在未来，人们势必无法承担沦为“视觉文盲”的代价。下面让我们认识一下资讯涂鸦的三个子类型。

个人资讯涂鸦

对想要将视觉语言引入自己的工作和生活中的人们而言，个人资讯涂鸦通常是最容易上手的。它常常在一个较小的载体上进行——经常是在笔记本或速写簿

个人资讯涂鸦

里——而且它有着非常明确的目的，就是帮助个体思考。在个人资讯涂鸦过程中，人们用视觉语言把来自书本或演讲者的信息表现出来。换句话说，个人资讯涂鸦者在信息中加入图像，从而丰富信息的意义。正如你之前从弗吉尼亚·斯科菲尔德博士的故事中了解到的，当某人在工作和学习中必须理解、记忆复杂的信息时，这个技巧就显得尤为宝贵了。下面的照片展示了个人资讯涂鸦的一个例子，这是我在大卫·艾伦的“把事情了结（GTD）”工作坊中根据所听到的内容涂画的。不管何种形式的资讯涂鸦，唯一会限制你构筑图像信息的只有想象力。[84]

许多资讯涂鸦者的人都会先经历个人资讯涂鸦，然后再进阶到表演型资讯涂鸦和团体资讯涂鸦。在小小的角落独自涂鸦，既可以鼓励你练习运用视觉语言，还可以将在他人面前运用视觉语言自然会涌起的恐惧减小到最少。所以它是很好的入门方式。

表演型资讯涂鸦

表演型资讯涂鸦者将从会议或演讲中听到的内容涂画在一个大规模的载体上给别人看。他们会在大张的画纸、展示板或环绕整个房间摆放的白板上涂画，也会利用iPad、数码绘图板或投影仪同观众分享现场创作过程。这些资讯涂鸦者属于表演艺术家，因为他们的创作是全然自发、即时进行的，就在观众眼皮底下。从快速倾听和过滤信息的角度而言，表演型资讯涂鸦是三种子类型中最为复杂的。它非常具有挑战性，因为它要在听到发言者讲话的同时尽可能准确地捕捉发言内容并加以再现。不同于个人资讯涂鸦，

表演型资讯涂鸦

表演型资讯涂鸦者不能对这些图像化的信息进行个人的渲染。[85]这种涂鸦方式需要极其熟练的倾听技巧（后面会讲到帮你成为倾听高手的小诀窍），而且要求涂鸦者几乎丝毫不差地捕捉发言内容，这样才能使表演臻于完美。

团队资讯涂鸦

团队资讯涂鸦

团队资讯涂鸦是最能体现互动性的涂鸦形式。它极具参与性与代入感，而且，即使它要求参与者进行深入的思考，也不妨碍人们在这一过程中体会到大量的乐趣。

在团队资讯涂鸦过程中，人们协同合作，通过视觉化思考解决某个特定的问题。虽然这一过程的持续时间可以从三十分钟到一个星期不等，但它的目标非常清晰，就是通过简单的视觉化行为及提问技巧应对某个挑战或问题。这种涂鸦十分强大，世界上最具创新精神的公司都使用过它。你会在接下来的阅读中看到绝佳的例子。

在这本书中，你将深入了解这些方法——个人资讯涂鸦、表演型资讯涂鸦、团队资讯涂鸦——并进行尝试，因为涂鸦革命就是要让你用已经具备的技能突破一切可能性。

图解资讯涂鸦子类型之间的区别

为了区分三种资讯涂鸦子类型，我做了一个图表来概括它们各自的特点。当你仔细审视这张图表的时候，不妨想想你对哪种资讯涂鸦形式最感兴趣。想想在生活和工作中，哪些地方可以用到一种或多种资讯涂鸦来更好地理解、沟通、决策，以及解决问题。资讯涂鸦的作用范围没有上限，而且不管你用何种方式深入探究这些技巧，都称不上是“错误”。要是你不去尝试，那才是大错特错。

资讯涂鸦子类型之间的区别：类型和特点

*非即时
（不是在现场或实时进行）

*个人资讯涂鸦

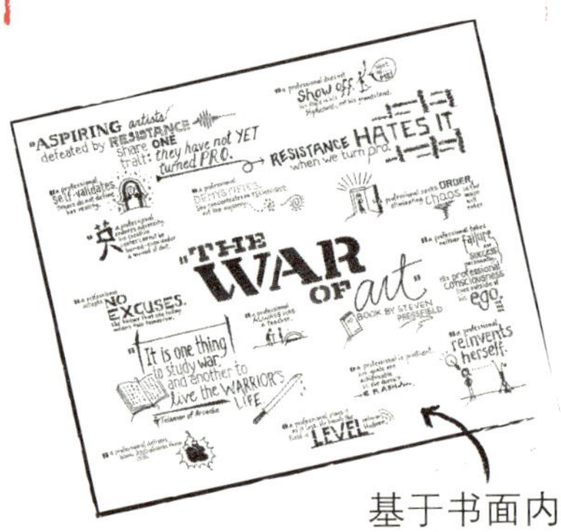

基于书面内容

*即时
（现场或实时进行）

*个人资讯涂鸦

基于听到的内容

显著的区别在于对倾听技巧与过滤信息能力的要求

显著的区别在于是否敢在他人面前“失败”

← 更容易

1：时间上不同步/没有时间限制
2：基于书面内容
3：小幅（通常在笔记本上）
4：不要求绝对忠实于书面内容（可自行选择将哪些内容进行视觉化转换）
5：非表演性质
6：不是出于明确的与他人分享的目的
7：可以被视为艺术
8：不要求艺术天分
9：需要过滤信息的能力

1：时间上同步/有时间限制
2：基于听到的内容
3：小幅（通常在笔记本上涂画）
4：不要求绝对忠实于听到的内容（可自行选择将哪些内容进行视觉化转换）
5：非表演性质
6：不是出于明确的与他人分享的目的
7：可以被视为艺术
8：不要求艺术天分
9：需要倾听技巧和过滤信息的能力

*即时
（现场或实时进行）

所有三种方法都倚赖有目的地整合文字+框架+图像

*表演型资讯涂鸦

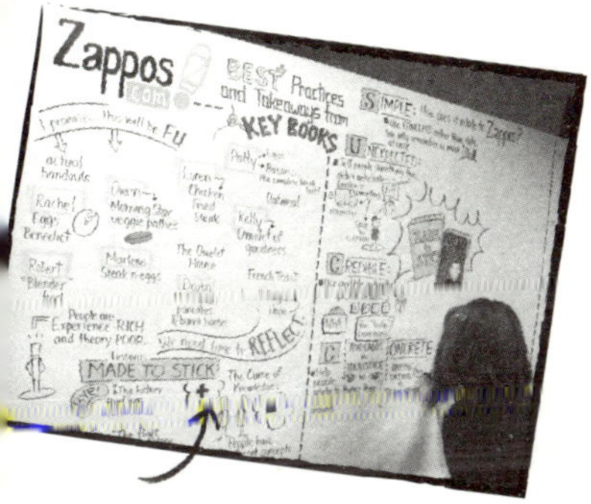

基于听到的内容

1：时间上的同步性/ 有时间限制
2：基于听到的内容
3：大幅
4：必须绝对忠实于听到的内容
（准确而逼真地再现发言内容是最重要的）
5：表演性质
6：出于明确的与他人分享的目的
（除非发言者特别要求不与他人分享）
7：几乎总是被视为艺术
8：需要一定水平的艺术天分
9：要求出色的倾听技巧和过滤信息的能力

*团队资讯涂鸦

基于听到的内容

1：时间上同步/ 有时间限制
2：基于听到的内容
3：小幅&大幅（可以在大幅画纸、便利贴、白板、索引卡片、活动挂图板等地方涂画）
4：必须绝对忠实于听到的内容
（准确而逼真地再现发言内容是最重要的）
5：具有简化的表演性质
6：出于明确的解决问题的目的
（与他人分享，但不是强制要求）
7：不被视为艺术
8：不需要艺术天分
9：要求出色的倾听技巧和过滤信息的能力

更难 →

所有三种方法都需要视觉化信息建构技巧

所有三种方法基本不要求任何艺术培训或天分

资讯涂鸦：基础

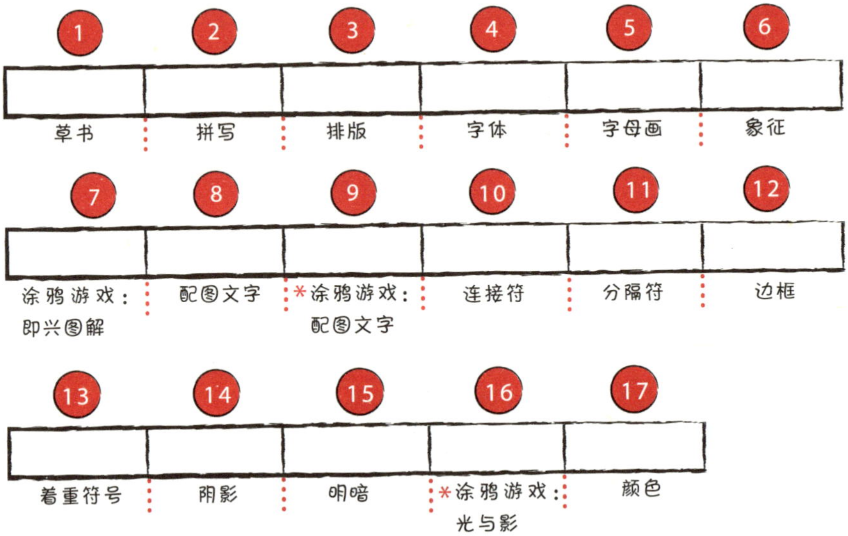

因为你天生就具备涂鸦的本领，这一章对你来说可能是小菜一碟。这挺好的，因为你将不断进阶，或来个巨大飞跃，然后你突然发现自己没有经历任何痛苦的训练就成为了一位资讯涂鸦大师。

我们将进行另一个评估以建立一个基线：你资讯涂鸦时的自在程度。但在我们翻越这座高山找到你所需要的12件珍贵宝物时，[86]我们首先必须面对三大谎言。请在接下来几分钟里调整到专心阅读模式。这三大谎言（以及它们引发的错误观点）极具杀伤力，很可能会扰乱你的脑子。我需要你认真阅读，仔细分辨，这样它们就永远不能（再次）挡住你前进的道路。

三大谎言：摧毁涂鸦者热情的大杀器

当我因为工作走遍全球时，我对这三大谎言的了解也越来越清晰。当你作为一个聪明而坚强的涂鸦革命者走遍世界时，你也许将在你的公司、学校、家里遭遇这些谎言。接下来我将一一揭穿这些谎言，并提供应对办法。

谎言1：我永远学不会画画。这是基因上的缺陷。

在第一章里，我提到几乎所有成年人对画画这件事情都有种无能为力的感觉。有些人会将其看成一种基因缺陷，绝无改变的可能；有些人甚至会拿这种说法当借口，拒绝付出努力去成为一个“视觉文化人”。对上述两种人，我只想说：这种假设是合理的。比方说有些人能够吃下成堆的印度鬼椒而不会被辣死；有些人身上会长满长毛，就像狼人一样；还有些人吃了花生就会过敏而死。但是，没有人天生就不会画画。绝对没有人生来就有“不能涂鸦”的基因缺陷。事实上，我们的大脑就像巨大粗壮的葡萄树，人类的各种技能就像树上的一串串葡萄，有时你觉得“哎呀，这件事情我不会”，但其实这种技能只是隐藏在了盘绕的藤蔓间。不管你母亲那边有什么基因缺陷，都不能改变这个事实。不过，在很多时候，我本以为我听到的借口会是“基因缺陷”，实际上听到的却是谎言2。

谎言2：涂鸦是反智的，不适合领导者或严肃的思想家。

这种说法隐含了一种偏见，我称为“透明偏见”。之所以说它是“透明”的，因为绝大多数人并没有意识到自己怀有这种想法，但他们的行为或谈话却表露出了这一点。我们之前略微提到过这种现象，但“涂鸦和绘画不智性、不严谨”的观点无处不在——高校和媒体也许是最大的两个推手——你总是会一遍遍地质疑涂鸦，所以在这一点我需要重复多次。当媒体报道某个国家或世界级别的领导人在涂鸦时，总是会用到诸如“被抓现行了吧”之类的话，对这些“重要人物”竟然在严肃的会谈期间专注于“无聊”的事情进行文字抨击。

所以当人们用这个说法质疑你时，你可以这样告诉他们：视觉语言，不管是以涂鸦、速写还是绘画形式表现出来的，都能够激发、促进严肃的智性思考。人类哪怕是用最基本的视觉语言去理解或表达某件事物，也能够刺激大脑中的神经回路，从而能够以一种全新的眼光看待事物。相比我们这些普通人，世界级别的领导人也许更需要涂鸦，因为他们几乎总是处在信息高度密集的场合。如果你的听众需要证据来证明涂鸦对于智性思考的作用，不妨让他们去看看下列这些人的笔记本：托马斯·爱迪生、玛丽·居里、比尔·克林顿、列奥纳多·达·芬奇、史蒂夫·乔布斯、比尔·盖茨、乔治·华盛顿、理查德·费曼，以及从古到今几乎所有那些对人类社会的进步作出贡献的人。涂鸦是智性思考的强大盟友，以前是，现在是，将来也是。我们一起努力，就能让人们远离谎言2。

达沃斯涂鸦事件

2005年，世界各国最为杰出的领导者们汇聚在瑞士达沃斯，参加世界经济论坛年会。他们在会上讨论重大议题，如全球流行病问题、石油问题、伊拉克问题。会议期间召开了一次新闻发布会，发布会结束后，工作人员整理会场，发现了一些东西让人非常吃惊的是，这一发现竟然演变成了一个丑闻——当时的英国首相托尼·布莱尔留下的一幅涂鸦之作。

布莱尔的涂鸦被发现之后，笔迹分析学家——研究笔迹由此分析出书写者心理状况和精神状态的专家——对它进行了分析。从流传出来的分析结果看，他们认为布莱尔非常“具有侵略性”“反复无常”“混乱”，甚至是个“自大狂”。他作为一个处在重大压力下的男人，却全神贯注地涂画象征阴茎崇拜的符号图形，这样一个人也许不适合领导一个国家。

当这些结论尘埃落定时，一个出乎所有人意料的事实浮出了水面，原来托尼·布莱尔涂画的这个图像并不是他的原创。事实上，这个图像正是亿万富翁、微软创始人比尔·盖茨的创造。这个（有趣的）事实自然而然引起人们重新考虑之前那些言之凿凿的结论，并引发了对一个古老议题的再次热议：笔迹学是不是伪科学？这个故事很有启发性，它警示我们：先生们，涂鸦时别忘了抬头看看自己身处何地，因为总有人在盯着你看呢——想必布莱尔和盖茨也深刻地领会到了这一点吧。

所以涂鸦者经常表现得像地下工作者一样又有什么好奇怪的呢？也许这个事件应该被称为“布莱尔门”吧。

谎言3：视觉语言应该是“真正的”艺术家的专利。

你肯定听过这个谎言。说不定你还对自己说过好多次。但争论某人是不是“真正的”艺术家，简直就像政治上的党派之争一样无聊。坦白地说，我对这种争论毫无兴趣，因为不管是对我还是对每一位涂鸦革命者来说，是不是个“真正的艺术家”都无关紧要。这个问题就留给那些艺术生去琢磨好了。涂鸦革命者的目的是解决问题、提高学习能力、摒弃过时的错误知识以及重新学习新知识的能力，从而让生活变得更美好。我们甚至不用花时间去尝试成为艺术家。为什么呢？最要紧的原因之一可能会让你大吃一惊，但请保持冷静，因为你需要知道这个。它能带给你更深入的思考，是你全身心投入涂鸦革命的一个转折点。

这个说法是对的。没错，这话我就说在这儿了。视觉语言不是艺术的同义词。在涂鸦革命的世界中，将这两者区分开来是最重要的事情。就算你不喜欢这个说法，也请试着尽量不去抵制它，这里有着出于实用性和目的性的考虑。这个说法也许会让你大皱眉头，等我们能够完完全全地将“视觉语言”和“艺术”理解为两个彼此分离的概念时，我们会回过头来阐述这两者有着交叉部分的事实。不过眼下，为了将“视觉语

视觉语言

不等于

艺术

言等于艺术”这个说法从我们头脑中擦去，我们需要对两者进行彻彻底底的区分。

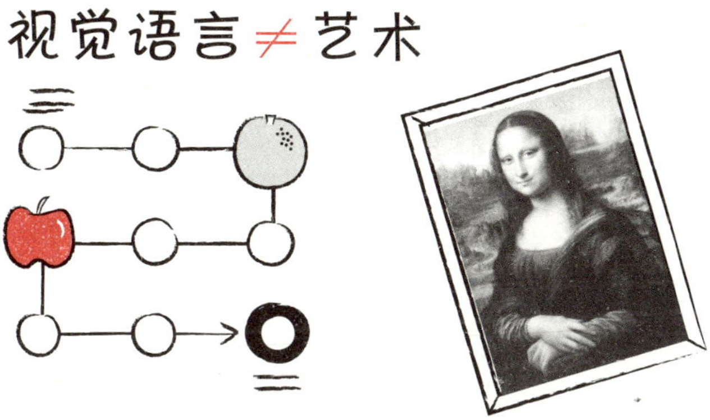

还记得我们之前说过的吗？视觉语言是围绕着某个概念的字词、图像和框架结合体，目的是为了进行交流、理解以及创新。“艺术”能不能运用字词、图像和框架做到这一点呢？当然可以。但要是你将两者混为一谈，那麻烦就大了，在你进阶到资讯涂鸦之前，必须摒弃这种做法。当人们将视觉语言与艺术等同起来时，他们会突然发现自己对艺术的看法导致自己不敢接触资讯涂鸦，或是不能清晰地把握资讯涂鸦的目的。如果人们相信涂鸦或画出来的画必须精美非凡或是表现出作者的过人天分才算有价值的话，那这场革命我们就已经输了。

为了说明这一点，我想快速地探讨一下人们通常对艺术抱持的看法，然后提出一些对应的看法，让你能够正确地面对资讯涂鸦。

烦人的观念1：
艺术是奢侈品。

对应的观念：视觉语言并非奢侈品。

预算紧张时首先要砍掉的支出是什么？购置艺术品。家长们最不希望孩子从事的职业是什么？艺术家。在可预见的未来，一家公司绝不会放进预算表里的项目是什么？购置艺术品。你明白我的意思了吧。如果人们将视觉语言与艺术等同起来，那么，在需要用到视觉语言的地方，不管是学校、政府办公室还是公司，视觉语言就永无出头之日了。许多掌管着高效率企业的人相信艺术是可以消费的，说好听点是不必要的奢侈品，说难听点就是毫无意义、傻里傻气的玩意儿——不管他们有没有公开说过这话，心里都是这么想的。那些CEO们才不会为了往办公室里注入更多艺术气息而用自己在董事会里的地位冒险。对这些商界领袖来说，在企业的日常运营中，以艺术形式表现创意并不是需要大力推进的事情。

因此，涂鸦革命者们千万别嘴里说着“视觉语言”而心里想的是“艺术”。因为人们相信那些奢侈艺术品（在他们眼中就是消费品）并不属于工作场合，如果我们把这两者等同起来，我们为之付出的所有努力就会同那些附庸风雅的玩意儿一同被冲进下水道——除非人们决定要装修办公室。将视觉语言比作艺术是绝对绝对不能做的事情，因为资讯涂鸦也好，视觉语言也好，都不是奢侈的消费品。它们是必不可少的技能，在任何时候——包括考虑预算的时候——都是应该予以认真考虑的。

烦人的观念2：

艺术是为“真正的”艺术家准备的。

对应的观念：视觉语言是为每个人准备的。

这个对策大概会让我遭到一大帮人的围攻，不过要是不冒点险，又怎么算得上革命呢？我们必须克服这个错误观念，它就像挡在我们成为视觉文化人前进道路上的巨石。

不管在哪个地方，都有许多人相信“艺术”以及“艺术家”的名头应该归于那些配得上这个名头的人。我已经无数次听到这样的说法：某人不是个“真正”的艺术家，只是个妄图成为艺术家的二流匠人。人们倾向于拒绝将“艺术家”的标签贴在那些他们觉得配不上的人身上，即使不管以哪个地方的标准来看，此人都能当之无愧地称得上“艺术家”。雕塑家理查德·塞拉甚至曾经跟著名的建筑师弗兰克·盖里（这位建筑师设计了西班牙毕尔巴鄂的古根海姆美术馆）说——他觉得建筑学不算艺术，只是砌砖布线、捣鼓管道之类的活计。啧啧，这话说的。对我们这些想要通过视觉语言来表达自己的草根百姓来说，这话里话外的意思再清楚不过了。我们不够优秀，永远没法成为艺术家，所以我们最好拿上数字填色图老实回家待着去。管它怎么说。涂鸦革命就是为了鼓励人们拿起笔来涂涂画画，我才不会像那些精英艺术家们一样盛气凌人地告诉人们：“不要费神去想画画这档事了，因为你们的作品不够好！”所谓的艺术家们，你们听好了！涂鸦革命者不需要你们的允许。我们的作品不需要超凡脱俗或是美妙无比，甚至都不需要像模像样。就算潦草凌乱也没关系，只要它能阐述我们的想法就行。不管有多少自命不凡的精英艺术家对我们嗤之以鼻，这一点都不会改变。

虽然我没有能力改变“艺术属于精英人士”这个普遍的观念，但我可以让我们的革命者与这一说法划清界限。在涂鸦革命中，视觉语言是为每个人准备的——任何人！包括那些我们不肯屈尊降贵称之为艺术家的人。

烦人的观念3：

艺术是天赐灵感的结果。

对应的观念：视觉语言是努力的结果。

人们似乎喜欢认为：创作艺术作品的能力是上天赐予的，艺术灵感总是像闪电一样凭空而来，它们就像奇禽异兽或是缪斯女神一样神秘莫测。但这并不是正确的看法。艺术创作同任何值得花时间做的事情一样需要辛勤工作，它也是通过一个持续的过程逐渐成型的——汲取信息、让信息在脑海中不断酝酿发酵、对它进行加工，这样它就能重新组合、改头换面，变成一件令人惊叹的艺术品。相信艺术灵感来自上天的确是个偷懒的好办法，可以让我们心安理得地不付出任何努力，但结果只会让我们绕回到“视觉语言等于艺术”的错误观念中——这岂非事与愿违？如果艺术创作源于闪电般的天赐灵感，而视觉语言等于艺术，那我们干吗还要付出努力去学习它呢？艺术女神从未附在我们耳边轻声低语，所以也许我们最好还是老实当个会计，把所有涂涂画画的事情留给那些被上天选中的人好了。

这个想法简直大错特错，部分是因为它并非事实，[87]部分是因为资讯涂鸦和艺术的特质根本不一样。

资讯涂鸦与艺术的特质并不一样

资讯涂鸦的初衷并不是为了表达情感。

绝大多数时候，资讯涂鸦是一种智性行为——没错，也需要运用想象力。但它在工作和学习中的运用并不是为了探寻以及深入挖掘情感。绝大多数时候，资讯涂鸦的内容甚至不是出于自己的选择，所以通过涂鸦来表达情感的可能性非常低。个人涂鸦或表演资讯涂鸦者们是当场汲取信息然后将其转化为视觉语言，以便让信息清晰明了、过目不忘。团队资讯涂鸦者也是当场参与到涂鸦过程中，以期达成团队的目标。如果这些情境中的信息内容带有感情色彩，资讯涂鸦自然也能表达出感情。但一般说来，资讯涂鸦的目的不是为了释放、激发或发掘带有强烈感情色彩的信息，而是捕捉、表达信息。其目的是为了学习和教授，而不是传递情绪。

资讯涂鸦并不关注个体的自我表达。

因为互联网，我们能亲眼见到无数活跃的资讯涂鸦者。虽然我并不反感任何个人将字词、图像、框架的组合冠上“资讯涂鸦”的名头，但我想说明涂鸦革命着力要做的事。我们用视觉语言表达与学校、政府部门以及企业利益相关的涂鸦，以在这些机构中建立正当性。我们在工作学习的大环境中发挥作用，不仅为自己，也为其他处在这个大环境中的人们提供便利。涂鸦革命中的资讯涂鸦并不只是为了创作关注自我表达的作品或是陈列只对自己有意义的信息。不过这个说法也不是死的。某人涂画自己家族历史的大事年表，这对他而言是很有意义的事情，但这个年表也许只对他自己有用，为了推进视觉文明的进程，我们必须清楚这其中的界限。学校、企业以及政府部门中的当权者一般并不会对你个人的自我表达感兴趣，除非这个自我表达包含着某些与他们心目中更大的目标或决策相关的东西。所以涂鸦革命者们应该将关注点从个人的自我表达上移开，转到对整个团队有意义的地方，这样做会让我们在整个体系中的价值大大提升，能让我们与更多的受众产生联系，大大提升我们成功的概率。

资讯涂鸦不应该是模棱两可或任由读者解读的。

精准、清晰地表达即时发生的谈话是资讯涂鸦的主要目的。我的建议是：一直涂画下去，直到你和你的团队理解了想要理解的东西。让灵感的灯泡一直点亮，直到突然一切豁然开朗。我们希望利益相关者与我们达成一致意见；我们希望找到一个可以共享的认知模板，好让信息变得清晰，以便采取行动、做出决定。与许多艺术作品相反，让观众进行多种解读并不是资讯涂鸦的诉求。主观性——对艺术作品的领悟是非常个人的——是一个奇妙而广阔的开放空间。但资讯涂鸦要的是，信息能尽可能地呈现其原意。

资讯涂鸦并非要创作某种美好或可以作为典范的东西。

资讯涂鸦的确可以产生让人惊艳的作品，但要是资讯涂鸦最终呈现出艺术品般的美感，那多半只是因为运气好。资讯涂鸦关注结果，一切都以目标为指向，创意都是围绕着结果以及实用的目的，也就是帮助人们理解和思考。从这个角度说，它与艺术作品的诉求的区别是非常明显的。资讯涂鸦可以让人惊艳甚至心驰神往，但如果人们只关注视觉效果，那他就忽略了更重要的一点：一幅资讯涂鸦作品大可以难看得要命，却仍然完美地达成了目标。

烦人的观念4：

艺术与苦难是天生的伙伴，精神疾病、吸毒成瘾、绝食以及充满破坏性的人际关系与艺术家如影随形。

对应的观念：视觉语言不会伤害任何人。

作家伊丽莎白·吉尔伯特在2009年做TED演讲时，坦陈我们的文明中存在着一个可憎的事实——人们相信艺术=苦难，她认为正是这一观念“在过去五百年间害死了无数艺术家”。吉尔伯特说：“我们的社会已经完全接纳了这个观念，甚至内化到了集体潜意识中，我们认为创造力和苦难天然地联系在一起，艺术上的造诣最终总是导向黑暗的深渊。”她戏剧性地停顿了一下，然后开口问：“你们真的对这个观念安之若素吗？”

我希望涂鸦革命者们对这个问题的回答是一个响亮的“不”！在一个真正接纳视觉文化的社会中，这个观念是完全站不住脚的。如果人们将视觉语言等同于艺术，那么他们也会认为：视觉语言会导致痛苦或是由痛苦催生，它是夸张的、耸人听闻的；它让人大喜大悲。这些结果都无法促进视觉语言在工作场合或学校中的推广。如果将视觉语言等同于艺术，那么不管喜不喜欢、合不合理，人们都会对资讯涂鸦关上大门。为了推进图像文化，我最后再强调一次：

视觉语言

不等于

艺术

资讯涂鸦评估

下面的表格类似上一章的“基础涂鸦评估表”。在我说了这么多之后，你的想法也许已经有所改变（也许并没有），不管怎样，花几分钟时间休息一下，然后安静地填完下面的评估表。如果有某个条目或技能你不是很明白，先空着，等之后的章节详细说到这个话题后，你再回头来填写。你得掌握自己的学习进度，所以本章先教你资讯涂鸦的基础，这样你就能学习怎样将它应用到工作中去了。准备好了吗？来吧。

资讯涂鸦评估表	完全做不到	勉勉强强	能够做到	相当熟练	爱死这样做了
掌握草书技巧 能够写出可辨识的草书。					
原谅自己的拼写错误 对它们笑笑然后接着往下写。还有，认识到：这个词别人也不一定能拼对。					
相信资讯涂鸦≠艺术 明白进行资讯涂鸦完全不需要“艺术细胞”。					
善于利用字母排版技巧 探寻字母的不同表现形式，以帮助交流。					
涂画字母画 用图像来呈现字词。					
通过象征物来表达抽象概念 用心灵的眼睛寻找两者的共同之处，用图像呈现出一个抽象的想法。					
涂画阴影及明暗 为纸上的物体赋予体积和尺寸。					
适当地使用颜色 通过颜色强调或创造意义。					
展示信息之间的联系 画出信息间的相互影响，运用符号标示关系的类型。					
鉴别关键信息 舍弃言语的枝蔓，把握关键。					
实时提炼文字内容 在谈话进行过程中准确地记下谈话的核心内容。					

你可以看到，相比基础涂鸦评估表，资讯涂鸦评估表列出了许多更为复杂的技能。别被吓到，不管此时此刻你对自己的潜力有多少了解，记住，这些技能没有一个不是你学不会的。我自己就是从新手过来的，所以我知道你有多少潜力以待发掘。只要你不断前行，你能给自己带来惊喜。

在我要求你开动脑子阅读下面的章节之前，让我们先来说说我们为什么要进行资讯涂鸦，为什么我希望你学会将字词和数字转变成图像，为什么你不能像过去常做的那样，只是列个表格、写个清单，在课堂里会议上做蹩脚的笔记（嘿，每个人的笔记都挺蹩脚的，你不是一个人）。

列表、清单和传统的笔记：为什么它们不具备革命意义

请告诉我，下面这幅图有什么问题？

找出五处你觉得这个笔记不好的地方。将你的想法写在下面的横线上。（又是列清单！我就喜欢反讽。）然后我们来讨论。

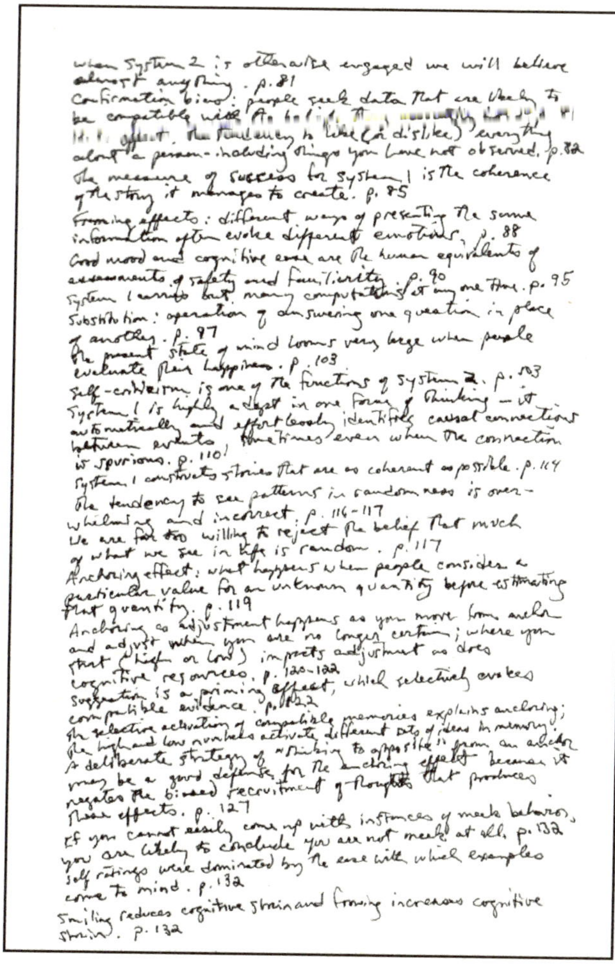
when System 2 is otherwise engaged we will believe almost anything. p. 81
Confirmation bias: people seek data that are likely to be compatible with the beliefs they currently hold
Halo effect. The tendency to like (or dislike) everything about a person—including things you have not observed. p. 82
The measure of success for System 1 is the coherence of the story it manages to create. p. 85
Framing effects: different ways of presenting the same information often evoke different emotions. p. 88
Good mood and cognitive ease are the human equivalents of assessments of safety and familiarity. p. 90
System 1 carries out many computations at any one time. p. 95
Substitution: operation of answering one question in place of another. p. 97
The present state of mind looms very large when people evaluate their happiness. p. 103
Self-criticism is one of the functions of System 2. p. 103
System 1 is highly adept in one form of thinking — it automatically and effortlessly identifies causal connections between events, sometimes even when the connection is spurious. p. 110
System 1 constructs stories that are as coherent as possible. p. 114
The tendency to see patterns in randomness is overwhelming and incorrect. p. 116-117
We are far too willing to reject the belief that much of what we see in life is random. p. 117
Anchoring effect: what happens when people consider a particular value for an unknown quantity before estimating that quantity. p. 119
Anchoring as adjustment happens as you move from anchor and adjust when you are no longer certain; where you start (high or low) impacts adjustment as does cognitive resources. p. 120-122
Suggestion is a priming effect, which selectively evokes compatible evidence. p. 122
The selective activation of compatible memories explains anchoring; the high and low numbers activate different sets of ideas in memory.
A deliberate strategy of "thinking the opposite" is from an anchor may be a good defense for the anchoring effect because it negates the biased recruitment of thoughts that produces these effects. p. 127
If you cannot easily come up with instances of meek behavior, you are likely to conclude you are not meek at all. p. 132
Self ratings were dominated by the ease with which examples come to mind. p. 132
Smiling reduces cognitive strain and frowning increases cognitive strain. p. 132

涂鸦革命拒绝这样的笔记。想知道你的猜测是否正确吗？放心，我不会捂着答案不告诉你的。总的说来，人们所做的这种传统的笔记，其中95%非但不能帮助你获取信息，而且会迷惑你的大脑。我可以这样说，传统的笔记严重缺乏下列特点[88]：

蹩脚笔记的观察报告

1. ______________________________

____

2. ______________________________

____

3. ______________________________

____

4. ______________________________

____

5. ______________________________

____

1．多样的色彩。“monotone（单色）”这个词是“monotonous（单调）”这个词的词根，“单调”是什么意思就不用我说了吧——“无聊得让我只想睡觉”。

2．清晰可辨的视觉模式。你从纸上看不出一棵一棵的树，只有密密麻麻无边无际的字词森林。

3．符号和意象。同上面树的例子。

4．排版样式与字母画。文字本身可以转化为令人过目不忘的视觉图像。

5．能够表现重点。字词要表达的最重要的东西是什么？怎样让人一眼就能看到？

6．空间感和信息间的关联。为什么在试图展示分层结构的时候不用金字塔？为什么在试图展示家族史的时候不用家谱树？世间万物都是联系在一起的。

7．三维立体感。只要我们想，完全可以在纸上创造出一个世界，紧紧抓住人们的注意力。

8．用富于想象力的内容证明论点，强化分析的逻辑性。想法会启发新的想法。当灵感迸发的时刻来临时，为什么不让创意自由延伸？

9．整体性或完整性。想要对内容有个整体把握，却迷失在无数琐碎的细节中。

10. 高效。传统的笔记回头梳理起来会花上大把时间，你得打着灯笼找寻某个特定答案。对任何人来说这都是浪费时间——尤其是忙碌的公司职员和学生。

11. 符合大脑的生理构造。在面对单调、线性的内容时，我们的大脑会陷入一种半恍惚的状态。视觉化的笔记色彩多样、生动有趣，符合我们大脑的生理结构特点，能够将大脑从蛰伏状态中唤醒。

我敢肯定你对上述某些说法有所怀疑。要是传统笔记真的有用的话，也许我们就不需要如此积极地倡导资讯涂鸦了。但目前我们用来捕捉信息、传达信息以便加以学习的方法，说好听点是没什么太大用，说不好听了简直就是"大脑橡皮擦"。不知道你是否听说过，托尼·布赞曾对世界各地的学生进行过一次调查，询问他们会用什么词语来形容记笔记这件事情，下面是他得到的回答[89]：

无聊

受罪

郁闷

恐惧

浪费时间

死板

无用功

啊哟。有人迫切地需要涂鸦革命呢！我们需要作出有力的行动了。第一站：草书。

写出可辨识的草书

我在世界各地教授资讯涂鸦时，发现总是有人纠结自己字迹不好或是书写得太潦草。他们担心的不只是共事的人能不能看懂——有许多人甚至回过头来认不出自己在笔记里写了什么。所以你能想象这种担忧完全是可以理解的。毕竟，你要是意在展示和分享，那么总得让别人认出你写的是什么。以下四个小贴士能教你写出可辨识的草书。

1 慢……点……写

不要试图写得同发言者的语速一样快。这是不可能做到的，而且会让你的字迹看起来像鬼画符。深呼吸，然后凝神倾听，仔细分辨哪些是真正重要的。捕捉讲话者想要着重表达的内容，而不是试图记下他说的每一个字——否则你只会急得直冒汗，觉得自己笨得要命。任由你听到的东西从耳边溜过，比方说，50%的内容。不急不忙，慢工自然出好活。

2 站起来，写大字

当我们站在一个活动挂图板或是白板前面，用肩膀、手腕和手写字时，我们用到的肌肉比坐着写字时多上许多。这能建立起更多的肌肉记忆。练习站着画出一个漂亮的A。你的肌肉将记住这个过程，一旦这种肌肉记忆建立起来，你就可以把它用到一个更小的载体上，比如一张纸上。此外，把字涂画得更大能让你写得更清晰，更工整。当我开始站着写字，我的书法水平有了显著提高。如果你问那些常常用黑板或白板（或是电子白板）写字的教师，他们现在写的字是不是比刚开始时清楚了许多，我敢打赌他们的回答是肯定的。站着写字可以练习如何精密地控制、运用运动肌，你最终会得到回报的。

3 找一种字体临摹

试试赫维提卡体（Helvetica）或加拉蒙体（Garamond）。如果字太小，看不清楚，那就把字体放大，然后打印出来。这样的话，字母看起来更像一个图像。临摹的目的就是让你更熟练地掌握这些字母的图形构造。也许你从没有花时间精心练过字。（有人那么干吗？）但只要你把注意力放到这件事情上，就一定能看到提高，多加练习，你会发现临摹字体就像练习高尔夫挥杆一样。找一个不错的基准字体，像是新罗马体（New Roman），反复练习，你会写得越来越好。

4 懂得放弃

如果尝试了上述办法后，你还是觉得自己永远没法写出一手好字，那就别再尝试了。由它去好了。我是说真的。你不可能样样事情都做得很好，你完全可以把注意力转到其他对资讯涂鸦有用的事情上。你要我举例子？像是字体啦，字母画啦，图形啦，符号啦，图像啦，图表啦。这些东西我们马上就会讲到。记住，资讯涂鸦通常是以团队形式进行的，所以知道自己的短处可以让你在必需的时候寻求他人的帮助（比方说书法这方面），同时你还可以通过其他拿手的本领让别人叹服。

原谅自己的拼写错误

在谈到资讯涂鸦时，普遍存在的情绪除了书写恐惧症之外，还有所谓的“拼写恐惧症”。团队资讯涂鸦时，许多人会在被点名写上点什么的时候不敢上前，因为他们害怕暴露自己拼写上的弱点。要是你需要用视觉化语言呈现信息，你应该牢记下面的拼写教程：

第一课：其他人也不一定会拼（尤其是在英语语境中）。[90]

能够准确无误地拼写的人似乎每年都在变少。千禧一代甚至都懒得说完整的词语或句子了（“No1s hm 18r? WDYMBT?”），[91]嘻哈文化对待辅音字母就像对待洪水猛兽，[92]检查拼写的应用程序太普及了，互联网时代的来临使得我们丢字就像丢垃圾一样。要是有个词你第一次没拼写对（或者从来没拼对过），也别对自己太过苛责。相信我，你的听众们也不一定能拼对，他们甚至根本没勇气在大家面前尝试。下面我想向你介绍两个办法，它们可以用来对付资讯涂鸦过程中的拼写问题。

1．不管卡在什么字上，问问周围的人如何拼写。你不可能独自进行资讯涂鸦，你大可以侧过身子问旁边的人：“你知道‘cantankerous’这个词怎么拼吗？”要是她帮到了你，别忘了谢谢人家。

2．写下这个词的头两个或头三个字母，然后查字典。你或者身边的人总有智能手机吧，打开lmgtfy.com[93]查去吧。进行资讯涂鸦时，你不需要在发言者讲话过程中准确捕捉所有内容。不会写的词尽管空着，做一个文字提示，回头再补上（你也可以使用图像提示）。查完后（或是在别的地方写上几次直到它看上去对了——我就是这么干的），再回头把这个词填完整。任务完成。皆大欢喜。

第二课：观众的识别能力远比你设想的好。

有件事情挺令人惊讶的，很多时候，与你同属一个语种的观众完全能够理解你拼错的单词或短语，甚至是一个看起来天马行空的单词。人类很擅长这件事，因为我们能够利用上下文指引我们对内容的解读过程，而且大脑具有一种“抓要点”的能力，只要潜在的语法结构或字母顺序没有被打乱，这句话或这个词就能被解读出来。所以你可以放心地接受这个可能性：你的拼写不必无疵可寻，观众也能懂得你写的东西。

第三课：拼写能力与智力无关。

换句话说，在拼写错误和IQ之间并没有可证实的关系。[94]拼写能力（或是拼写障碍）同你这个人的总体智力水平并没有紧密联系。要是有人跑到你面前跟你说拼写不对是因为你太笨了（相信我，你肯定会遇到有人这么说或是暗示），立马把他送到我这里来。他们根本不知道自己在说什么。

要是你在团队工作中对拼写错误太过在意（是的，就是有些人会纠正你，取笑你，或是表现出智力上的优越感），请回想一下我向你传授的这三课。深呼吸，接受这个事实：涂鸦革命者会遭遇许多挑战，但拼写错误并不是其中之一。

资讯涂鸦入门：想学会独树一帜的视觉化表达方法？12招帮你打下基础。

第一、第二、第三招：文字排版，字体和字母画

非艺术家们，请不要被“排版式样”这个词吓到了。虽然这个词带着伟大发明的光环，但我并不在乎涂鸦革命者们是否接受过版面设计的专业教育。我们将把它简化到连孩子都能掌握的程度。所有的资讯涂鸦都会涉及字词，所以探寻对排版、字体以及字母画善加利用的方法将有助于你在工作中引入更多的视觉化元素。有些人字写得不怎么样，但他们在这三方面取得的成绩可能会让你大吃一惊，因为它们是与书法不一样的技巧。深入了解资讯涂鸦的元素之前，我们先来阐述一下定义。

第一招：文字排版

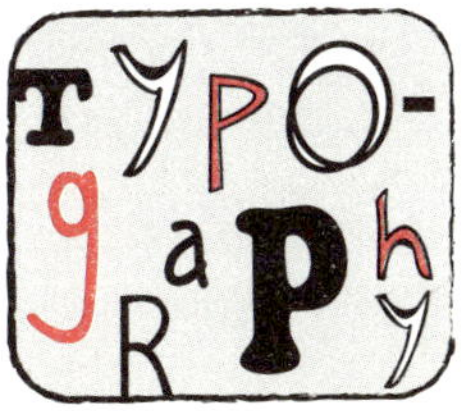

文字排版是指影响到涂鸦作品视觉效果以及所传达意义的文字编排。排版上的变化包括选择不同的字体、改变字母的大小、改变一行的长度以及行与行之间的空间距离[95]、改变之母之间或字母组之间的间隔[96][97]。所有这些要素都能调整，进而影响观众对信息的理解和接收。即使你在资讯涂鸦中没有加入强大的图像元素，字母本身也能给你许多选择以提高作品的质量。

下面我列举了几个例子，来说明排版如何改变内容的含义、重点和情绪。你可以看到，仅仅是字母的波动起伏，就能在视觉上暗示词或短语要表达的意思。它为观众理解信息提供了更丰满的视角，而你甚至都还没有用到符号或图像呢。

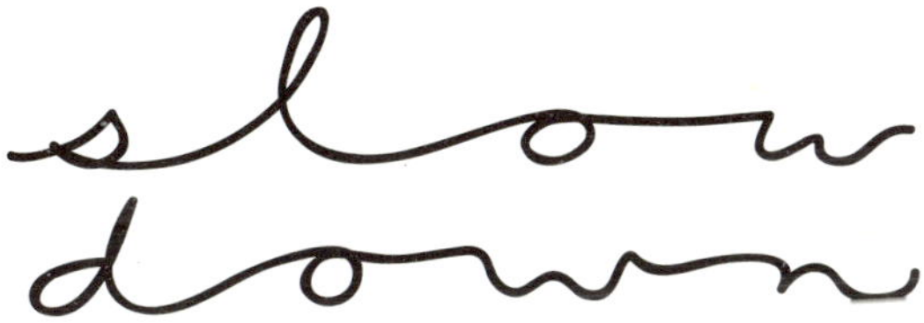

慢下来

压垮竞争对手

这条信息 乱七八糟

现在，我想特别对那些觉得自己字写得不好的读者说，当你运用排版时，我建议你遵循我们之前提到过的那些步骤：站起来、慢慢写、写大字。这些技巧将不断帮助你让字体变得更清晰可辨。而我想对所有的读者说——不管你喜欢抑或讨厌书法——我写这一部分的目的就是让你明白：仅仅是在字母的分布和排列方式中，就隐藏了许多有意义的内容。资讯涂鸦的这个元素蕴含着无穷的机会。你可以把它称为“言外之意”。接下来请亲自动手试试吧。我将给你四个短语，你可以用它们练习排版技巧。尝试采用不同的间距，体会间距是如何影响词语的含义。

我觉得两英寸高。
I fell two inches tall.

和谐是美。
Togetherness is beautiful.

走开，别烦我。
Leave me alone.

她有着宏伟的梦想。
Her dream is expansive.

第二招：字体

我希望这个练习不会让你感觉太难。排版技巧值得深入探寻，特别是当你对客户进行质量保证或数据分析时，它真的很有用。也许目前你用起来感觉还不是很自如，但至少你已经把它纳入你的工具箱了，你可以在需要用到它的时候把它拿出来。在你即将踏上的旅途中，它一定会派上用场。

字体，也就是大家所说的“字型”，是排版术的一个子分类。它们表现为一串完整的字母或字符，具有共同的样式特点。不瞒你说，世上的字体成千上万，而且每天都有新的字体被设计出来。字体的美妙之处在于它们能给资讯涂鸦提供更多的选择，让你的资讯涂鸦变得引人注目、趣味十足。它们也能拯救对于学习画画兴趣不是那么大的涂鸦者（尽管画画学起来那么简单），因为字体能够将丰富的意义注入原本可能显得十分枯燥的内容。而且你完全不必专门为此费劲练出一笔好画或好字。

你可能会问，字体如何传达意义？其实，意义非常狡猾，我们在哪儿都能找到它。人类堪称“意义制造机”。我们不断在生活中寻找并发现意义，将任何信号——包括视觉信号——理解为某种意义。所以，字体——以及它们无数变化——就好像专门装载意义的货车，因为我们能够往字体结构中添加各种形状、尺寸、颜色、质地以及影像，并且传达几乎所有我们想要传达的东西。为了说明我的观点，我来举几个例子。

现在你可以看到字体是如何饱含情感和象征意义的了。上面的“战争”这个词是黑色的，线条粗大，看起来不可撼动，让我们不约而同地想起印在军队制服及军事设施上的字母。“可爱的姑娘”这个短语笔划柔和、弧线优美，显得活泼轻快，让我们想起女性的优美身形以及与女性相关的东西，像是舒适、安慰以及娇柔温顺的内心。[98]“机器人”这个词则简单明了，简直就像几个小机器人站在那里，让我们想到电子时钟及电子表盘上的数字。“长期目标”这个短语具有橡皮筋一样的质感——富有弹性，线条由厚转薄，暗示了我们还在达成这个目标的途中。最后这个短语“犀利的头脑”用刀锋般锐利的边角转折和越来越细的收笔帮助我们体会到它的含义。所有这些联想都是在看到这些字词的同时自动发生的。所以字体就像个巨大的宝藏，你可以尽情地挖掘它，用它来设计资讯涂鸦。事实上，你甚至可以从头到尾不使用图像也依然让观众感到自己看到了某些画面而不是读到了一些文字。对画图不感兴趣的人而言，深入研究字体及其变种是一个很好的选择（尽管如此，到本书结尾的时候，你们会发现这样的人将不复存在）。

当我们谈到字体时，还有另一个方面值得注意。证据表明，所谓的时髦字体，也就是那些因为太有个性而被认为是不标准的字体，实际上对学生的学习很有帮助。[99]有人曾做过一次研究，对象包括222位高中学生，他们被要求掌握不同学科的内容（如英语、物理、历史和化学），那些用“不工整”的字体复习的学生在考试中表现得要比使用工整字体的学生好。研究人员推断，不规范的字体能提供一种情境，他们称之为“有益的困难”，这种困难似乎可以提升学生的注意力和记忆力。我知道这对你们中那些痛恨卡通卖萌字体[100]的人来说不是个好消息。但这是事实，时髦的字体是有益的。所以在设计资讯涂鸦时，请尽情尝试不同字体吧。你作品的成年读者在注意力和记忆力方面同高中生并没什么不同。下面的方框内有四个短语，我想让你从它们开始尝试设计字体。

爱就像龙卷风。
Love is a hurricane.

那个计划太疯狂了。
That strategy is bonkes.

潮流正在生成。
The trend is toward growth.

不要抗拒真实的感受。
Don't fight the feeling.

第三招：字母画

我们在第二章探讨字体涂鸦时已经接触了字母画，现在我们将进一步深入探讨，这样你就能看到它们蕴含多大的潜力了。

还记得吗，字母画是指通过图案或可辨识的图形片段来组成字母。它们也可以是到处装饰着图案图形的词组或短语，看起来就像是一幅图画。它们与字体涂鸦的区别在于，字母画同时还具备装饰性的图案或是通过特殊图形创造出具有个性的字母。对于资讯涂鸦而言，字母画是个俏皮的元素，能够给作品增加许多生气。创作字母画的挑战在于搞清楚哪些词语可以画成令人印象深刻的字母画，以及你能使用哪些图案、使用怎样的布局构造。尽管有着这些挑战，字母画依然能给初学者带来许多安慰。许多涂鸦新手之所以选择字母画作为入门，正是因为它们起到了一种桥梁的作用——既结合了字母与图案，又不会让人担心自己画得不够形象逼真。它们对那些觉得自己的字写得不好看的人很友好——它们提供了这样一个机会：围绕一个核心的视觉概念而不是许多文字来创作一幅资讯涂鸦——它们还为那些不准备花大力气磨炼绘画技巧但仍然想把视觉元素融入作品的人提供了方便。

被画成字母画的词语多半是名词，名词本身就比抽象的概念更容易与图像联系在一起（在下一部分我们将学习怎样将抽象概念图像化）。事实上，在字母画中，构成这些词语的字母所采用的图案本身往往直接表明了这个词语的意思。例如：

草 

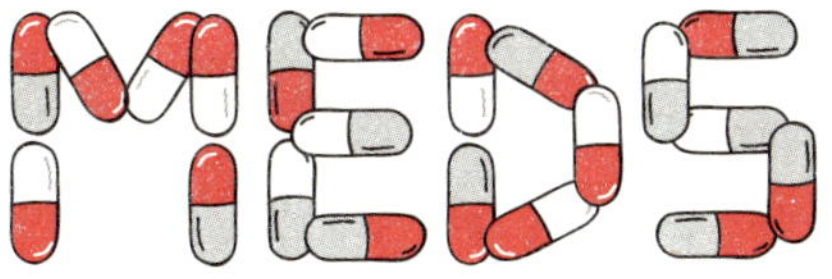

药

人 

相信你已经了解到了，字母画从简单到复杂不一而足，而从一个重要的方面而言，它们体现了涂鸦革命的本质：它们是字母与图像有意为之的结合体。正因为这样，它们让创作者及观众更充分地体会到含义。它们不仅是告诉你，还表演给你看！是不是很棒？现在你来试试。

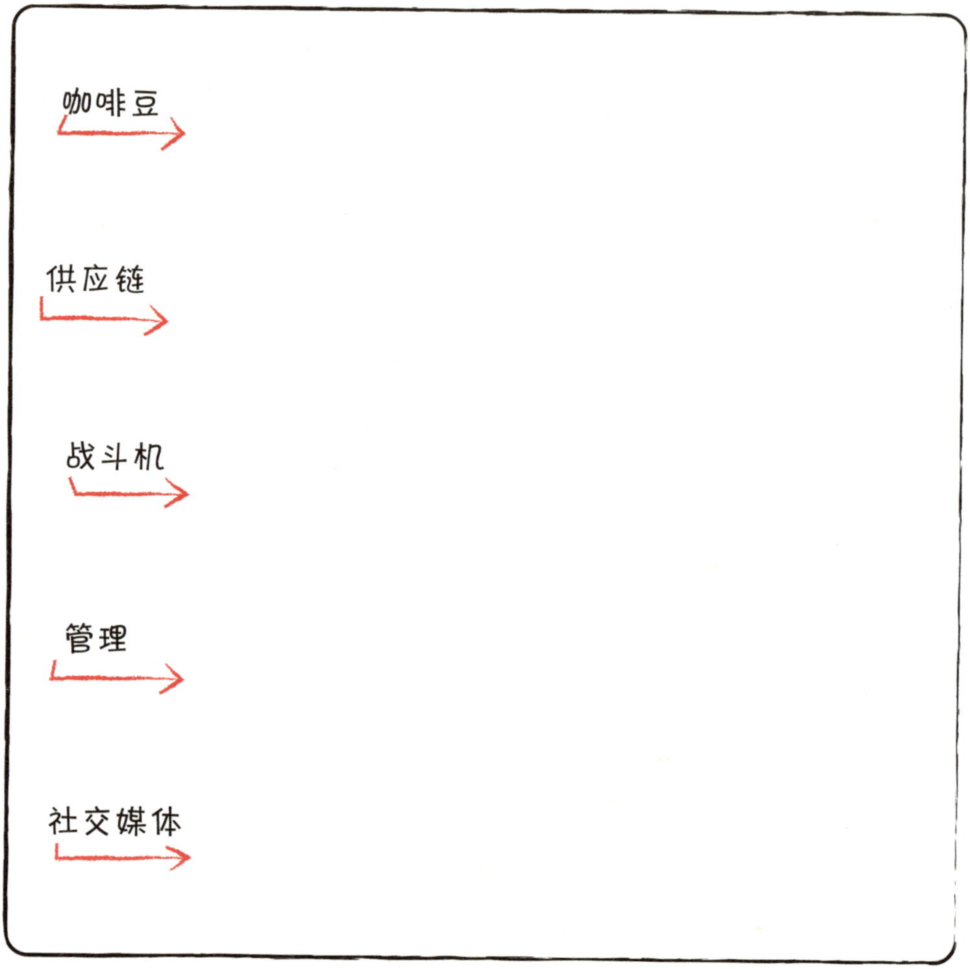

用象征物表达抽象概念

当我教人们如何进行资讯涂鸦时——不管是个人资讯涂鸦、表演型资讯涂鸦还是团队资讯涂鸦——有个问题总是不断地被提出来：如何将抽象的概念形象地表现出来。我非常清楚地记得我自己也曾对这个问题不知所措。到底要怎样才能涂画出一个与不同现实中的任何客观事物直接关联的概念呢？要怎样才能将诸如

“公正”或“战略”这样的名词，或是像“松脆的”“工于心计的”这样的形容词图像化呢？有些抽象的概念已经符号化了，像是爱、幸福、和平、无限——这可真是帮了我们的大忙，但那些不同客观事物直接关联或不曾符号化的词语怎么办呢？我们要拿那些高度概念化的词语——像是“失败”或是“超然”——怎么办？我一度对这些问题时不知所措、满头大汗。现在我知道了，当时的我其实就像我的许多学生一样，只是在小题大做。

还记得我们在本书前面分享的这些想法吗：（1）面孔无处不在；（2）拼写错误没什么大不了的；（3）意义蕴含于万事万物之中。好了。这些想法就像一颗颗珍珠，而有一条线能把所有珠子都串起来，那就是：我们希望事物之间存在联系。我们在信息碎片间寻找关联。我们在这样一个事实中得到安慰——世界是可认知的，我们并不是在无尽的荒野中不知所措。我们时时刻刻都在给自己讲述关于自己经历的故事，我们希望事情是有意义的。这是人类的行为准则，正是这个准则，最终让我们变得善于想象，善于将抽象的概念图像化。

下面我将告诉你怎样利用这一点涂画抽象概念。想象你正在参与一次团队资讯涂鸦，你将扮演这样一个角色：捕捉、涂画出人们正在谈论的内容，这样整个团队就能更有效地制定计划。你知道谈话的主题，因为这是你的团队，你也知道谈话中可能会出现哪些概念。你在一家公共关系公司工作，在这次特殊的会议上，你们所有人将对某位候选人参选期间的公关活动进行讨论。那么会议中会出现哪些词呢？“策略”“选民”“选举周期”“性丑闻”“资金募集”。作为一个资讯涂鸦者，你的工作就是将这些概念用图像+文字的形式展现出来，以深化讨论。这个工作你已经可以用文字完成得很好了，现在你要跨出

一大步，将图像加进来。

比如“策略”这个词，你可以涂画一个棋子来表示。很好。“选民”这个词很容易——一个棍子小人，一只手里举着选票。“选举周期”呢？画个圆形的箭头，里面写上个“选”字，怎么样？看起来也能行得通。“性丑闻”。唔……画个小鸡鸡，再在上面画条斜线表示“这样做不行”？哎呦，这可不太好。你毕竟是在公司。不如画个红色大写的“性（sex）”，再画条斜线。行了。最后，“募集资金”。你很自然地就会想到美元符号。不费吹灰之力！看，你第一次担当资讯涂鸦者的职责就完美地完成了自己的工作。

刚刚发生了什么？哈哈，你刚刚进行了一番想象并用涂鸦的形式将抽象概念描画了出来。与此同时，其他参与者也在不知不觉中接纳了你的象征语言。他们就在你旁边看着你捕捉信息，他们正确地将那些图像与相应的词语关联了起来。在这个例子里，你甚至不需要用言语进行解释或是在图像旁边添加说明文字。你的涂鸦已经足够清晰。更重要的是，想想我们刚讨论过的人类行为准则。这次会议的参与者希望这些涂鸦承载意义。他们不希望自己在理解涂鸦时比别人慢半拍——他们希望看到一个每个人都能达成一致理解的象征物，这样他们就能将谈话继续下去。从这个方面来说，他们是跟你站在一边的。要是你涂画了一艘战舰来代表“策略”这个词，他们也会将它理解为策略。要是你选择用一只鞋来代表“选民”这个词，他们会发挥想象让这个图案同“选民”的概念联系起来。（选民走去投票站，了解了！）没错，就人们愿意将想象力发挥到多大程度从而能准确理解你的涂鸦之作，的确存在一个上限——要是你画了一台冰箱来代表“性丑闻”，人们可能会提出质疑——但在将那些看起来非常难以表达出来的概念视觉化时，你所拥有的灵活程度可能会让你大吃一惊。为了将这一理念更深地融入你的思想，我想请你玩玩下面这个涂鸦游戏（见下页）。

我希望你从这个小节中学到了这样的东西：用一幅涂鸦代表一个概念（以及将一个概念同一幅涂鸦关联起来）可以是非常灵活的过程。一个咖啡杯的图案可以代表许多东西：清醒、警觉、早晨、咖啡因、药品、工作、工业、农业、度假、放松、香气、习惯、日常。而更明显的事实是，这些词语中的每一个都可以用除了咖啡杯之外的许许多多图案来代表。一幅图像能代表千言万语，现在你知道了，一个词语也可以用千万种图像来代表。

我向你保证，这个游戏能让你度过一段愉快的时光。你可以独自一人玩这个游戏，也可以同一群人一起玩儿，不过人越多、竞争越激烈，它就会变得更有趣。

下面是多人游戏的说明：选出一个主持人，他会随机挑选七到十个

涂鸦游戏：即兴图解

词。给参加游戏的每个人分发涂画的工具；在秒表上设定十秒钟，告诉大家每轮有十秒钟的时间进行涂鸦。然后说出第一个词。看着大家难为情地扭动，大笑，然后匆匆忙忙地在限定时间内把这个词用图像表现出来。十秒钟后，让大家把自己的作品传给其他人看，这样每个人都能看到一个概念原来可以用那么多种方式涂画出来。别忘了按照从易到难的顺序给出词语。可以从“领结”或“枕头”之类的词语开始，直到给出诸如“性感”“模棱两可”之类的词语。当词义变得越来越抽象时，你能听到人们发出抱怨的声音，但这时候才是你能真正学到东西的时候。一轮结束时，选出一个“胜者”，给她一个奖励。你可以反复这个过程，你会学到许多东西，并收获许多欢声笑语。（要是我发现同我一起玩这个游戏的人富有幽默感的话，我经常会给出一些富于暗示性的词语，比如“色狼”。）

第四招：配图文字

你可能担心自己永远没法条理分明地描画出抽象概念，为了缓解你的恐惧，我再为你提供一个保障：配图文字。配图文字是指一段用来阐释图像的说明性文字，就像下面的示例。

导演、作家埃罗尔·莫里斯[101]曾就配图文字这个话题说过有趣的话，恰好证明了我上面提出的关于意义的理论。他说：“没有配图文字、没有背景语境，没有关于图片是什么图片的提示……我就不能确定这张照片真实与否……一张没有说明文字、被剥夺了所有语境的照片，实际上是毫无意义的。”或者用更简单的话来说，就是：“一张没有配以文字的照片也许根本没

格蕾丝仍然犹豫是否要登上这辆公共汽车。

有任何意义。”[102]

涂鸦革命者们，这就是我们要成为资讯涂鸦者的原因之一。我们使用文字和图像而不单单只使用文字或图像。我们既不需要也不希望单单一张图像就能承载我们想要表达的全部意思，同样，我们既不需要也不希望文字独自承担起这个责任。在一张图片旁边添加说明文字，甚至是加入简单的文字背景资料，我们就能帮助观众免于陷入模棱两可的境地——你也许能够回忆起来，这个作用正是我们的主要目标之一。[103]而且这个作用也是资讯涂鸦者不可或缺的原因之一。资讯涂鸦者知道怎样将概念图像化，从而在我们观众大脑中主管视觉的区域留下深刻印象，但我们也要把文字用起来。我们已经接触、了解了这两个世界，我们知道怎样让它们一同发挥作用。磨炼这些技巧能让我们在需要让意义浮出表面的场合大放异彩。

所以，配图文字如何在资讯涂鸦世界中发挥作用呢？你已经看到过配图文字很多次了，你知道我用它们来澄清以及更进一步地解释涂鸦作品（有时也是为了逗你一乐）。同样，你也可以在工作中使用配图文字，你会用得很顺的。澄清事实、避免误解的心情可是相当普遍的。而资讯涂鸦初学者在尝试描画某件事物时用上配图文字也会感到更舒服自在。

哪怕当你成为一个熟练的资讯涂鸦者后，许多时候你也会涂画出并不是你所设想的东西。你可能想涂画一条供应链，却画出了美杜莎纠结的蛇发。你可能想要画出失望的表情，却画出了茫然不知所措。你可能想要画一只袋熊，却画成了一只蜜獾。

涂鸦游戏：配图文字

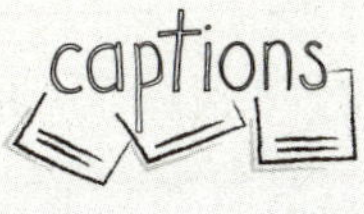

绝大多数人都很直观地了解配图文字是怎样改变我们对于一幅图像或照片的观感。但很少有人有过这样的体验：当我们将不同的配图文字放在不同的图像旁时，我们的观感会有何变化。这个涂鸦游戏将让你亲身体会此概念。

在一张纸上画一个正方形，然后在里面快速地涂画一个正在进行某种活动的小人：打理花园、跑步、跳舞、摔跟头、拍小孩子的头。如果你喜欢的话，也可以画一条街道或一处景观做背景。在方框下面写一句话，描述这个小人正在做什么，为什么要这么做。将这句话折起来，把涂鸦给周围的人看，问问他们会用什么样的文字来描绘这幅涂鸦。看看是不是有人的答案同你的接近。思考一下，要是把你亲手画下的场景配上你所听到的描述文字，你的观感会有何变化？

你还可以这样玩：找一本漫画书或是绘图小说。选择其中一页，将对话遮盖起来（你可以剪一块或撕一块便利贴粘上去），将这一页复印多份，拿给尽可能多的人看。让他们在被遮盖的地方写对话。这样你会清楚地看到，要想让观众真正懂得你的意思，文字和图像缺一不可。

此时，只需要对自己或是你的工作伙伴承认自己的不完美，然后加上一段配图文字就好了。没人会再质疑你到底想要表达什么。他们只会做人类最擅长的事情——赋予你放在他们面前的文字/图像的组合体意义和含义。

在我们学到的知识中，有许多是关于事物之间的联系的。事实上，世界上万事万物交织缠绕，基本上不可能有独立于其他一切事物的片段信息存在。[104]既然人类很享受探寻知识的过程，这一点也很值得考虑："世间的无数话题相互交叉连接，根本不可能被干净利落地分开"。[105]

不管这位思想家如何强调我们不能真正地将事物分层、归类、排序，[106]我却发现尝试去这样做能够极大地提高理解力。亲爱的读者，我正是用这一极端哲学化的方式将接下来的两个妙招介绍给你：连接符与分隔符。

第五招和第六招：连接符与分隔符

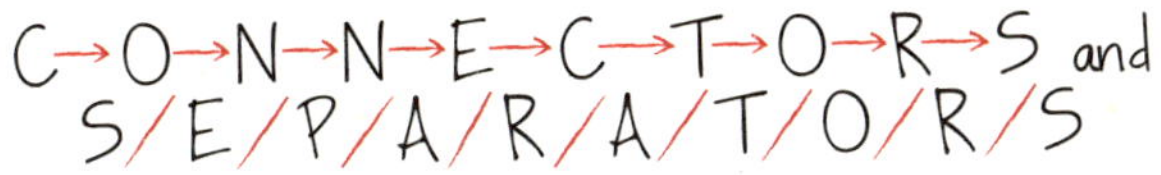

为了切实可行地创作资讯涂鸦，你无疑需要连接符与分隔符。这两样工具都非常简单，只是一条条直线，却能够在一段段的数据信息之间建立起联系或是将它们分割开。你能在地球上的每一个思维导图软件中看到它们，也能在组织结构图和资讯图表中看到。

你能在家谱和联锁逻辑图里看到它们。从某种意义上说，连接符和分隔符是示意图和资讯涂鸦的DNA。在某些时候，比方说关联有着细微差别的图案或是复杂的系统时，几乎总是需要它们。幸运的是，它们本身并不复杂，而且使用方式多样。

连接符和分隔符可粗可细；可以由点组成，也可以是虚线；可以是灰色的，也可以是彩色的；可以画成曲线或是方格。你甚至可以对连接符或分隔符本身进行图像编码，以指示它所连接或分隔的关系的本质。它能表明关系的类型、持续时间、强度、交互情况等等。在你工作时，这两样工具能很方便地为你而用，因为当你和你的团队需要发掘某些事物之间的潜在关系结构时，它们往往是组成这个结构的“骨骼”。

第七招：边框

边框是超级简单的工具，能够几乎毫不费力地让资讯涂鸦令人满意。它们完全不需要艺术天赋，你想要它们是什么样它们就是什么样——正方形、圆形、长方形、云朵状、对话框、思想泡泡等等。边框是指一切将片段信息框起来以使特定信息与周围的内容区分开来的视觉形式。要是你喜欢，完全可以创作一个非常复杂的资讯涂

鸦，同时使用特定的文字、边框以及连接符号来让它看起来清晰明了、重点突出。边框和连接符这两样工具结合起来能让你清晰地展示一个过程或系统中的个体元素。旁边有一些例子来证实使用边框能够突出重点。

第八招："子弹头"（编号）

我永远没法完全接受这个术语所包含的暴力意味。让我们在纸上穿出巨大的孔洞吧！让我们轰炸那些幻灯片直到它们哭喊着求饶吧！"子弹头"是个古怪的术语，用来描绘一种实际上人畜无害而且能为人们提供很大帮助的工具，即编号。但它一开始就叫这个名字了，有什么办法呢？下面让我们来探讨一下。

要是你永远学不会如何画人脸或体型，要是你永远学不会描绘一个物体或是场景，要是你永远学不会字母画或使用不同字体，而且你发自内心地讨厌连接符号，那么，为了让你想表达的内容清晰明了，请使用"子弹头"。

我们都知道它们是什么，如何起作用。它们是一种视觉符号，通常是圆形的，将句子"钉"在纸上。编号就像我们用来固定文本的锚。它们为那些在我们眼前如瀑布般连绵不断倾泻而下的文字赋予间断感；它们告诉我们大脑中主管视觉的皮层，我们看到的大段文本并不全部都是一整句词意连贯的长句子。这些像"子弹头"一样的编号为我们提供了许多有价值的帮助，而且，还有一个巨大贡献值得一提。

编号可以是任何形状或图形。作为一种如此难以形容、难以归类的工具，它们的用途却多到令人愉快，要是你为一个编号加上颜色、阴影或明暗效果，你的涂鸦作品一下子就会变得更加有趣。你也可以用修饰后的编号使图像内容同主题实实在在地联系起来，你甚至可以将编号画成特定的图案，让它与你正着手的公司品牌相互呼应。打个比方，要是我的团队正在处理一个关于猫粮产品的项目，我也许就会选择小猫爪子作为编号。要是我同一家高科技公司合作，比方说移动支付公司Square，我也许就会使用这家公司的logo作为编号，这样既应景，用起来也很方便。

比较下面两张项目列表。你可以看到右边的那张表没有任何编号，左边的

那张表画满了编号。哪一张是你更愿意在白板或幻灯片上看到的？（我的意思是，如果你不得不看到一张布满编号的幻灯片的话——虽然我并不赞成在幻灯片上画满编号。）答案很明显。一般来说，我们的眼睛会被那些具有更多存在感和冲击力的事物吸引。把“子弹头”当成你的朋友吧，一位之前被你低估了的朋友，它是让你的小船自在徜徉于文本海洋中的锚，它是资讯涂鸦的好伙伴。

我知道你在想什么。肯定同我之前说到“排版”这个词时想的一样。这又不是艺术学校或设计学校，所以拜托不要强迫我去理解艺术技巧和手法，什么视觉深度啦客体体积啦。好啦，我不会那么做的。这么说吧，我本人就没有栩栩如生地画出某样东西的本事，所以我不会对你要求太高。但有一点很重要，就是我们在进行资讯涂鸦时应该将阴影和明暗当作必备的工具，因为它们能让涂鸦作品增添深度和吸引力——要是你对这一点感兴趣的话。

第九招和第十招：阴影和明暗

SHADOWS and SHADING

快速提问：阴影和明暗之间有什么区别？

有人知道吗？

有人知道吗？

阴影是由于物体处在光照中使得光线被阻挡从而产生的较暗区域，想想你在一条阴暗的小巷里，一个袭击者背对光线向你走来，想想他所投下的恐怖身影。

哎呀，还是别想那个了。

想想周六下午五点一个咯咯笑的孩子在洒水器喷出的水雾里跳来跳去，夕阳照在他身上所投下的影子。

嗯，这样好多了。

明暗与阴影的不同之处在于明暗对比关乎如何制造出一个物体本身具有的视觉深度。一个物体在光线照射下，不同面上的明暗程度是不一样的，所以人们用明暗对比来提示视觉的三个维度。

你应该关注阴影和明暗的原因在于，它们有助于激发观众对你作品的兴趣，因为从生物学上说，人类时刻都在做着产生深度知觉的准备。尽管你本身没必要太过于关注光线那似乎无穷无尽的细微变化，你还是可以选择使用一个非常基础的方法让资讯涂鸦看起来更棒，那就是通过阴影和明暗。下面两个例子进一步说明了这层意思。你能看到表现物体阴影和明暗对比的方法有许多种，有些方法相比其他方法来得更快更直接。[107]

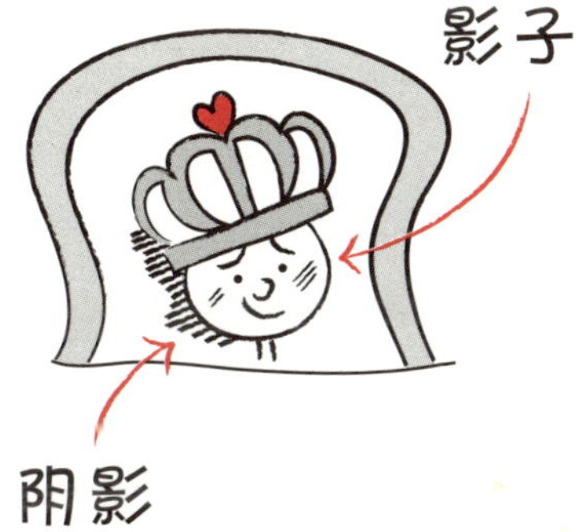

在所有你已经学到的技巧中，阴影和明暗是你首先可以考虑放弃的。没有视觉深度的涂鸦作品依然能提供解决问题的有效办法，这也是涂鸦革命者最需要关注的。怎么说呢，我们的思考过程很多时候是飞速进行的，花时间去精心营造一幅图像的视觉深度并不是那么必要。也就是说，你尽可以发明自己的方法来快速粗略地运用阴影和明暗，之后你可能会很感激它们。下面这个涂鸦游戏将帮助你快速打造深度视觉效果（见下页）。

你可能已经注意到，我之前提到十二个妙招。但在这一章里我只谈了十个，因为还有两个你已经了解了，那就是人脸和体型。人脸和体型被我放在第三章里，因为它们是涂鸦入门的基础，而其他十个技巧更适合于高阶的资讯涂鸦。这也就是说，到现在为止，你已经接触到了在不具备艺术天赋的前提下用视觉语言表达所需要的每一种可能的工具。对涂鸦革命者来说，这是一个里程碑！一个真正的转折点，指向更好的思考。在此我要衷心祝贺你。

如果你需要一张小抄来记住这十二个在你手边任你处置的宝贵工具，请将这

涂鸦游戏：

阴影和明暗

在玩这个游戏的时候，我想让你找一个略微有些暗的房间或是一个不被阳光或是明亮的顶灯直接照射的地方。找五件东西，把它们放在你面前的桌子上——不要排成一条直线，随意摆放就行（要是你不喜欢传统的花啊水果啊之类的静物画，那就选一些高科技产品或办公设备来玩这个游戏。在桌上放置一个订书机、一部手机、一台笔记本电脑、一支笔和一只咖啡杯，或是选择你觉得在接下来的几周里也许会在资讯涂鸦中画到的物品）。找一个光源——打火机、手电筒、能调节方向的照灯、笔形电筒或蜡烛。然后开始第一轮涂鸦，任选一个没有光源照射的物体作为对象。画成二维的。扁平的，就像煎饼那样，看起来就像漂浮在空中。在原始版本旁边把这个二维图像再画一遍，现在你就有了两个看起来一模一样的版本。接下来用光源照射这个物体，看看阴影和明暗对比的效果。用你的笔将你看到的变化添加到版本二的涂鸦中。对照两个版本的区别。再对其他四件物品重复这一过程，你可以试着在版本二的涂鸦中添加不同类型的阴影。比方说涂抹一团团黑色来表达阴影和明暗对比效果，也可以画很多条细密的线段、黑点或是粗短的线条。想想阴影和明暗是如何影响你的观感的。然后想想这个工具是对自己很有价值呢，还是说没有它你也能活下去。要是你觉得它对你很有价值，那么在日常生活中就要开始注意观察各种阴影和明暗效果。最终，它将改变你看待事物和涂鸦的方式，而且这种改变将一直延续下去。

一页折起来。看到这里，你已经全部了解了它们，不过当你真正运用它们的时候也许还是会需要一点提示（见下页）。

在我们完满结束十二妙招部分前，还有一个关于视觉语言的话题值得我们关注。我特意不把它归入十二技巧中，因为它虽然频繁地出现在资讯涂鸦中，但它并不是创作资讯涂鸦的基本要素。不过呢，我知道，要是我不把它拎出来谈一谈，许多人会不开心，所以接下来的内容就是为这些人写的。

色彩

创作资讯涂鸦时，你得知道：不管你的色彩知识是熟练掌握还是初初入门，它们对于创作一幅资讯涂鸦来说都不重要。黑白两色的涂鸦就很好，清楚明白，毫不含糊。对一些人来说这也许很可怕——一个黑白的世界！——但这是事实。仅仅使用一种颜色，资讯涂鸦者也能够而且已经创造出完全实用有效的资讯涂鸦作品。[108]不信，看下面。

关于色彩，还有很重要的两点你应该知道，因为在提到视觉语言表达时，就是这两个原因直接影响了我对色彩的态度。

第一点，在绝大多数办公环境中，人们能拿来用的色彩是有限的。通常只有黑色、蓝色、红色以及霓虹色的荧光笔。要是我滔滔不绝地对大家谈论色彩，而你们在办公楼里根本没有各种彩色颜料可用（而且有些人也不会想用），就显得不太实际了。学生和教师也并不总是有丰富的彩色笔可用。我们日常用到的颜色就那么几种。

第二点，在进行资讯涂鸦时过分关注色彩的运用可能导致资讯涂鸦作品偏离正轨，因为在资讯涂鸦中，内容及结构的视觉化表达总是最重要的。色彩作为工

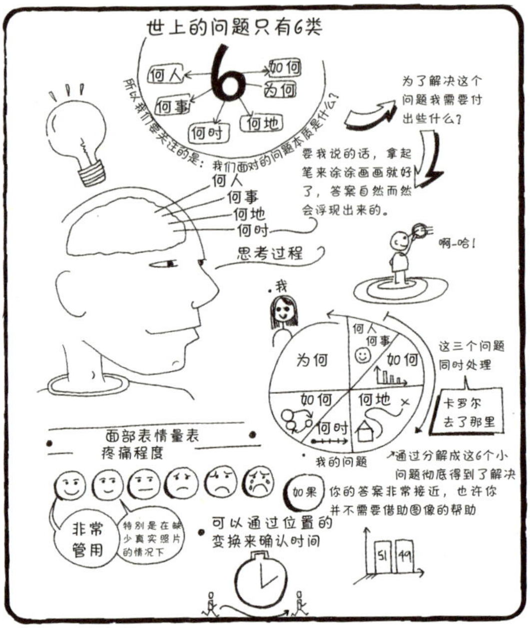

具而言，非常吸引目光，非常打动人，会让人迷失其中，而我们需要观众更关注信息以及用这些信息做的事情。[109]我热爱色彩，我喜欢各种各样的彩色墨水。我知道色彩对于表达重点及意义（请务必分清楚层次！）非常有用，但我并不执着于用它促进思考。你尽可以说我是疯了。

尽管我对待色彩的态度有点类似布鲁图斯对凯撒的态度，我还是想向你提供三个基本原则，这样你就不至于不知不觉踏入雷池。显然，有些人就是打算在创作资讯涂鸦时使用各种色彩，鉴于你所偏好的涂鸦类型——个人资讯涂鸦、表演型资讯涂鸦或团体资讯涂鸦——你对这个话题会有不同程度的兴趣。为了最大程度地将对色彩的偏好同主题相关信息结合起来，我总结了三个普适性最强的实用原则，实际上可以称为戒律，它们能够在所有类型的资讯涂鸦中派上用场。

关于色彩的三大戒律（可适用于全部三种涂鸦类型）

1. 像黄色、橙色这样的亮色绝不适合用来展示文字内容。观众必须眯着眼才能看清，而且，因为对比度低它们让人眩晕。可以使用橙色和黄色来高亮或强调资讯涂鸦中的特定区域，但在书写短语或句子时请节制地使用它们。这条戒律可以有两个例外：（a）你打算写一个非常大的字，比方说四英寸或者更大，而且你准备在这个字上添加阴影效果；（b）你真的不希望任何人看到你正在写的东西。要是符合这两条其中之一，那么黄色和橙色也是可以接受的。

2. 深色是书写文字的理想颜色。原因我们在上一条戒律中已经提到了——高对比度能让人看得更清楚。

3. 图案和图像的轮廓线应该使用较深的颜色。一般来说轮廓线使用深灰色、蓝色、紫色或黑色效果最好（棕色也可以，但它看上去总是有哪儿不对劲），而用红色、橙色或绿色来勾勒轮廓线看上去就没那么吸引人了（黄色你想都不用想）。

除这几段文字之外，我不会再花费时间让你听我讲色彩了。关于这个主题有许多令人印象深刻的书，要是我想在这本书里把它说明白，那就有点太不自量力了，而且关键的是，它并不是涂鸦革命的核心所在。要是你热爱色彩，那就不惜一切办法探究它的奇妙之处，[110]按你心中所想涂画资讯涂鸦吧，叫你的老板把各种颜色的记号笔都给你来上一支。但别忘了关注真正重要的东西：内容、准确性以及视觉结构。这些才是资讯涂鸦的实质性细节，相比其他任何东西，它们更需要你的关注。

对当前进度的快速回顾

自我们翻开本书之后，你已经获取了许多信息，所以现在让我们暂停下来，梳理一下。驻足此处，遥望起点，你也许会惊叹不已。你的涂鸦进度条应该向你展示了你在这段旅途中已经取得的令人印象深刻的进展，你已经经过了基础涂鸦、手书、拼写、关于视觉语言和艺术的种种错误看法、资讯涂鸦的12个技巧以及色彩的三大戒律这些站。你已经了解并学会了如何运用每一种视觉语言的元素，如果你想将内心的东西用视觉语言表达出来，这些元素是不可或缺的。你已经整装待发了。立正！兄弟姐妹们！

为了让你对下一个大站做好思想准备，我想告诉你，接下来的一章将需要你集中精神、全心投入。你将离开泳池的浅水区，你要做的就是相信我，勇敢丢开手中的救生圈。

下一章将涉及对视觉化信息结构体的探讨。你们这些家伙，习惯了躺在文字及数字温暖安全的怀抱中，是不是已经开始害怕了？图像信息结构体？说人话行不！

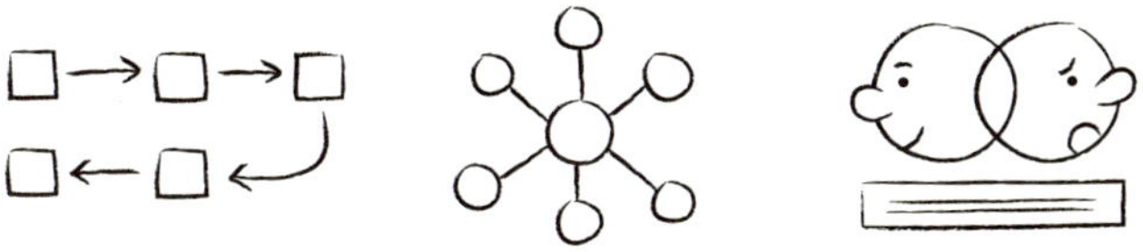

嘘。稍安勿躁，看上面。这就是三个我所说的“图像结构体”的例子。也没有那么吓人嘛对不对?

许多人也许会把它们称为示意图。还有些人会管它们叫做图表、图解、图示、简图，或是信息图形。你爱怎么称呼就怎么称呼。我本人是用“图像结构体”这个短语来概括它们的。你用别的术语来称呼它们也不会有人骂你的。既然现在你已经用视觉语言的基础知识武装好了自己，那你就可以自信满满、轻而易举地搞定图像结构体。耶！它们是涂鸦革命事业中最好的部分之一。它们将冲击你和你固化的思想——这就是为什么我会用一大段章节来探讨它们。这也是为什么第五章致力于探讨它们如何在团队工作中帮助你解决问题。

在我们开启下一章节的旅程之前，我们还要先经过一个站，它对你接下来的旅程十分关键。在这一站，我们要探讨一下“资讯涂鸦”里的“资讯”。

我们必须提醒自己时刻不忘涂鸦革命的一个核心理念，那就是“资讯”与“涂鸦”同等重要。“资讯”与“涂鸦”结合在一起就像发生了神奇的化学反应。我们这些涂鸦革命者两手都要抓，两手都要硬。不要对其中任何一个方面掉以轻心。资讯就像一头野性难驯的猛兽——你知道的，资讯就像扑头盖脸倾泻而下的瀑布，我们都在艰难地逆流而上。所以在学习运用图像结构体之前，必须先把“资讯”这头猛兽打倒在地。你必须用刀锋般锐利的头脑将信息进行加工、提纯、整理。女士们先生们，为了接下来的部分，我想请你将注意力集中在“驯服”信息上，这样当你步入第五章时，你就会感觉无比轻松自如。

资讯涂鸦：减法的艺术

在这一部分，我们关注对信息的“驾驭”。这个能力十分强大。不过我想让你先对前往的方向有大致的了解。在我们学会“驾驭”信息之后，会进一步开发更多的能力，如果用最复杂的资讯涂鸦形式表现这个学习进程，就是下面这样：[111]

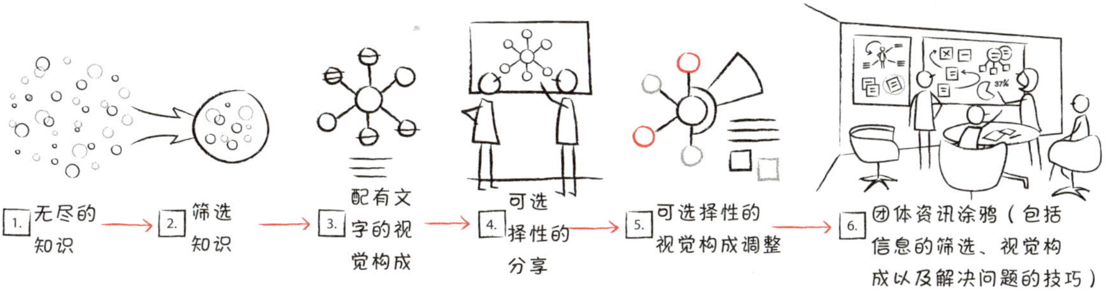

为了遵循这一学习进程，我们将从第一步和第二步开始。我希望你明白，在资讯涂鸦中，为什么掌控信息的能力是如此基础、如此关键、如此重要。

思维实验

本着爱因斯坦和特斯拉的精神，让我们先来做一个思维实验。思维实验，指对一个设想或假说进行深入思考，以得出结果。它是一个以“要是”或是“我想知道”为开端的探索过程，思考者通过思考获得假设的结论。这就是现在我们要一起来做的事情。

知识体系的状况：#1

巨大无形空间中的片段信息

资讯涂鸦者的思维实验

请思考一下由全部知识组成的知识总体的概念。想象这个总体由无数微小的信息片段组成，都漂浮在一个巨大无形的想象空间中。想象这个知识体系一直存在，不管我们是否看见它、理解它。在我们进行的这个思维实验中，知识就像空气。它无处不在。它就是那样。它就在那里。这个巨大无形的空间是知识体系的第一个状况。下面我用一张图来表示它看上去大概是怎样的。

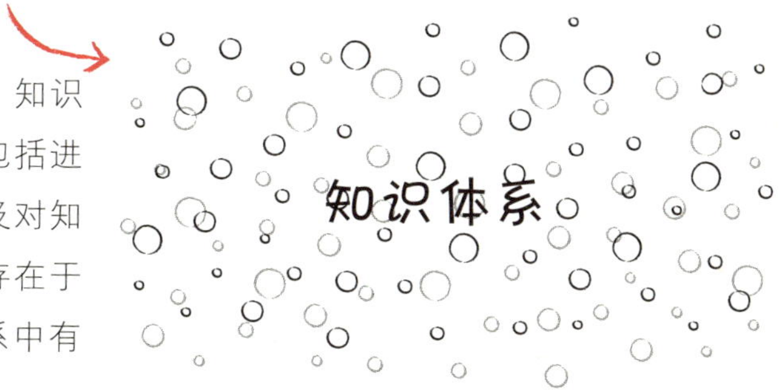

当人进入这个体系时，知识体系呈现第二种状态。它包括进入知识体系的不同途径以及对知识的不同理解。设想这个存在于我们想象空间中的知识体系中有

知识体系的状况：#2

个体选择的不同切入点和不同的过滤方式

一部分知识会被不同的个体共享。同样的信息会被许多个人知晓，这些人有着同样的经历，或是接触过同样的信息表达方式、资料。你会写日本汉字。我也会写日本汉字。酷。但同时也别忘了这一点：这个知识体系中的大部分信息是个体化的。只能被个人获得，而个体用来过滤这些信息的“滤镜”就是每个人特有的思维模式。我们都知道，人类的世界观很早就开始形成，其中涉及个人经验、信仰、文化、教育以及个性之间复杂的相互作用。这就意味着了解他人的知识基础或是与他人分享自己对知识的理解会是个相当大的挑战。这就是知识体系的第二个状态：个体之间不同的切入点和不同的过滤方式。它导致了这样的后果：尽管我们怀着最美好的期望，却常常发现想要“见他人之所见、想他人之所想”是件非常困难的事情。（你居然同情伏地魔？你这人什么毛病？！）

知识体系的状况：#3

有限的个体知识

这是知识体系的第三种状态。请思考一下这个可能性：尽管存在无穷无尽的知识，任何一个人都可以去学习、去获得，对个体来说，能够拥有的知识量是有限的。换句话说，许多东西是我个人不知道的，过去是，现在是，将来也一直都会这样。不管我自认为有多么见多识广，我所拥有的知识相对于整个知识体系来说永远都只是一小部分，原因很简单——我只是一个人。这就是我们知识的基础：它是有限的，需要借助工具来有意识地进行扩展。

基于这个短小的思维实验，我们可以推断，对资讯涂鸦者来说，知识体系的这些状况一出现就带来了挑战。如果我们最终决定投身资讯涂鸦的事业，以启发我们的头脑，更好地了解、观察，有时甚至是拯救世界[112]，那我们就需要技巧和手段来应对这些挑战。我们得让它们知道谁才是老大。

挑战#1：信息的取舍

知识体系的第一种状况就像往我们脸上丢了一只手套，简直是明目张胆地挑衅：我们该如何机智地应付无时无刻不在蜂拥而至的信息？这是个极大的挑战，知识的总量极其庞大，许许多多时候我们需要对它加以控制。想象一下我们被关在一个教室或会议室里，而一大股信息的洪流正冲着我们扑面而来——这个时候，资讯涂鸦者就需要怀着强烈的自信，选取重要的内容，舍弃无关信息。你大概已经注意到了，我依次使用了“选取”和“舍弃”这两个词，因为它们是一个硬币的两面。当我们选取某些东西时，其实是在邀请有用的信息进入我们的知识储备。当我们舍弃某些东西时，其实是在将无用的信息剔除出我们的知识储备。它们都是积极有用的行为，我们之所以能对信息进行取舍，正是基于知识的无穷性，而通过资讯涂鸦，我们能将信息过滤变成现实。

我对世界的认识。真是微不足道呀。

不管你更喜欢使用哪个词，在这个过程中实际发生的事情就是信息被有目的地进行了筛选。资讯涂鸦者不可能以超出人类能力范畴的速度写或画，我们也不要妄图用自己的脑子记住数量浩瀚的文字或话语。试图这样做只会无谓地消耗你认知世界的精力，愚蠢程度堪比攀登珠穆朗玛峰而不带补给氧气瓶。资讯涂鸦者要会做减法。我们要带着愉快的心情、坚定的决心，有技巧地做减法。为什么说我们是了不起的学习者？原因之一是，我们知道怎样挑选有用的内容（在进行表演型资讯涂鸦时这种挑选会快得不可思议），并且将这些内容作为视觉化表达的基础。资讯涂鸦者在进行非即时涂鸦时要能非常熟练地剔除冗余信息，而在进行现场涂鸦时，要尽所能做好这件事情。我们要瞄准那些与主题以及我们的目标相关的信息。知道我们的目标是什么，这是关键所在，只有当我们针对一个特定目标筛选信息时，我们才能更好地将挑选出来的信息融入视觉构成。你在本章节开头部分的学习进度条里已经看到了，我们将要学习的第三步到第五步就涉及视觉构成。别着急，你会在后面的部分深入了解它们的。

尽管我们在学习进程的第一步和第二步不断遇到挑战，但这些挑战并不是不可战胜的，无一例外。我们将在这一章节余下的部分学习战胜它们的技巧。不过首先，让我们了解一下庞大的知识体系向我们抛出的余下两个挑战。你需要知道它们总是会到来的，并且知道它们并不是你的对手。这样你就能积极地沿着这条认知革命的道路走下去，获益无穷。

挑战#2：看清现实、呈现事实

第二个挑战关乎我们应该怎样通过心灵的眼睛、涂鸦的方式，去观察、了解构成我们现实的元素以及构成他人现实的元素。还记得这个观念吗？一个人正在思考的东西，他坚决持有的方法、态度或理念，可能经常连他本人都理解不了，因为思考者没法看见自己的整个现实，除非将这个现实用视觉语言表达出来，别人才能一目了然，有时甚至对思考者本人也是如此。

往这个场景中再加入另一个人，你就能看到如同火车失事般的惨烈后果，一次又一次。这正是因为许多时候人与人之间的知识基础与视角存在巨大差异。左边这幅图表现了这一情境中最常见的情况。这种情况非常讨厌，两个人看着同一件东西，但他们之间的巨大个体差异会对这一共享过程产生非常荒谬而强烈的影响。换句话说，变成这样一种可笑的情况。

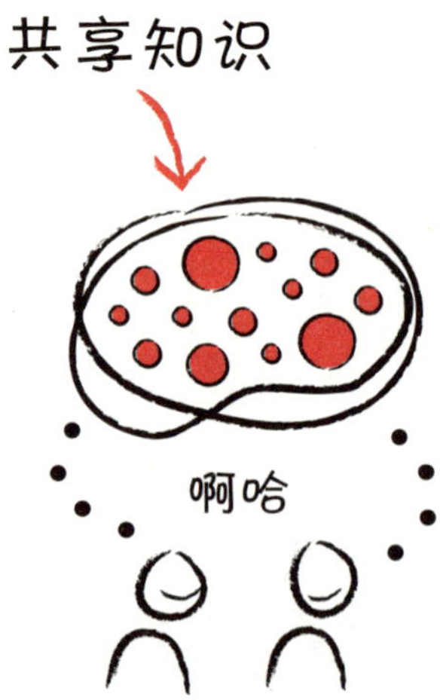

我们花费了不少力气，艰难地想要接近他人的想法。两个人持有的知识中也许有四个点是重合的，但在无数别的点上他们并没有达成一致。要是没有资讯涂鸦，没有一个方式将我们头脑中的思维模型清楚地展现出来，有时候我们甚至不知道我们是不是在看同一件东西。所以，我们压根就达不到上面那张图描绘的“啊哈，君子所见略同”的境地，相反，我们会掉进语言的漩涡，翻来覆去地说着车轱辘话，绝望地等待着能有哪个词哪句话突然启发我们。但我们必须做点什么，想要解决停滞不前的问题，你需要做的可不只是分享几点数据，你需要让你对这个问题的了解尽可能与他人对这个问题的了解重合，这样才能与他们协同合作。你还需要训练自己用涂鸦解析问题的能力，以便将问题清晰地摆在桌面上。

当你考虑到个体的知识储备存在极大的不同时，分享信息、用视觉语言传达信息的需要就变得迫切起来。我们怎样才能在没有当场分享彼此全部人生的前提下有效地理解问题、解决问题？！我们怎样才能在没有达成共同理解的前提下取得进展？因为我们身处这样一个由小小的信息碎片构成的庞大知识体系中，要是我们在其中找到任何真正能够与他人分享的对于世界的看法，那就是撞大运了。

出于这个原因，资讯涂鸦者必须看清现实。我们必须将无形无质的知识拖进现实世界，赋予它一个视觉形式。我们必须选取信息中容易被理解的部分，将它们呈现出来。

所以说，懂得资讯涂鸦就像拥有了一件超级武器。资讯涂鸦赋予无形无质的知识一个可见的外形，将它活灵活现地呈现在每个人的眼前。它能够让你对现实有更为真实的把握与控制，否则过于抽象或笼统的现实很可能会让我们的思想不得其路而出。这是非常重要的，就像你拥有了蜘蛛侠的超能力，能够从手中喷出蜘蛛丝，从而攀上高楼。因为有了资讯涂鸦，我们就能够对知识进行分享、塑形、调整和转换，我们就能够从纷繁复杂的知识体系中梳理出有用的、能够激发灵感的信息！楼顶就在眼前，蜘蛛侠！

如何看清混沌的现实是知识体系抛给我们的第二个挑战，同时也是一个巨大的机会。正如我们在前面提到过的，当你拥有了用视觉语言表达抽象事物的能力时，我们就能够开始了解、分享彼此的现实。到了第五章，我们还将在深入探讨视觉构成时更深入地探讨这一点。所以准备好你的记号笔。我们很快就会说到那里，快得你甚至都来不及喊出“革命万岁！”。

挑战#3：扩展现实

人类个体在进行认知时，存在一种天然的局限，这就是知识体系摆到我们面前的第三个挑战，我们将在后面关于团队资讯涂鸦的章节中深入探讨应对这一挑战的方法。我们中绝大多数人在看待事物时，眼界大概只有一个高尔夫球那么大——你甚至可以用“一孔之见”这个词来形容——这自然就会让我们会错过其他不同的、更为宏大的图景。如果你正在寻求改革与创新，那你也许应该关注这个问题。如果你的团队正打算参与到知识经济的竞争中去，这个问题也不容忽视，因为知识经济的竞争通常要冒很大的风险（或者用我的朋友漫画家休·麦克

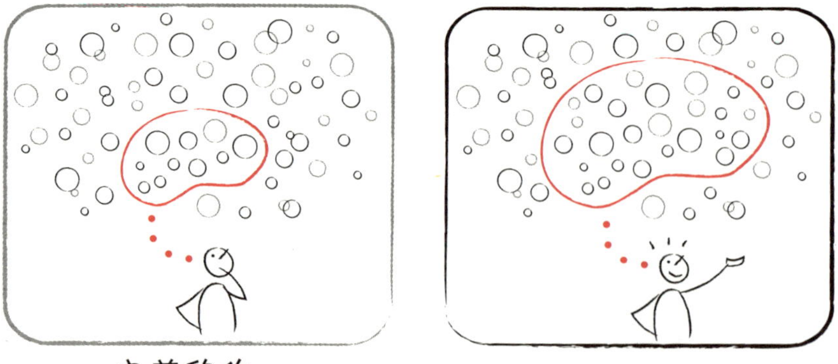

之前的你　　之后的你

劳德的话来说，就像要你在罚球线上起跳扣篮）。而我们都知道，人类喜欢按照同样的神经回路思考问题，盘桓于熟悉的、舒服的区域。绝大多数人都会自觉地待在“舒适地带”[113]。你参加过所谓的头脑风暴会议，你知道我在说什么。为了真正发挥我们的创意、打开我们的眼界，为了真正推进那些我们可能做到、可以做到的事情，我们需要真正能起到激励作用的技巧，来搅动头脑中的信息片段，就像摇晃玻璃雪花球一样，掀起一场真正的头脑风暴。

正如许多研究创造力和洞察力的科学家会告诉你的那样，问题的解决办法很可能已经存在于你的头脑或是你团队的集体潜意识中。你需要做的基本上就只有这么点事——将正确的信息放在正确的位置，连通最合适的神经回路，然后按下开关。而这正是团队资讯涂鸦做的事情——而且做得十分漂亮。这是一个意义重大的方法，它利用结合了视觉语言的思维游戏扩展、改变我们既定的现实。在你阅读本书以来，这个技能是最强有力的，堪称顶点。

团队资讯涂鸦将拯救我们

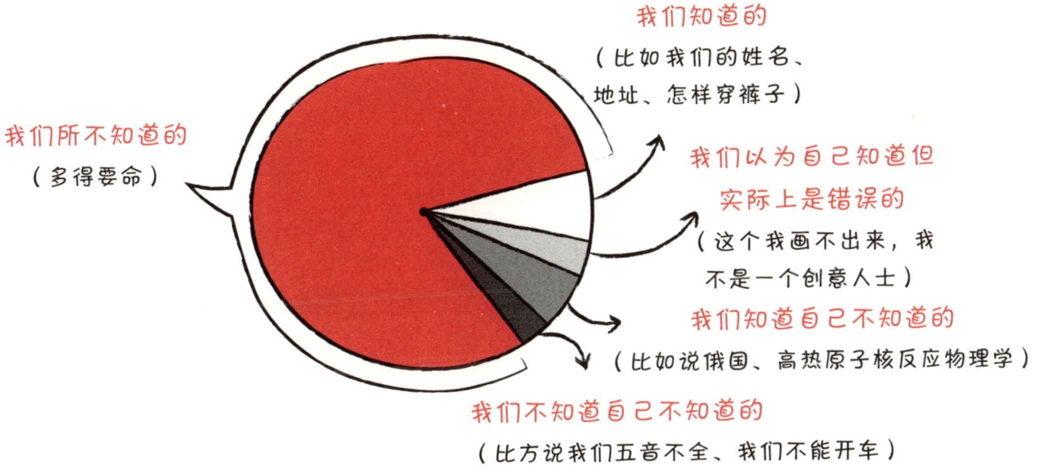

让我们花一分钟时间回顾一下。现在摆在你面前的有三个强大的技能：筛选信息、看清现实，并将它呈现出来、扩展现实。这些技能是资讯涂鸦的核心所在，第一个技能我将在本章余下的部分展开讲，其余两个我会放在后面的章节里来说。现在让我们抓紧时间，着手学习怎样选取、舍弃信息。在你进行资讯涂鸦时，这将是你要做的第一步。

你现在在这里。

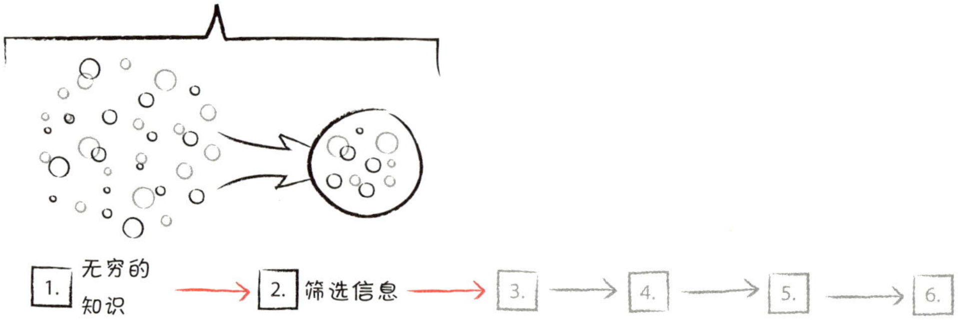

信息取舍的艺术

话语永不间断，但速度可以放慢

在资讯涂鸦者真正探索视觉构成和团队视觉思考过程之前，有两个关于信息的原则需要你了解。乍看上去，它们也许会让你感觉太过理性，但你会想了解它们的，因为在资讯涂鸦的王国里，人人都得遵循这两个原则。所以深呼吸几下，活动活动手脚，清醒一下头脑。（对那些运动知觉型的人来说，现在是时候站起来喝杯咖啡了。也许再来上一个侧手翻。）你将要开始“驯服”资讯涂鸦中的“资讯”了。

原则1：在（几乎所有）的资讯涂鸦过程中，文字优先。

为了让你理解第一条原则，我对它的前提条件做了图像化说明。

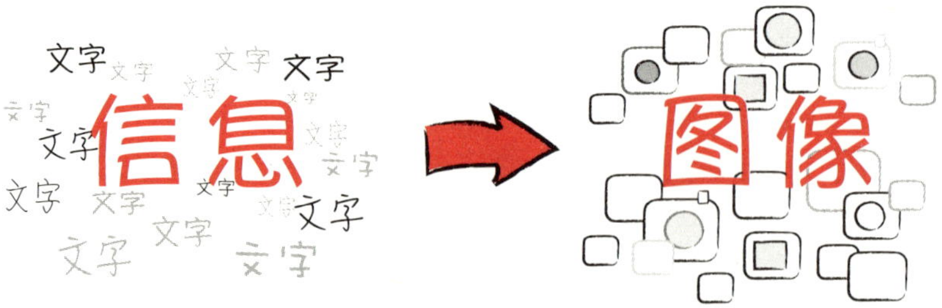

正如之前所了解的那样，如果没有附上说明文字，你就不能百分之百肯定这幅图像——以及任何图像——想要表达什么意思。所以让我用言语描绘一下。上面这幅图的意思是，在进行资讯涂鸦时，内容先于视觉构成。换句话说，文字信息驱动图像和图表，很少有反过来的情况。[114]

往大了说，这意味着，如果资讯涂鸦者不具备基本的搜集、提炼信息的能力，那么这个世界上的大部分图像和图表对资讯涂鸦而言实际上毫无意义。如果你不能从海滩上的漂流物中认出闪亮的硬币，那你垒起的信息城堡就全都只是沙子而已。在资讯涂鸦过程中，对信息的分析必不可少，而且这一分析应该先于信息城堡的搭建。记住，通常情况下，你应该优先考虑文字内容，如果不尊重这个原则，你就很难构建一幅条理分明的资讯涂鸦。

现在让我们花点时间来细想一下为什么这种说法是真的。在谈到资讯涂鸦时，为什么我会建议先用文字（或数字）为文字+图像的结合体铺路？如果到这会儿你还是不明白，让我来提示你。

在设计资讯涂鸦时，你应该把文字放在图像之前考虑的一个主要原因是：文字是我们在学校、公司的首要交流手段。这一点毋庸置疑。你的老板不会在下达指示时往你面前摆一张图片。你的教授也不会站在教室前面拎着一串图片寄希望于你们自己恍然大悟。（好吧，这样的事情也许会在艺术史的课堂上发生。）我想说的是：人们用嘴说的、用笔写的，都是文字。在几乎每一个你将进行资讯涂鸦的环境中，事情的进展都是用文字推动的。这就意味着在99%的时间里，你的资讯涂鸦得用文字作为骨架。正如你已经知道的那样，如果有人只通过图像进行表达，那他就得在配图文字上花费极大功夫——他必须通过非常复杂的说明文字阐释图像的意义。

杰夫·拉斯金是一位人机交互[115]专家，以开启了苹果的麦金托什机项目而闻名，他曾说过一些让我忍俊不禁的话。拉斯金很了解没有配以文字的图像会给人们带来多大的困扰，所以坚决反对苹果公司使用以图形而不是文字命令为基础的界面——就是图形用户界面（graphical user interface），也被称为GUI。他是这样表达他对GUI的厌恶之情的："在所有的人类语言中，图标是'晦涩难懂'的代名词。所以人类才会发明音形一致的语言。"[116]这话一点没错。

现在我要提醒你的是，请不要把“永远不要以图像驱动文字”这句话当作金科戒律。如果我建议你无论何时都不能打破这条戒律，那就太不负责了。许多时候，你可以跨过这条“文字优先”的原则，运用图像蕴含的强大冲击力触发思想的火花。我举三个例子：

· 学习解剖学时；这样学外科的学生们就知道应该在哪里、对什么下第一刀了。

· 研究地铁路线时；这样某人就可以找到自己要走的路线了。

· 在海上使用天文导航时（在大部分文明中，这一技能正在失传，但仍有一些文明依然保存着这个传统）。

通过这些例子，你可以体会到在下述情况中，图像可以先于语言——主题内容本来就是以视觉化的形式存在，也就是说这些东西第一次出现在这个世界上时，就表现为某种图像。这种图像先于意象的场合还有许多，事实上，这种反转有时能够更好地为人们的目的服务。[117]当我说“文字先于图像”时，我不是在说以图像驱动文字是不可能做到的事情，我想说的是，当我们创作资讯涂鸦时，大多数时候是在一个以文字驱动的情境中进行的。所以我们需要基础性的文字，靠着它们，我们才能让资讯涂鸦具有意义，指向明确——不管这些基础性的文字是来自一位演讲者、一份文件、一本书抑或是我们自己的想法。在这样的语境中，试图运用图像优先的原则就好比递给你的同事一张涂鸦然后要他写出一份备忘录，而且这份备忘录还得准确无误地表达你的想法。对于涂鸦革命者来说，这是一种拙劣的做法，因为我们并不是在进行创造性的写作实验，所以请牢牢记住这一点：在进行资讯涂鸦时，文字（几乎总是）要优先考虑的。

原则2：在进行资讯涂鸦时，我们要“做减法”。

涂鸦革命者们的目标非常明确：将信息简化、梳理清楚，然后将它视觉化，这样传达出来的信息就不会带着冗余无用的枝蔓，让观众一眼看到它真正想表达的东西。别忘了，我们每个人每时每刻要处理的信息是那么密集……

减法的艺术至关重要

我要提醒你，“做减法”不是针对资讯涂鸦中的视觉语言，而是那处天生的软肋——文字语言。它指恰当地删除不相干的、让我们的思想和记忆变得混乱迷惑的文字。这个技能将给予我们一个干干净净的视野，让世界生动清晰地展现在我们眼前。你要像查克·诺里斯暴打坏蛋那样大力地使用这个技能。此外，你还应该知道，有两种途径能够让你学会这个技能。

学习“做减法”的两种途径：听VS.读/写

我们可以通过两种途径练习“做减法”：听觉和读/写。你应该了解这些不同的途径，因为我们的资讯涂鸦有三种子类型。只有“非即时的”个人资讯涂鸦适合通过读/写做减法。剩下的所有资讯涂鸦类型——表演型资讯涂鸦、团队资讯涂鸦以及即时的个人资讯涂鸦——都需要通过听觉来做减法。

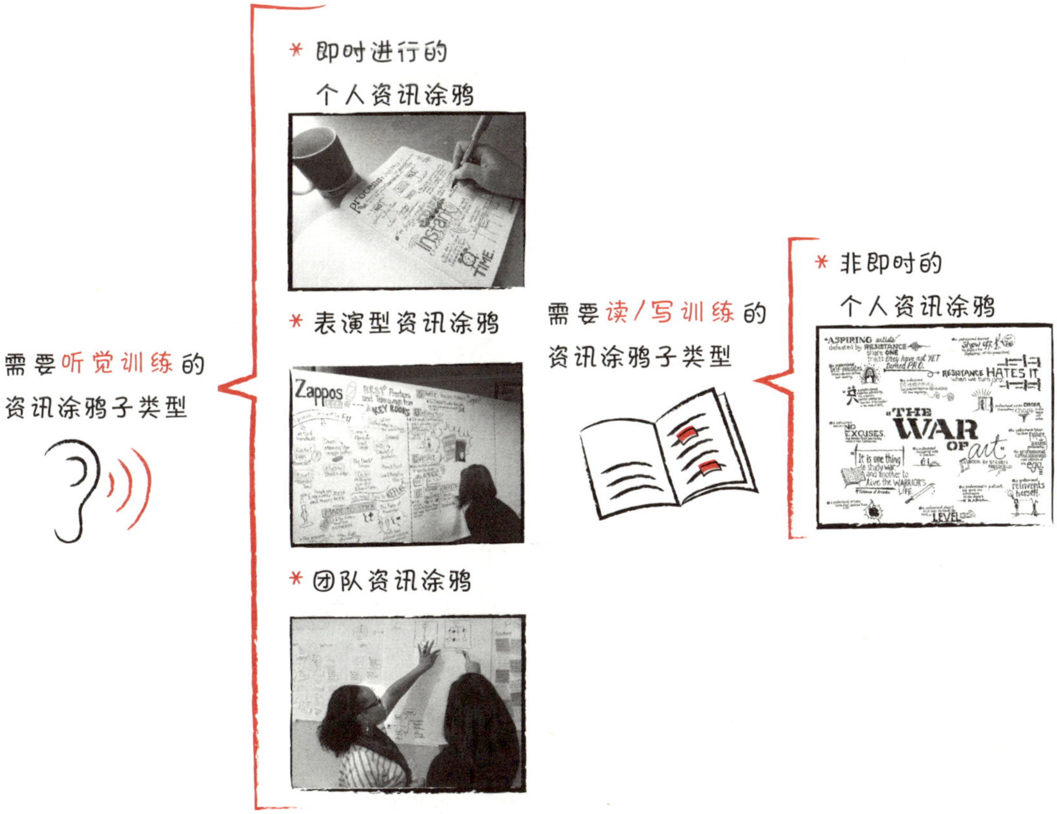

停。检查时间到。

在决定哪种方式最适合自己之前，先暂停一下。你需要全面考虑一下哪种途径会消耗更多的注意力和精力——是听觉，还是读/写，抑或两者都是？要是你追求的是表演型资讯涂鸦、团队资讯涂鸦或即时的个人资讯涂鸦，那你就需要训练听觉。这个世界喋喋不休，训练倾听技巧极有必要。

当然，要是你更关注非即时的个人资讯涂鸦，就可以选择训练读/写。不过，就算你按照自己的节奏工作时表现最好，你依然可以选择掌握通过听觉途径做减法的本领——当你在教室、会议室或讨论小组中做笔记时，你会需要它的——当然啦，你也可以一个人安安静静地待着，从一本书或一篇研究论文中删除冗余的文字，或是对你自己建立的思维模型进行文字方面的调整，然后在这个基础上绘制资讯涂鸦。

选择任何一种途径进行训练都是值得尊重的（以及必要的）努力，不管你做出何种选择，我都会为你鼓掌。不过下面我想从听觉式减法技巧开始教学，原因有两个：（1）需要这种减法技巧的资讯涂鸦子类型更多；（2）显然我们中有更多人在这个方面有所欠缺。你可能还记得，在第一章里，我说涂鸦能极好地整合从听觉渠道汲取的信息，因此能极大地提高吸收、处理信息的效率。现在我依然坚持这一说法，不过有个阻碍：如果不涂鸦，我们就没法得到实质性的认知收益。我们必须训练涂鸦技巧以整合口头语言。在成为涂鸦大师的道路上，这是最大的缺失环节：我们中绝大多数人在关联所听和所画的东西时，慌得就像热锅上的蚂蚁。

听觉和涂鸦之间的关系似乎是有史以来最为紧张的关系，所以我们将探讨如何关联。这听起来是个不小的挑战，但我想问你：还有什么比你现在已经在做的事情更有挑战？也许只有给一匹马套上毛衣吧。

要想提高倾听技巧以创作真正有用的资讯涂鸦，下面是你需要知道的一切：

这是一本关于涂鸦的书。你却要我训练倾听技巧？！为什么？

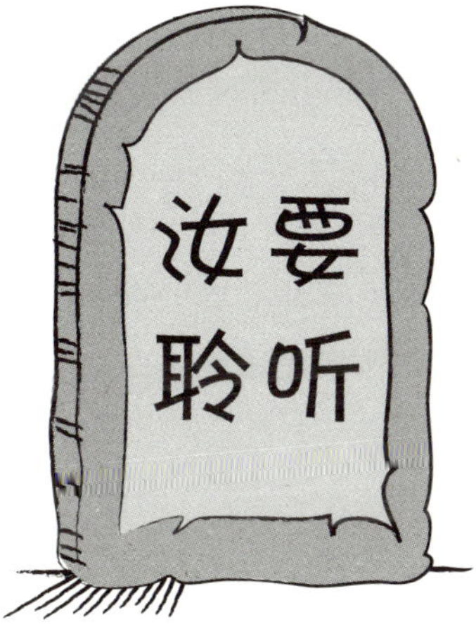

能让人们明白为什么懂得倾听对于资讯涂鸦如此重要（事实上对于生活的方方面面都是如此），那可算得上一件值得大书特书的功绩。重要到，它实在应该刻到摩西的石碑上作为第11条诫命：汝要聆听。

尽管如此，但并没有那么一个开关，只要按下去，你就能成为一个出色的聆听者。选择聆听哪些内容是一个资讯涂鸦者有意识做出的决定，它需要全身心的投入和不断的练习——就像任何值得去做的事情一样——随着时间的推移，你会发现自己开始练出“肌肉”了，接着你要有意识地增强那些肌肉[118]。好消息是，学会倾听能让你获益匪浅，我们有许多理由来激励自己熟练掌握这一技巧。请看下面：

人类不可能以说话的速度进行书写

除非我们获得了“快速书写”的基因，否则普通人是没法捕捉到旁人正在说出口的全部文字，并且把它们写下来的——这事你连想都不用去想。[119]有声读物推荐的语速是每分钟最多160个词，而普通人用笔写字的平均速度是每分钟31个。要是你企图在听报告或听演讲时这样做，两分钟后你就会发现自己已经远远落后了。在这场追赶话语的游戏中，我们毫无胜算。

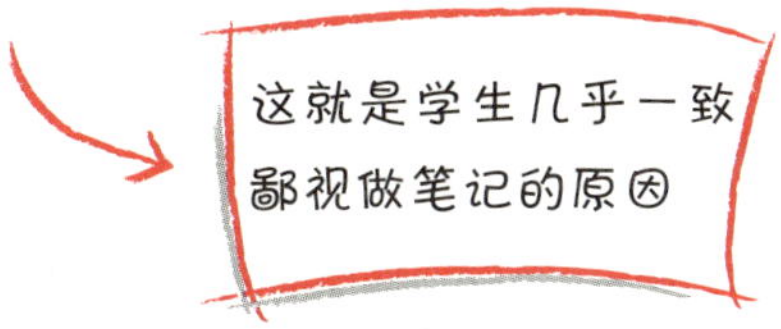

就像是嫌这个问题还不够复杂，人类输出储备信息的“带宽”也是非常有限的。[120]换句话说，即使我很想写下别人正在说的每一个字，我也没法将他说的内容在大脑中储存足够长的时间，以便最终写出来。鉴于这两个事实，资讯涂鸦者必须掌握能够弥补这些缺陷的技巧，否则在常规的记笔记游戏中，我们根本没法胜出，我敢说，每次我们都会一败涂地。

为了能够熟练掌握与听觉渠道相关联的资讯涂鸦子类型，你首先要做的就是提高倾听能力。这是整个涂鸦过程的基础。这其实是件好事。为什么呢？因为提高倾听能力能够提升我们对主题的理解，还能提高我们的个人体验以及反馈的质量。下面我来说说这是怎样做到的。

好的倾听者拥有这样一种能力：暂时停止（至少是压抑）内心思绪，以集中注意力。他们更可能捕捉到其他人完全错过的信息，包括谈话过程中的微妙信号，像是肢体语言、潜在语气，没错，而且他们捕捉的这些信号并没有偏离主题。绝大多数人拼命想要抓住浮于言语表面的内容，因为他们听别人说话时，思想不甘落后地大声嚷嚷着，所以他们根本不会接收别人发出的信号。

当我们学会压抑内心的噪音——哪怕只是暂时的——我们就有更多的机会来获得更为丰富和深入的学习体验。这就是第一个步骤，下决心好好听别人说话，很简单吧？第二个步骤，平息内心批判、评论、抗辩、过分情绪化的声音，控制住打断别人来表达自己想法或反应的冲动。[121]如果能够做到这些，我们就能获得比以往更丰富的学习体验。学会倾听，我们就能更好地记忆（因为资讯涂鸦者需要将口头的信息同视觉化信息结合起来并且增加这些信息的深度）；然后我们就能更好地思考。我们在别人发言结束后提出的问题也会因此变得更有水准。

现在，我想特别提到一点，善于倾听并不意味着我们对别人说的每一件事都毫不质疑、全盘照收。关闭你内心的杂音并不是说让你成为一个没有思想的人偶，而是让你以更好的状态去学习、去记忆，并且作出可靠的反应，因为此时你的注意力非常集中、非常深入。我不会说这很容易，但我想说这是可以办到的，而且很有意义。你从中获得的收益远远超出你下决心开始训练自己时花的那点力气。要是到了现在你还对我说的话半信半疑，那么我再给你一个学习倾听的理由。它听起来有点花巧，所以尽量跟上我的节奏，记住，我是来帮你的。

倾听是一份无价的礼物，既是给他人的，也是给自己的。

对于我们这样的社会动物，如果说话被别人轻视甚至无视，自我的存在感就会被大大削弱，仿佛自己被整个世界放逐，那种感觉很糟糕。所以专心倾听某个人说话是你能做出的最为慷慨仁慈的举动之一，而且它实际上花不了你半毛钱！你要付出的只是一些精力。试着专注地倾听某人说话，你能看到这种做法将真正改变你们之间的互动关系。（特别是当某人已经习惯你打断他的话时。）我向你保证，只要你在听别人说话时闭上嘴巴，只是倾听，她就会觉得受到了极大的鼓舞——我知道我喜欢夸张，但我绝不是给你写空头支票——自己说的话能够被别人不带偏见、不加评判地倾听，这样的体验真的能够改变人们的生活。这就是人们花那么多钱看心理医生的原因之一——心理医生能让他们觉得在这个地球上至少还有一个人能够不带明显的偏见来评判自己。这是一件多么令人快乐的事情呀。还有，当你对说话的人投注了极大的关注，不要觉得自己只是在帮他的忙，你同时也帮了自己的大忙，原因嘛，正如你在之前就知道的那样，你的知觉能力与理解能力几乎总是同步提高的。

这就是涂鸦思考力会包括训练倾听能力的原因。现在让我们看看你具体要怎样做。

优化口头文字：砍去话语中的枝蔓

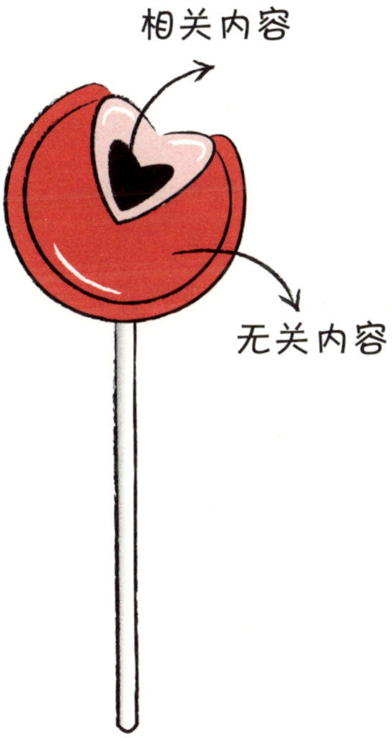

也许你曾听过这样一则传言：一个人说的话里，只有10%到20%能被听众记住。[122]这一普遍流传的说法可以解释为什么甚至连孔子——绝称不上懒散的一个人——都会说出“我听到的，我忘了”这样的话。[123]当人们走在街上，既不会关注也不会记得某个路人具体在说什么。相反，我们会注意并敏锐地察觉到潜藏在话语之下的情感内容，也就是语调。换句话说，相对人们说了什么，我们更关注人们怎么说。

这是人类特有的高效和智能行为。坦白说，人们所说的话里有90%是无关紧要的，棒棒糖的美味夹心总是包裹在厚厚的糖衣中。[124]所以培养出敏锐地分辨有关信息与无关信息的能力是一件非常值得做的事情。我想提醒你的是，我所具备的这种能力是我学到的，而不是某种女性与生俱来的直觉。

不过你很幸运（眨眼！），我已经为你总结好了一些容易理解、很好上手的倾听技巧。在你了解了它们并将它们运用到工作中去时，我希望它们能让你从这样的无用功中解脱出来——妄图吸收巴别塔上倾泻而下的信息洪流。因为你将学到你应该去听什么，以及根据谈话调整倾听的策略。下面让我来展开说明。

在倾听时，了解语境就是胜利了一半。

作为一个资讯涂鸦者，你在大多数时候会发现自己处于下列三种情境中：学校、会议、讨论。你肯定不会在一个风洞里捕捉信息，也不会跑去海里倾听海豚的吟唱。鉴于你将进行资讯涂鸦的场合多半是这三种，知道下面这一点也许会让你感到安慰：要是你能提前去了解一下语境，那你就胜利了一半。一旦了解自己将进入的语境，你就能用作品引导观众将注意力聚焦于真正重要的内容上。那些工作很认真的资讯涂鸦者能够预见将要面对的语境与信息内容，从而为自己占得先机。[125]如果你是一个学生，这就意味着阅读指定的章节。[126]如果你将参加会议，这就意味着了解关于会议的主题以及发言人的一切。为了让这个概念同你的工作与生活联系起来，请花一分钟时间仔细体会一下。

不知道你听到下面这个事实会有怎样的感觉——实际上会议的种类并不是无穷无尽的。顶着冒犯动物气球收集者以及星际迷航粉丝的风险，我想说，世界各地进行的会议大概有以下六种主要类型。[127]

1. 规划类会议

比方说讨论项目的启动/跟进

2. 解决问题类会议

比方说讨论构思/创新

3. 决策类会议

比方说讨论人事变动、预算划拨

4. 前馈会议[128]

比方说确定政策的背景/组织结构的形态/计划的更新，从调研报告中预测结果

5. 反馈会议

比方说进行全面的回顾，绩效评估

6. 混合型会议

比方说非现场会议，以Barcamp为代表的即兴开放式会议、董事会静思、战略规划[129]

对初学者来说，好消息是，这些类型的会议所关注的东西只存在不多的几种变量，与会者完全可以预见到，除了那些真正可怕的会议——在这种会议上，没人知道发生了什么或者是自己为什么会在这里。[130]

如果你将参加某个类型的会议，就可以在会议开始前预测自己将听到的内容。时刻谨记会议的目的，你就能迅速知晓你为什么前来参加这个会议、这个会议是关于什么的，这能帮助你在会议期间始终保持参与感。你只需要在会议开始前花上十秒钟关注一下它的目的、提醒一下自己会议的背景。比方说，要是你将参加某个项目的规划类会议，你就需要关注相关项目范围、时间线以及可能设置的职务及其责任的内容。要是你将参加一个绩效评估会，你就要注意聆听有关优势及机会分析的内容（你还要在似是而非的话语下敏锐地嗅到极其细微的人事变动风向）。你就能一直紧跟会议的节奏——不需要我再进一步详细说明了吧？掌握了语境就赢得了倾听之战的一半，所以在你踏入会议室前一定要把它弄明白，为你的成功预置好舞台。

跳入会议深渊

现在你正坐在会议室里（或是教室里），需要施展真正的倾听技巧来避开口水话。（没错，我用的就是“口水话”这个词。听着，我和我的团队一直在研究世界各地的会议文化。我们发现，极少有公司能够准确地把握应该何时举行会议或为何举行会议，也很少有人知道怎样正确展开会议流程。这是一个普遍的问

题，就像流感一样常见）。你需要具备倾听技巧，只将注意力放在恰当的话语内容上，保存精力。要知道，精力是会耗尽的，直到你好吃好睡、休息了一番之后才会恢复。学着只将注意力分配给与会议目的直接相关的内容。还有，就像进行体育运动一样，给自己一些时间来热身。[131]这样，你就能避免浪费时间和精力，不至于追逐着错误的兔子掉进无底洞，在会上走神得越来越远。

将听到的内容即时涂鸦出来的14个诀窍

诀窍1：要是你想变得善于倾听，开始练习时请闭上双眼，倾听你喜欢的内容。

想要学习倾听技巧，闭上双眼去听是一个很好的开始。我们的视觉在知觉中占据着支配地位，当我们睁开眼睛，绝大部分注意力立刻会被分配到我们所看到的东西上。要是你真的想学习倾听技巧，那么当你开始练习时，请选择你感兴趣的内容以减少你在倾听过程中可能产生的抵制情绪。然后按下播放键，闭上双眼，原地躺下，集中注意力。让思绪放慢脚步，开始注意说话者声音里的抑扬顿挫。注意语调中的细微变化，在什么地方语调上扬，在什么地方语调放慢。注意话语里传达的信息，那些细微的迹象。观察自己对听到的东西有什么反应。感受你内心的声音是活跃还是沉寂。长此以往，你会成为一位熟练掌握倾听技巧的大师，而且一定能够大大提升自己的学习体验。我可以向你保证，成为出色的倾听者就像成为一位绝地武士，而原力就在我们每个人心中。

诀窍2：承认学会倾听需要练习，别指望你的倾听能力在一夜之间突飞猛进。

罗马不是一天建成的，李小龙的寸拳也不是睡了一晚就会了的。真正优异的技能需要也值得你付出心力去磨炼。所以试着放松心情，不要想着一蹴而就——你有一生的时间来磨炼这个技巧。话语无处不在，给自己一点时间就好了。

诀窍3：平息内心的声音，专注于听。

要想成为一名优秀的倾听者，你需要培养一种暂时将自己“放下”的能力。聚焦外部。让你的自我意识与内心的声音平静下来。将注意力转向他人的感受。将你心中的舞台让给他人。[132]试试这样去做，要是失败了，那就继续尝试。至于你这样做会获得怎样的好处，我们之前已经讨论过了。

诀窍4：将你听到的东西进行优先级排序。关注那些“骨骼”。

还记得吗，之前我们已经了解到，在会议中，绝大部分内容是无关紧要的。你的目标应该是注意去听那些我称之为“骨骼”的东西，也就是将发言者想要传达的信息聚合在一起的关键点及支持性的论据。你不会被考到发言者家人的姓名以及他们喜爱的早餐麦片牌子；你要去听真正重要的东西。而类似“下面这些话你一定得听听”之类的陈述就是给你的提示。学会找到话语中的“骨骼”将大大节约你的时间和精力。你可以把它想象成耳朵上的X光。

诀窍5：注意发言的线性结构。

会议主持人或老师常常以陈述他们发言的线性结构来作为开场白。他们会这样说：“首先我将探讨一些事实。然后我将叙述其涵义与价值。接着我会给你一些建议。”这就意味着在会议过程中你大概知道自己听到了哪个部分——是开始、中间还是结尾——而且它也有助于你预测发言的节奏及信息密度。

诀窍6：使用简洁的句子或短语。

要是有人说“今天我将讨论五项重要举措，它们能引导我们的公司走向成功”，那你只需要写“走向成功的五项举措”。有时你甚至可以只用一个词，比方说刚才这个例子，你就可以只写“举措”这个词（斯蒂芬·桑德海姆有句话放在这里正合适：“用词，别用句子。”真是太对了）。

诀窍7：将内容“缓存”起来。

“缓存”是一个计算术语，指的是将网页文件做临时存储，以减少服务器的负载和延迟。我们在第二章中已经了解到，绝大多数人能够利用的记忆力是非常有限的，所以缓存在我们大脑中的内容并不足以支持即时进行的资讯涂鸦。肯定会有遗漏。这里我要告诉你一个更有效的技巧，那就是让你的笔记本或电脑屏幕成为缓存空间。（这是不是让你回想起外脑的理念？）把片段信息记在纸上能帮你应对如洪水般向你扑来的话语信息。如果发言者讲话太快，那就只写下或是画下刚好够触发你记忆的内容，然后在谈话结束、会议闭幕或是下课后再处理。你可以只写下一个单词的头两个字母、一个短语的前半部分或是某种图像线索。结合语境与这些线索，你可以在之后重新激活记忆。

诀窍8：注意倾听隐喻、明喻和描述。

“这个项目就像个兔子洞。”“这个主意还是揉成一团扔掉的好。”“这是一个恶性循环。”“这个体系是按层划分的。”“这些部门并驾齐驱。”“我们正在绕圈子。”这些文学修辞手法也是很好的线索，能让你不用怎么动脑子就得到一个相应的图像。你不需要（注意！我要用双关了！）再发明一次汽车轮胎[①]要是有人把一个比喻送到你面前，拿起来用就是。

诀窍9：如果你觉得跟不上节奏，可以借助连线、连接符、边框、对话框及颜色。

的确有那么一些会议主持人，一开口就用话语的洪流直接把你冲下无底深渊。一个训练有素的资讯涂鸦者能够在发言开始后两分钟内就辨别出发言的真实节奏，然后调整自己的涂鸦策略。如果你看不到发言节奏放慢的迹象，就不要花时间对着某个意象精雕细琢或是做出极尽详细的图解。亲爱的，把简图用起来。尽管写上缩略词，把它们框起来，然后用线段将这些小框连在一起。以最简略的方式进行资讯涂鸦，我想对你说，哪怕它看上去光秃秃的，也没什么好羞愧的。无畏的资讯涂鸦者只做必须做的事情。

诀窍10：如果你觉得自己好像错过了某个重点，由它去。

停下前进的车轮只会造成交通堵塞，并让你错过之后更多的内容。任何热爱即兴表演的人都会告诉你这一点。不管发生了什么（除非会议室里有炸弹威胁），不管你听到了什么（他刚刚是宣称自己是有史以来最好的黑客吗？！），别停下，继续前进。不要因为惋惜错过了某个点而错过接下来的内容。不管怎样，你身边还有其他参加会议的人呢。你可以找个合适的机会侧过身子问：“一个有效率的人具备的第五点习惯是什么呀？”然后回头把你错过的内容补上就好了。

诀窍11：不要因为自己口头语言或视觉语言的不完美而停下脚步。

如果你进行的是个人资讯涂鸦，很有可能除了你自己没人会看到你犯的错。就算你进行的是团队资讯涂鸦，你也可以这样想，你可以借助观众的帮助来修改你觉得不满意的地方。没有必要因为偏执于某处的不完美而让整个涂鸦过程停滞不前。如果你一时拼不出某个单词或是画出某个图像，那就请别人来嘛。团队资讯涂鸦的目的在于迅速构建模型以及进行相关内容的探讨。我们允许出错。所以

---

① reinvent the wheel，字面意思是：“重新发明车轮”，形容多此一举。

如果你或你的团队试图在涂鸦过程中避免一切错误，那你真是想多了。哪怕情况再糟糕，我们也还有修正液可用嘛。

决窍12：知道如何让文字与图像达到平衡。

资讯涂鸦中文字与图像的比例变化取决于涂鸦类型。当你进行个人资讯涂鸦时，尝试变换文字与图像的比例，以便找出最适合理解与记忆的组合。如果只是进行个人资讯涂鸦，那么这个问题并没有一个“标准答案”。你只需找到最适合你个人的比例就行了。不过当涉及表演型资讯涂鸦或团队资讯涂鸦时，情况就不一样了。因为此时观众不只是你自己，还包括其他人。这就意味着你在进行个人资讯涂鸦时找到的那个最适合你的图文比例不一定适合普遍人群，你就需要进行调整。理由有二：

理由#1——图像是主观的。这个理由应该不会让你感到惊讶，我们之前已经讨论过了。正因为图像是主观的，所以观众需要借助文字信息来准确地解读图像的含义并理解谈话内容。如果你在进行个人资讯涂鸦时喜欢的图文比例是，比方说，80/20，那么当你面对观众时（哪怕只有一个观众），你就需要将这个比例调整到50/50甚至是30/70。当你在团队中进行资讯涂鸦时，你的目标是将话语信息用视觉语言简单明了地表达出来，并且涵盖尽可能多的信息。在这种情况下，文字和图像都扮演着同样重要的角色，而且使用恰当的图文比例非常重要。

> 当你在团队中进行资讯涂鸦时，这条规则的确有例外，虽然很少见。比方说：卡特里娜飓风之后数月，受灾群众被聚集起来讲述他们的故事，并且由一位资讯涂鸦者将这些故事画成涂鸦，我的一位同事使用充满正能量的图像以及场景而不是文字来描绘这些故事。这样，人们看到和感受到的东西就比文字能够描绘出来的要有力量得多。所以在估计合适的图文比例时，请问自己：如果把重点放在图像上，是不是能更好地表达内容？

理由#2：当我们作为表演型资讯涂鸦者或团队资讯涂鸦者进行创作时，我们的作品经常会在事后以数码形式传播给更多观众，以便他们赶上进度或是当作参考。想象一下，要是我们上传的作品只是一些图像的集合，观众们也许会觉得很有趣，但他们不能从中得到任何实质性的东西。另一方面，如果我们上传的只是一堆文字，那这个工作还不如交给会议记录员来做（而且他们会做得更好）。我之所以说你要“搞清楚”图文比例，正是因为图文比例的变化取决于资讯涂鸦的目的及受众。

诀窍13：让你的图像保持简单。

基本的图形就足够搭建一个视觉景观，足够触发你以及观看你涂鸦的人的记忆。在资讯涂鸦时，视觉语言的简洁与节制使用非常重要。这样做并不意味着你能力不足；而是为了让观众更轻松地把握内容——这才是我们的目的。作为一名资讯涂鸦者，最糟糕的莫过于在本应关注信息时突然心血来潮地埋头将某个东西画得极尽繁复。除非我们是在独自将一本书或一份文档转换成视觉语言——在这种情况下，我们尽可以通过繁复的图像抒发自己的心意。否则我们应该有意识地让资讯涂鸦中的图像保持简洁，因为资讯涂鸦中的图像是为了丰富、触发我们的记忆，而不是转移我们的注意力。

诀窍14：建立一个视觉语言词汇表。

视觉语言词汇表能够帮上大忙。它正是即时资讯涂鸦背后不为人知的小秘密（再加上一支黄色记号笔——不信，请看红色方框内的补充说明），它让许多资讯涂鸦者在即兴创作时表现出来的才能远比他们实际拥有的多。你预先将某个词语或概念转化成图像，然后将它们汇集起来，就成了一张视觉语言词汇表。在需要边听边快速地将听到的内容进行视觉化表达时，它是非常强大的工具。真正的资讯涂鸦者在踏进会议室前都会先想好待会儿要用怎样的视觉语言表达信息（那些真正热爱资讯涂鸦的人甚至会为每次会议专门设计一份迷你视觉语言词汇表）。[133]比方说，你要怎样表达“点子”这个词？（太简单了，画个灯泡。）“伙伴关系”呢？（一群手拉手的棍子小人。）“战略”？（一个棋子。）要想更好地在会谈期间捕捉关键内容，你最好建立一个自己的图像词汇库，熟练掌握它，并且在接触

> 黄色记号笔的巧妙运用是我在很久很久以前学到的，当时我在加州旧金山丛林咨询公司工作。这个技巧对于初学者来说非常好用，不管你想画什么，你可以先用黄色记号笔在纸上画一下。比方说，要是你不确定要怎样画一个正在试新鞋的顾客，你可以先用黄色记号笔画上一遍，做出相应的调整，再用深色记号笔填充黄色线条，你的观众根本不会察觉。你还可以用这个方法保持文字的整洁。画一条水平线（你可以反反复复地画，直到这条线足够直），然后在书写文字时以它作为基线，这样你的字就不会一路向下歪成一条抛物线。因为是黄色，所以观众几乎不会注意到它，除非他们刻意去找。

到不同主题的时候往里添加可以重复使用的图符。这个方法十分有效，而且它同时也能帮你树立自信。这一点是人都能理解吧。

好了！我们已经说完了所有的倾听技巧。我希望这些建议更多的是鼓舞你而不是让你沮丧。事实上，一旦你开始练习将听到的内容即时转化为图像，你很自然地就会体会到其中一些窍门。所以不要去死记硬背。我向你保证，一旦你开始练习，你很快就会在不知不觉中掌握这些方法，就好像它们早就藏在你的身体里。你只需要开始练习，然后等待它们自己浮出来。用不了多长时间，你就会惊异于自己高超的倾听技巧的。

优化书面文字：砍去页面上的枝蔓

如果你在本章一开始时就决定了自己永远不会进行即兴资讯涂鸦，只进行非即时的个人资讯涂鸦，那么这一部分就是为你而写的。可以肯定的是，非即时的个人资讯涂鸦也是一个非常有用的技能，单就掌握这个技能而言，你不需要学习如何倾听（虽然这将是你的一大损失，因为懂得倾听在生活中也是极其重要的）。你需要学习的只是怎样从纸面上去除冗余信息，以便进行图像化转换。所以在这一小节，我将教授一个简单明了的办法来去除页面上的不相干内容，这样你创作出的资讯涂鸦作品就能最好地适用于学习和记忆。还记得弗吉尼亚·斯科菲尔德吗？她利用个人资讯涂鸦通过了可怕的有机化学考试，顺利毕业，展开了大好人生！未来的你也能像她一样，成为一个视觉转换大师。

准备好了吗？下面我要向你介绍这个强大的工具，我称之为“实用主义者的剃刀”。

实用主义者的剃刀

一开始，我就告诉你我是一个实用主义者。我唯一关心的事就是学会把精力用在刀刃上。我可不希望你把某个文稿从头到尾一字不漏地通读一遍，然后根据什么名词啦、动词啦、动名词啦（动名词到底是个什么玩意？）之类的法则来分析你要删去哪些内容。相反，我设计了一些问题，它们能帮你决定课本或研究文献中的某段内容是否应该放到资讯涂鸦中去。

1. 这次资讯涂鸦的目的是什么？我是不是要将某个特定内容进行图像化表达？我们之前提到过这个，现在我们来深化一下。如果你的目的是通读某个章节以理清法国大革命的时间线，那么你可以将注意力集中在时间和事件上。你不需要去关注法国长面包的烘焙细节，除非有某个关于面包的故事不知道怎么地同法国革命关联了起来。明白了吗？永远要记住自己为什么阅读这些文章，不要被看上去很吸引人但实际上无关紧要的信息迷了双眼。除非你有时间那么做，这就引出了下一个问题。

2. 我有多少时间？或者说，我希望自己在这件事上花费多少时间？正如人们所说的那样，时间是一切的根本，所以在决定资讯涂鸦的范畴以及内容之前，先确定你有多少时间可以支配。越多的时间意味着你可以往资讯涂鸦中加入越多与目标直接相关的细节和信息。反之亦然。

3. 这条信息是否与我的目标相关？如果我需要向某个人负责，那这条信息是否与他的目标相关？如果答案是否定的，那就不要再把目光停留在它上面。如果答案是肯定的，就把它加入你的资讯涂鸦。打个比方：托马斯·爱迪生每天只睡四个小时是件有趣的轶事，但了解这个事实是否能帮助你理解白炽灯泡的工作原理？我不这样认为。但要是你正在研究爱迪生进行发明创新的方法，那么他的少睡习惯也许就有关系了。你明白我的意思了吧？

4. 考试中会不会考到这条信息？——换句话说，我是不是必须为了应付考试或工作学习这条信息？如果除了你自己之外，还有其他人希望你知道这条信息，那么你就不能将它视为不相干的，即便它无聊得要死。正是因为它无聊得要死，所以你才需要用有趣的图像化形式将它展现给别人呀。

5. 这条信息是否从根本上有助于我对主题的整体理解？它是核心内容还是细枝末节？你可以画一个同心圆来直观展现信息与主题的关联性，主题概念是圆心，然后画出一圈圈圆环，你觉得这条信息应该放在靠近圆心的地方还是最靠外的圆环处？知道应该将某条信息放在距离圆心多远的地方能帮你评估它是否应该被放进资讯涂鸦中。另一方面，如果某些信息能够更进一步阐释话题的核心理念，那它自然应该被看做有用的东西。即便它的确被放在了距离圆心很远的外环处或是从上下文看来与主题没什么关联，也别忽视它。

6. 从个人角度而言，我是否觉得这个信息很有趣，想要了解它？如果你对某些内容很感兴趣，大脑中又有足够的“内存”，尽管这么做。“实用主义者的剃刀”不是要强迫你忽略你感兴趣的东西，而是向你提供了一个途径，让你不至于偏离你所属的体系及担负的责任（你所处的体系指的是教室或办公室，担负的责任指的是你将面临的考试或工作项目）。既然学习这些让你感兴趣的内容不会让你花费太多（只是一些时间或心思），你当然可以去尝试。

7. 如果我计划以后将这份资讯涂鸦分享给观众，将这条信息加入，观众中会不会有人感兴趣？相反，要是我剔除了这条信息，他们会不会觉得是个损失？记住，虽然你是在私底下独自创作这幅资讯涂鸦，但这并不意味着它对那些需要学习其中内容的人没有用。如果你打算将自己的作品同他人分享以增长他们的知识，那么你就要考虑观众里有没有人能够从某些特定类型的信息中获益。这不是说你应该挖空心思为十九个不同个性和身份的人量身打造一幅资讯涂鸦，而是说你应该考虑到某些内容对那些最后可能将你的作品作为参考资料或教学工具来的人而言是有价值的。这样的资讯涂鸦者能让人觉得十分体贴周到，我们也要努力做到这样。

现在你已经了解了全部七个问题，这七个问题将使你在进行非即兴的个人资讯涂鸦时感觉轻松无数倍。我是基于我自己的亲身体验来汇编这些问题的。它们不是《圣经》，不是《古兰经》，不是犹太教律法，也不是《薄伽梵歌》。它们只是一些问题，任何人在时间有限但心里又有一个想要达成的目标时，都应该把它们拿出来自问一下。而且把它们明明白白地摆上桌面是非常重要的，因为许多资讯涂鸦者在决定将哪些内容进行视觉化转换时，凭的只是自己的感觉，在与主题相关的内容中，他们只会选择自己感兴趣的东西。如果你想走他们的路，只为了个人兴趣或是练习而创作资讯涂鸦，那就不要指望你的作品能够应付考试或是对传播知识有所帮助。资讯涂鸦者应该不以自己的感受为出发点来判定信息的重要程度。你的化学老师不会考你对原子的哲学思考。他只会考你原子的结构。你的老板不会对数据共享与民主的关系感兴趣，她只会希望你了解数据是如何跨平台转换的，这样你就能解释给客户听。当你自己练习的时候，作为一个自信的涂鸦革命者，尽可以独树一帜、独辟蹊径。在决定某些内容是否值得画成涂鸦时，尽可以选择你喜欢的问题。这些问题没有标准答案，只是为了给你提供帮助，为了让你的目光保持在目标上面，不至于迷失在不相关的内容中。

下面我要快速地为你举一个如何对书面文字做减法的例子，我从斯科特·伯克温的第56篇随笔《创造性思维技巧》中摘录了几段文字。为了让你有所启发，我将删除每一处没必要放进资讯涂鸦的文字，还对打算保留的信息做了红色标注。

我要做的第一件事是问自己：我的目标是什么？

我创作这幅资讯涂鸦的目的是打破自己对于创新的陈旧观念，准确地理解伯克温给出的建议。请注意，这是一个个人目标，而不是老板布置的任务，所以你可以只基于自己的需要来进行信息筛选。

接下来我要再问自己：我打算在这件事上花多少时间？

我还有许多其他工作要做，所以我给自己十分钟。我要提醒你的是，这个时间不包括资讯涂鸦的时间。因为这只是一次关于减法的练习，所以从现在开始让我们把注意力集中在“做减法”这件事情上，正如我们已经了解到的，在资讯涂鸦中，信息先于图像。

创造性思维技巧

开始记灵感日记。~~规则如下：不管什么时候，把脑海中蹦出来的~~任何点子记下来。~~这条规则~~没有例外：~~关于任何事情的任何点子都适用。这将帮你找到自己创意的节奏，随着时间的推移，你可以标出你在一天里的哪些时候产生的灵感更多。我建议你找一个纸质日记本，把点子快速地写或是画在纸上，不过电子记事本也很好使。~~不管什么时候你卡壳了，翻一下~~日记。你肯定会发现一个你已经不记得了的旧点子恰好能够解决你正面对的问题。~~

让你的潜意识发挥作用。~~你之所以会在洗澡的时候突然冒出许多新点子，是因为那个时候你足够放松，那些早就埋藏在你潜意识里的点子就有机会浮到意识表面。你还可以让这个过程变得更简单：~~找个时间暂时关闭你的思想。去跑步、游泳、慢跑、做爱，~~做一些与你正面对的问题尽可能不相干的事情。~~

逆向思维。如果你卡壳了，想想与你的目标正好相反的点子。~~如果你的目标是设计有史以来最好的专辑封面，那就换个角度，思考一下设~~

计有史以来最糟糕的专辑封面该怎么做。花五分钟逆向思考能让你从挫败感中走出来，让你开怀大笑，甚至让你战胜畏难情绪。你有很大可能会想到某个糟糕至极的点子，但正因为糟到极点，反而看起来还不错，这时你就能有所启发，回到自己一开始的目标。

转换表达方式。在表达想法的时候，每个人都有自己偏好的方式：画画、写字、讲话。如果你试着使用不同的方式来表达想法，会更容易找到新的点子。而且当你每次都使用不同的手段来表达同一个想法时，你对它的理解也会有所变化。这既是一种寻找新点子的途径，也能让你更深入地挖掘你正关注的想法。

参加即兴喜剧表演班。这并不像你想象的那么难、那么痛苦。它能教你一种思考创新技巧的全新途径。绝大多数即兴表演班的课程都围绕着嬉闹玩笑及派对式的游戏展开，能够让你学到将新点子应用在当场的方法：这对任何创意人士而言都是强大的技能。

找一个伙伴。许多人在同自己喜欢的其他创意人士待在一起时创造力会更为活跃。与他人合作一个项目，哪怕是待在其他正进行个人项目的创意人士身边，让精神保持活跃状态。而且，要是事情搞砸了，你也能有个搭伴喝酒的人。

别干坐着看东看西，开始动手去做。“创新”这个词是个动词。主动一点。站起来做事情。不要像个会计那样埋首书桌：你得动手去做，犯上一些错误，然后领悟自己的创新之道。所以关掉网页，开始去做点什么吧。

了不起的斯科特！真是令人惊讶！做减法竟然如此让人心满意足——就像把盘子全部扔到壁炉里，让桌面变得干干净净。如果你注意看我是怎么做的，就知道我采取了一种无情的手段来对这些文字做减法。我大刀阔斧地删去文字，让目光专注于对达成我的目标有意义的东西上。可能你刚刚也对这篇文章做了减法，但你看这篇文章的角度也许跟我不一样，你也许会更关注某些特定的建议，比方说在创新过程中与他人合作。我想说的是，这篇文章里没有任何一个词语具有天生的、永恒不变的价值。我们删去不需要的信息，是为了找到隐藏在它们中间的、我们需要的内容，然后以此为基础进行资讯涂鸦。

为了让你有更直观的了解，下面让我们来数一数我们删除的词语。这篇文章总共有447个单词，我将它删减到102个单词。这就意味着我们为自己的大脑减去了345个单词的负荷，同时依然领会到了所有的关键信息。冗余信息的清除率超过了77%！不要认为这是一次偶然事件。当我们学会了做减法，任何时候都能达到这样惊人的效果。

如果我们接着进行下一步，也就是将伯克温传达的信息图像化，我们还能更进一步地提高这些信息的认知价值。要让我们的大脑汲取信息，还有什么比先将信息简化，再将它图像化更好的办法呢？我对这个技巧做了一个总结：

视觉语言能够同时做到

缩略简化和详-尽-阐-释

请告诉我，除此之外，还有什么办法能完成这个了不起的任务？

当你带着这些新获得的强大工具，自信满满地走在我们正在建立的这个涂鸦新世界中时，别忘了知识的浩瀚无涯。请记住，当你不断磨炼清除冗余信息的能力时，不管是话语中的还是文字上的冗余信息，你其实都是在朝着这样一个目标迈着小小的但意义重大的步伐——让人类相互理解。哪怕只有一小会儿。

资讯涂鸦：整理信息的结构

这一章节是我最喜欢的部分之一，我们将度过一段轻松愉快的学习时光：建立对于资讯涂鸦的整体概念，然后从只包含文字的有限思考方式飞跃到全面地看待信息。这一章将让你们豁然开朗。在我们这个执迷于语言的社会中，在文字的基础上进行视觉转换这种行为，一开始光是理解起来可能都是违背直觉的，甚至会让人感觉不舒服，更不用说进行这种行为了。我回想自己为之付出的努力，简直就像昨天一般，请相信我，那真的很不容易。但我做到了，没有倒下，你也可以的。此外，我还要告诉你一个好消息！在我们的学习进程图中，你现在已经走到这里了。

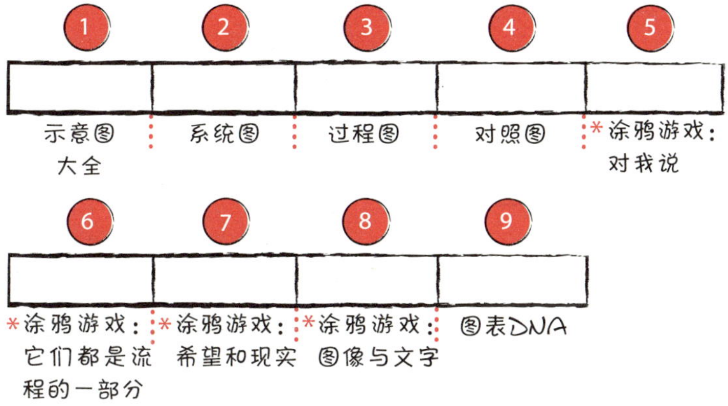

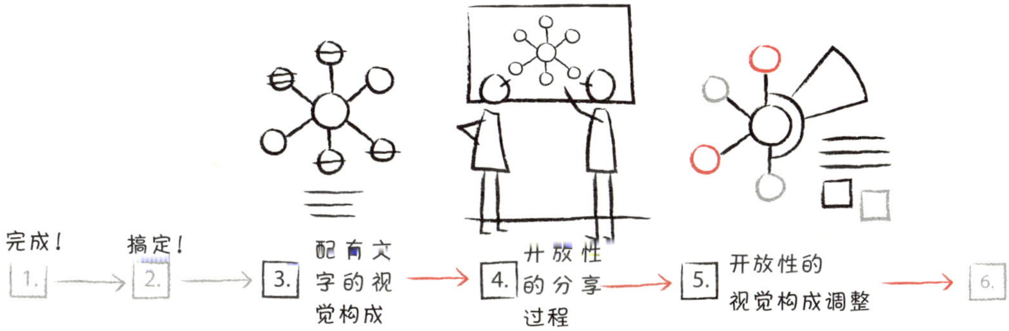

在这一部分，你将看到你迄今为止学到的所有东西真正汇聚成型。你将看到12种资讯涂鸦工具的实际运用，减法在资讯涂鸦中扮演的重要角色，以及视觉构成（也就是示意图）的实际效用。在这个章节，无形的思维模型将获得清晰明确的视觉表达。就像变魔术一样，砰！从无到有。下面我将拉起大幕，先让我举个例子，让你看看视觉构成能够怎样被运用在现实生活中：想想平时你们如何准备计划或是写论文，想想绝大多数人是怎样设计这些文本的外观。他们会花不少时间精心准备，而拿出来的东西通常看起来是这样（见下页左图）。

这种传统的形式也挺好的——我们可以在学校和公司里使用这种形式。但对于理解你要表达的内容、理清你想用来吸引观众的重点、了解他们的体验（不管是知识的体验还是情感上的体验）而言，使用一个图像化的结构将会高效得多。一个懂得运用视觉构造的资讯涂鸦者为发言做准备或是写文章梗概时会更像是右边这样：[134]

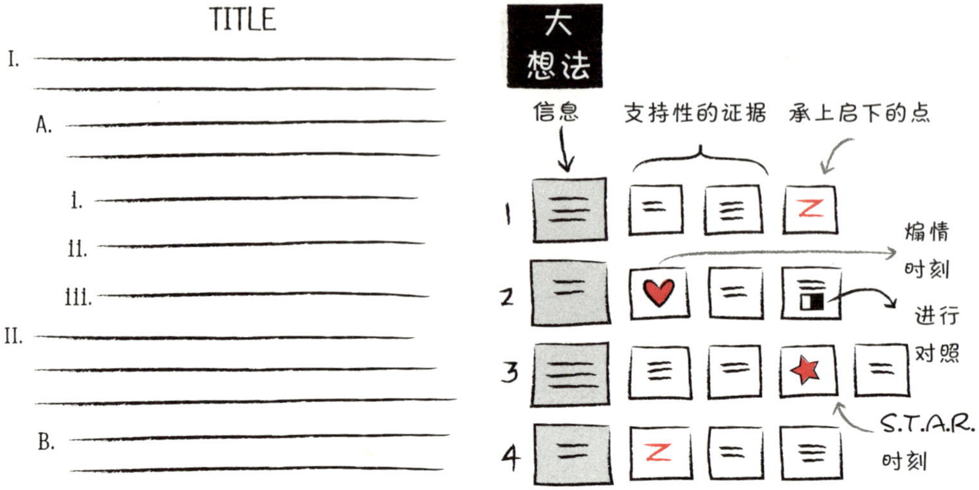

通过这个例子，你能对视觉构成为何如此重要以及它们能够如何被运用到现实生活中有个初步印象。我要提醒你，在这一部分，我们还把团队资讯涂鸦请上舞台，它是一种强大的技能，不仅能够帮助你释放思想力量，也能帮助释放你周围的人的思想力量。要做到这一点，你需要（并且爱上）示意图，注意看我的手。[135]变变变！看看这些神奇的宝贝吧！（见下页）

（假装）你一直在期盼的示意图大全！

我知道此刻你正在看着这一大堆五花八门的东西啧啧称奇。我把它们放到你面前是想让你作为参考。这会儿你不需要记住它们，甚至不需要理解。我只是想让你把它们搁进你的工具箱里，有了它们，余下的章节部分就有好玩的了。它们就是一个视觉上的热身运动，让你准备好开始下面的学习。

资讯涂鸦会用到的三种示意图：系统图、过程图、对照图。

现在我要发大招了，请保持专注。在我们继续前进之前，你需要了解一些事情，那就是：有价值的资讯涂鸦框架结构确实存在，而且它们与你正在进行的伟大事业密切相关。我偷偷地把它们写在了下页示意图例大全的侧边，下面就让我们真正地来了解它们，继续提高资讯涂鸦水平。放轻松，亲爱的涂鸦革命者，我会让这个过程轻松愉快并且惊奇不断。

最重要的资讯涂鸦框架结构只有三种。三种！所以告诉内心那个犯懒的自己保持冷静，继续前进。这些结构框架——本质上也是你对“为信息赋形”这个过程的不同理解方式——非常有用，超乎你的想象。这些结构框架最终要做的，是向你展示怎样处理你希望放到资讯涂鸦中去的信息。[136]我将用四段陈述来揭开它们的神秘面纱。

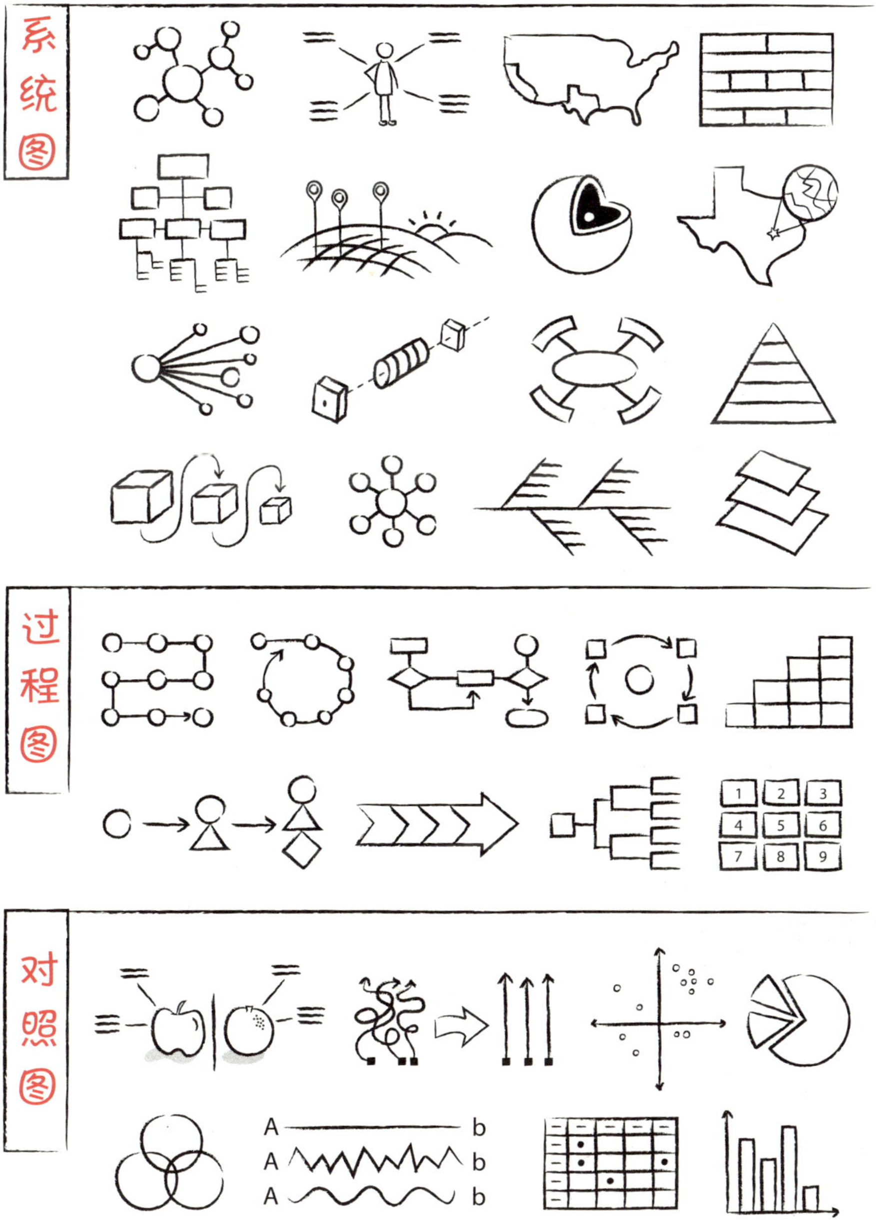

现在，亲爱的涂鸦者们，我想要你知道这些框架结构是存在的，但我也希望你知道，在这个我们正共同建设的涂鸦新世界中，你在涂鸦时有许多自由选择和灵活性。我给你这些结构框架，你可以把它们放进工具箱，可以依靠它们，但我也希望你选择不遵从甚至是改造这些框架结构，任何时候都可以。艾森豪威尔将军说过，计划是没有用的，但做计划是绝对必要的。我对这三个结构框架的感受也是如此。知道它们存在很好，因为它们能帮你构想计划，但当你有更好的点子时，也可以尽情地把它们放到一边。

现在让我们来看看这三个结构框架。你准备好了吗？

资讯涂鸦的三大结构框架包括过程图、系统图和对照图。它们加在一起，便是我们用来探究图表使用与视觉构造之间关系的全套工具。

让我们先来看看系统图。简单说，系统图是用于展示名词概念的示意图，是一个系统全貌的涂鸦化表现。它们可以用来表现现实世界中的人、事件和位置。[137]比方说，一幅美国的鸟瞰图、一幅银河系的涂鸦。这些示意图能够给予人们更宽广的视野。还记得吗？我们人类看待事物时，视野范围往往只有高尔夫球大小。系统图有助于扩展视野，使其更清晰。让我们有机会看到无穷的系统组织形式，比如供应链系统、财富分配系统、工艺技术系统。在分析系统时，它总是非常实用，因为我们每个人都身处大大小小的系统之中，很难真正做到跳出去以旁观者的眼光进行审视。

接下来，过程图。过程图旨在展示动作与过程。这些示意图通过展现机制与动作、过程与变化、起因与结果、解释与叙述来展示看待世界的方法。[138]过程图经常被用于寻找结论和做出决策，它们常常能起到让人豁然开朗的作用，特别是在需要对系统组织进行优化、调整与精简的时候。在工作环境中，它们能让无数枯燥的主题变得趣味盎然，就像纸杯蛋糕是怎样让你屁股上的赘肉变多的，或者是一条法案怎样变成一部法律（后面这条你肯定在学校里看到过）。

第三个结构框架是对照图。对照图与前面两种示意图略有不同，前两种可以展现名词概念和动词概念，其目的总是为了让观众对不同的状态、过程或条件进行比较。对照图能够展示在不同的情况下生活会是怎样——不管是过去还是将来，之前还是之后。在需要理解设立部门A与部门B的差异或是搞清楚男人们更喜欢金发女人还是黑发女人的时候，这种示意图也会很有价值。（对于后面这个问题，答案是两者都不喜欢。男人们最喜欢红头发女人了！）

因为我知道此时你正集中注意力学习这些东西，所以我想提前告诉你一个事实，这个事实可能会让你有些费解：这些示意图往往是相互包含的。在现实世界中，你肯定会遇到我们可以称之为“组合型示意图”的图表，这是一种同时展现了系统结构与动作过程的示意图。比方说一张详尽的地铁示意图，它就能同时回答你“这是什么”“这是怎样做到的”“在什么时间”“在什么地点”等问题，因为它同时展现了地铁系统本身的结构、展现了从A点到B点的不同方式，展现了不同车站的顺序，而且经常还标注了时刻。所以它既是一张系统图又是一张流程图。上面就是一个很好的例子，一张由查尔斯·约瑟夫·米纳德绘制的资讯示意图，展现了历

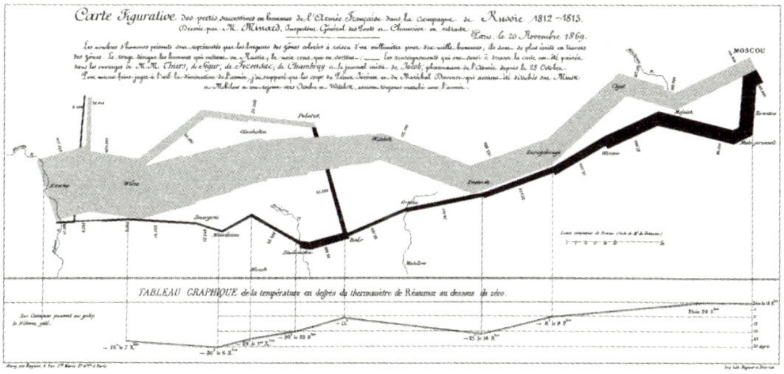

这张对照图显示了拿破仑的军队在1812年对俄国发起的战役中遭受的损失，非常直观地展现了在进攻莫斯科及之后的撤退过程中士兵的伤亡状况。示意图从波兰-俄罗斯边境开始，以较宽的灰色条带展现拿破仑军队进军的状况。较细的黑色条带则显示了拿破仑军队的撤退状况。每一次的士兵伤亡情况都标注了温度、时间以及重要的地标，这些图示连续不断，如大河奔流。出发的422000名士兵中，只有10000人幸存。用耶鲁大学政治学、统计学及计算机科学名誉教授爱德华·塔夫特博士的话来说，这张示意图“可能是史上最优秀的统计图表”，因为它以出色的设计生动地展现了历史内容，也深深地触动了人们。

史上拿破仑向俄国的那次灾难性的进军。它同时回答了“谁”“在哪里”“做了什么”“在什么地方”“怎样做的”（这一点描绘得尤其详尽）等问题，即展现了一个过程，也进行了一次对照，所以这是一张组合示意图（见上页）。

如果你曾为选择何种示意图而犹豫不决，我会告诉你我的诀窍。我通常首先明确自己使用示意图的目的。问问自己，如果选用不同的示意图，你最想展现的信息会不会被移除、改变或是被其他内容淹没。让我们来看看下面这张黑白的伦敦地铁示意图。

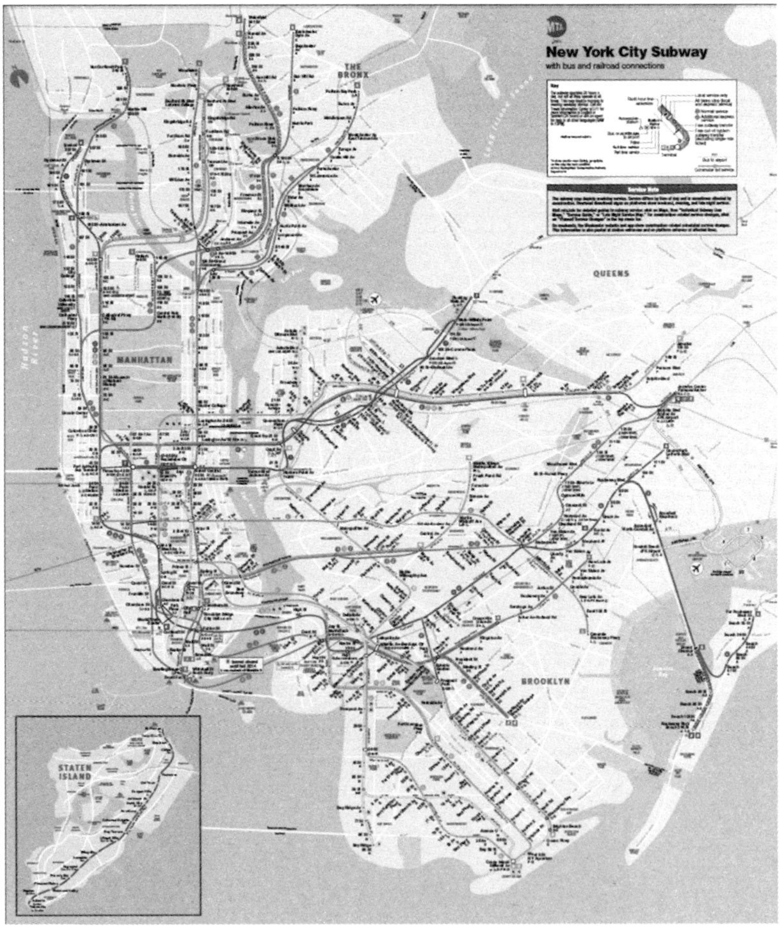

伦敦地铁示意图

这张示意图最重要的目的是让人们找到正确的地点。所以设计者们没有笼统地展现整个地铁的结构。相反，他们选择了一个折中的办法，标识出了地铁路线具体的结构（比如路线的长短、准确的位置以及中转的站点），以更好地服务于设计的目的。所以，我会说这张图更接近于一张过程图，而不是系统图，因为它更多地关注详细回答“怎样”这个问题。不过，只有当你想在建筑视觉结构方面更进一步时，才需要考虑使用组合型示意图。

说的够多了。现在让我们来看一些简单的例子，并亲自动动手。

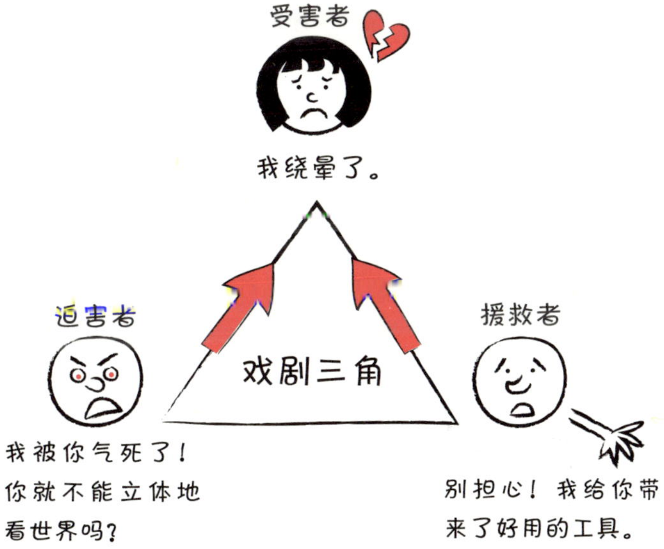

右边是一个以轻松欢快的形式表现出来的“卡普曼三角”，它是美国心理学家史蒂芬·卡普曼在1968年设计出来的图形，用来预测人类的互动，[139]也被称为“戏剧三角”。我们应该不惜一切代价避免被这个三角困住。你可能会认为这是一张系统图。它展示了三个名词概念并表现出它们之间的联系——“谁”“在做什么”。它能让你对这些小人各自扮演的角色有所了解，但它最终显示出来的还是一个机能失调的系统，如果这个结构不被打破，肯定没有好结果。如果删去多余的装饰，用最基本的资讯涂鸦形式表现这个结构，那就是一个三角形。从视觉上说，三角形就是对它最简单的描述。而为了让你更轻松愉快地理解它的概念，我还用了漫画家杰西卡·赫吉的卡通画对它进行阐述，也就是你右上面看到的这幅画。

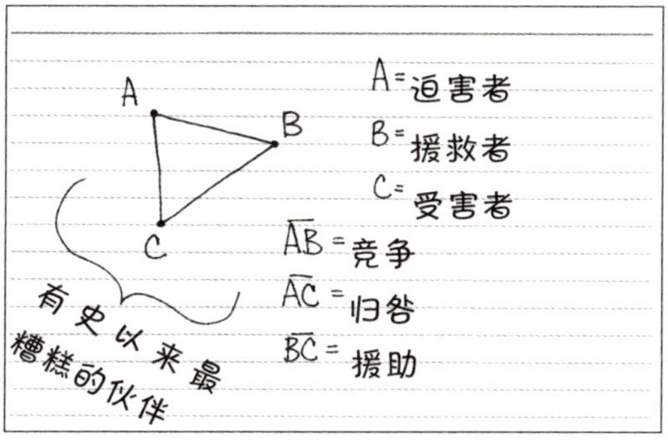

这个三角结构十分简单，却包含了信息巨大的沟通力量。下面有两张更为简单的示意图，以不同的风格对某个系统的组织结构进行了描绘。（第一幅比较整洁，我在画它的时候花了点时间修改完善。但绝大多数示意图都是人们下意识画的，所以会更潦草些，接下来你就会看到的。）

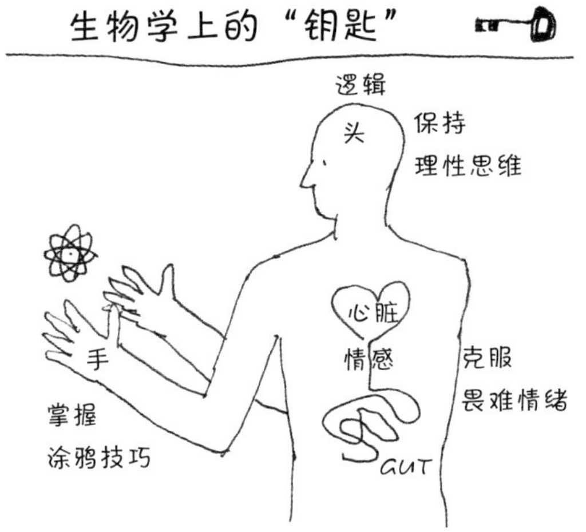

我要举的第一个例子，是一位涂鸦者[140]所称的“生物学上的钥匙”。它描绘了人体的三个部位以及它们相互关联的功能。这是一幅非常简明的示意图，使用了图像与文字的组合，看起来十分可信。你当然也可以将这三种要素列成一个文字列表，但为什么要那样做呢？它们很容易就能转变成一个视觉结构。你甚至可以说它们本身就更希望以图像的形式展现出来，而不是通过文字的形式表达。

第二张示意图用涂鸦的形式展现了互联网络在Facebook出现后的状态。漫画家休·麦克劳德的作品，它就像一张快照，展现了出版业、企业文化、数据乃至互联网自身的哲学意义在新互联网时代的不断变化，它涵盖了社会各方面的意见，能够很好地让观众思考这一世界范围的（换句话说，也就是我们每个人正在经历的）新兴秩序产生的影响。这幅资讯涂鸦的目的不是为了描述因果关系，而是为了启发交流——它描绘了不同角色及他们的想法，向我们展示了现实的概貌。

现在轮到你了。正如我以前说过的那样，我们都身处系统之中，问题的关键就是学习看清某个系统的组织结构并将其展现出来，这样我们就可以真正理解那个系统。接下来是两个关于绘制系统图的涂鸦游戏，你可以从中得到练习。各就各位吧，革命者们。

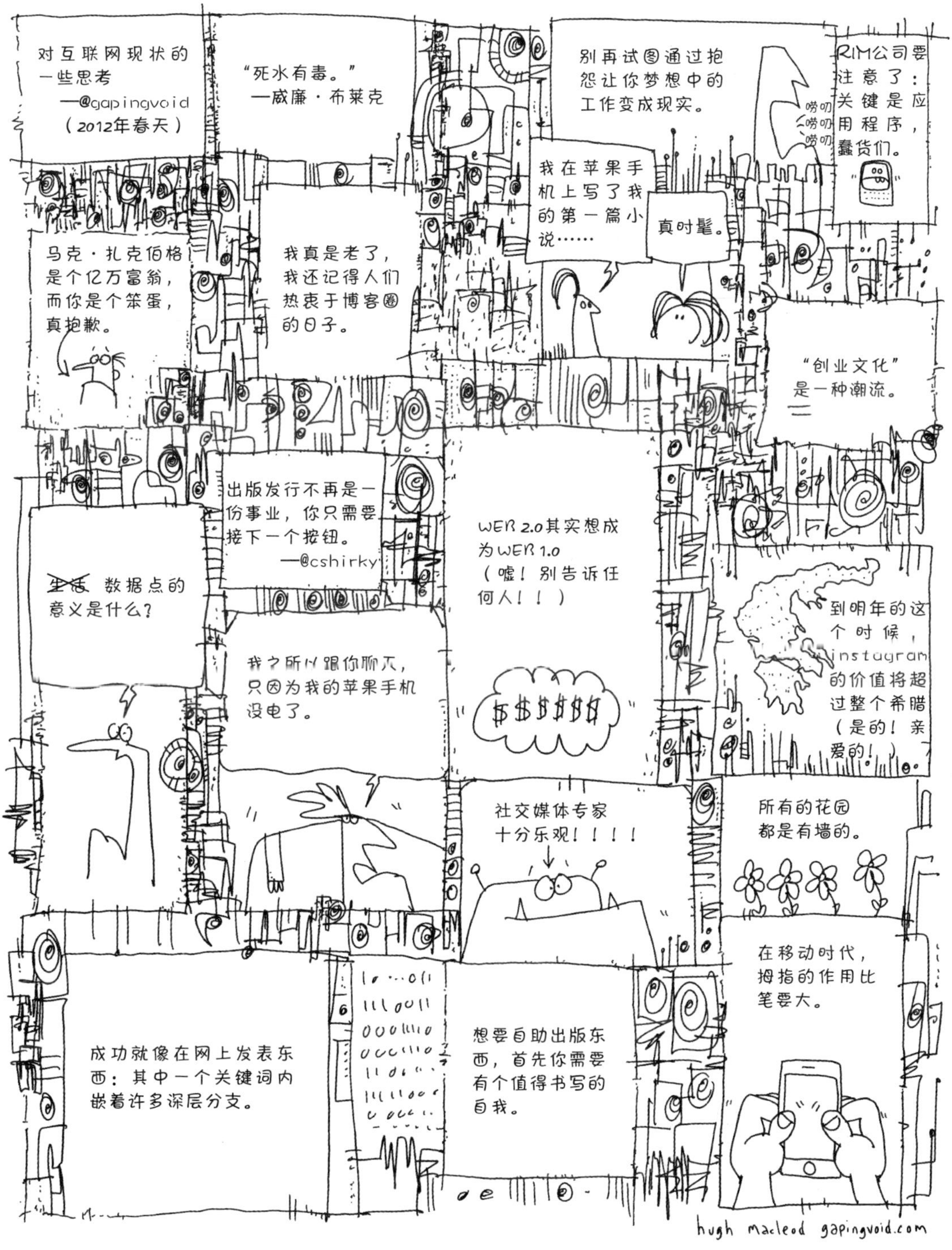

对互联网现状的一些思考
——@gapingvoid
（2012年春天）
“死水有毒。”
——威廉·布莱克
别再试图通过抱怨让你梦想中的工作变成现实。
RIM公司要注意了：关键是应用程序，蠢货们。
唠叨
唠叨
唠叨
我在苹果手机上写了我的第一篇小说……
真时髦。
马克·扎克伯格是个亿万富翁，而你是个笨蛋，真抱歉。
我真是老了，我还记得人们热衷于博客圈的日子。
“创业文化”是一种潮流。
出版发行不再是一份事业，你只需要按下一个按钮。
——@cshirky
~~生活~~ 数据点的意义是什么？
WEB 2.0其实想成为WEB 1.0
（嘘！别告诉任何人！！）
$$$$$$
到明年的这个时候，instagram的价值将超过整个希腊（是的！亲爱的！）
我之所以跟你聊天，只因为我的苹果手机没电了。
社交媒体专家十分乐观！！！！
所有的花园都是有墙的。
成功就像在网上发表东西：其中一个关键词内嵌着许多深层分支。
想要自助出版东西，首先你需要有个值得书写的自我。
在移动时代，拇指的作用比笔要大。
hugh macleod gapingvoid.com

涂鸦游戏：所有系统准备就绪，发射！

选择一个生活中对你影响最大的系统。它可以是你公司的组织结构系统、你日常使用的交通系统、你在家里最常待的房间的构造，或者是你所属的社会体系。想想这个系统中的各个部分（比方说人、公路、家具电器、社交活动），然后想想要是想把这个系统用示意图表现出来，这些组成部分应该怎样排列组合。用你的图像字母表为每个组成部分创建一个简单的代表图形，然后试着把它们放置在一个视觉化的场景中。如果你需要，可以回想一下我在之前让你看的那一大堆图例，借助它们创作不同的资讯涂鸦。不要想着第一次就能画出一张完美的示意图。要有意识地去发现系统的组织结构，同时避免做出过多的期望和计划。完成后，回顾一下你的排列组合。是不是少了什么？那些组成部分之间有着怎样出乎意料的关联？系统中的哪个位置最适合你？要是放在别的位置你要如何去适应？你可以添加些什么来改进这个系统？

涂鸦游戏：对我说

我在下面列出了沟通中会涉及的元素，我想让你将所有元素用下面三种形式的示意图展现出来。每个都有八个组成部分，所以你最终的排列组合会有八种变化形式。这个游戏的目的就是找出当你按照不同的排列组合展现这些元素时，会产生怎样的结果。在下面的空白处画出你自己的版本。每个小圆圈里写一个单词（如果你想大胆尝试下，也可以加上简单的图形）。当你进行资讯涂鸦时，想想怎样通过结构暗示信息之间的联系。想想哪种结构能够最清晰连贯地展示信息。要是没能做到这一点，想想是为什么？当内容与结构不是很相宜的时候，你对信息的理解会发生什么变化？

想法
意义
观众
作者
信息
形式
内容
语调

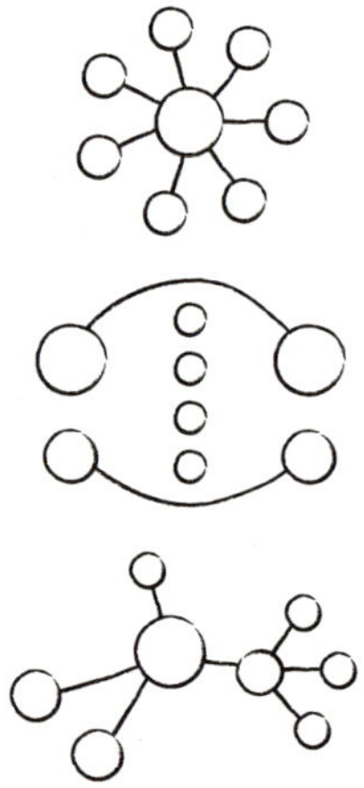

我希望这两个游戏能让你对用示意图表现系统的组织结构有更深入的理解。对那些完美主义者（我知道你们中有很多都是），我想说的是，如果你的涂鸦作品看起来就像喝醉的女人画出的彩妆一样乱糟糟一片，也别纠结。记住，资讯涂鸦者通过现实的视觉体验启发思考。不要在心里存有过于苛刻的期望。我们的不足之处就是我们的老师。下面让我们看一幅过程图。

你可以看到，这幅流程图展示了一系列行为，要是你采取这些行为，我保证你的客户会讨厌你。它关注的焦点是动词，是行为，同时加入了一些描述帮助观众理解。它告诉你"怎样"做某件事情。当然了，这是一个玩笑。千万不要在工作中尝试这样做，除非你明天就不想干了。

为了让你更加深入地理解过程图的概念，下面我还列出了两张过程图。像任何资讯涂鸦者绘制的示意图一样，过程图不需要在第一次就描绘得尽善尽美，甚

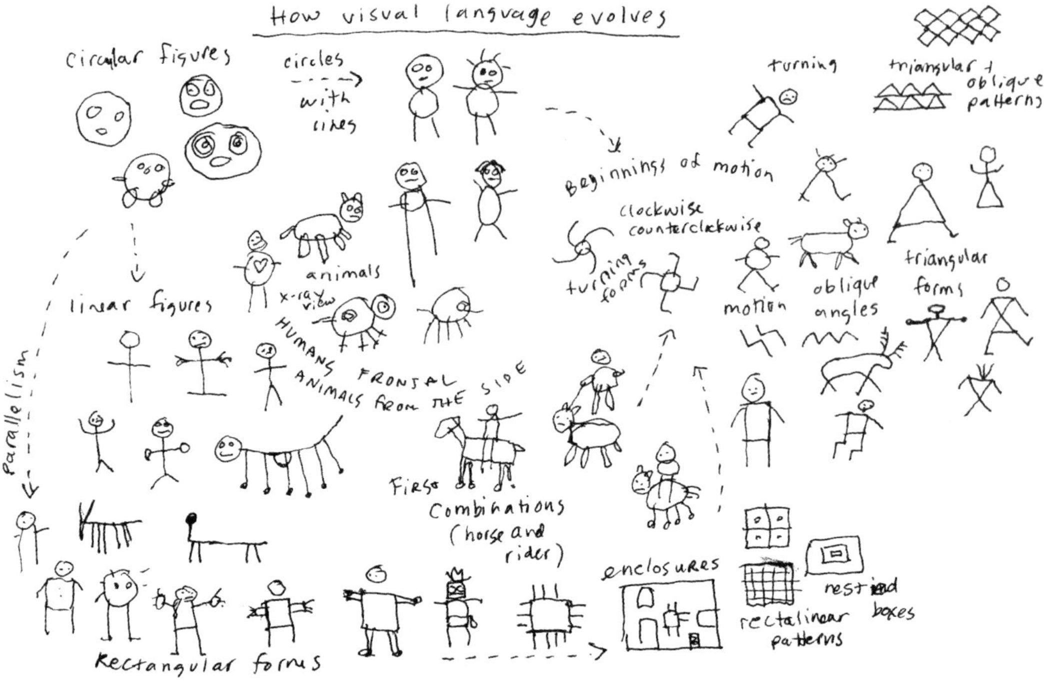

至不需要准确无误。你在创作它们的过程中可以任意划掉不想要的东西、可以画得潦草难看、可以突发奇想，这些行为都有助于理清我们想要理解的信息。

第一个过程图描绘了儿童是如何习得视觉语言的。在这幅画里，涂鸦者[141]描绘了使用视觉语言的能力是如何按照一个特定的顺序逐步显露出来。这既是一个生物学的过程，也是一个发展的过程，所以涂鸦者选择一种类似有机体的结构来表现，你可以看到图像字母表及十二种涂鸦技巧如

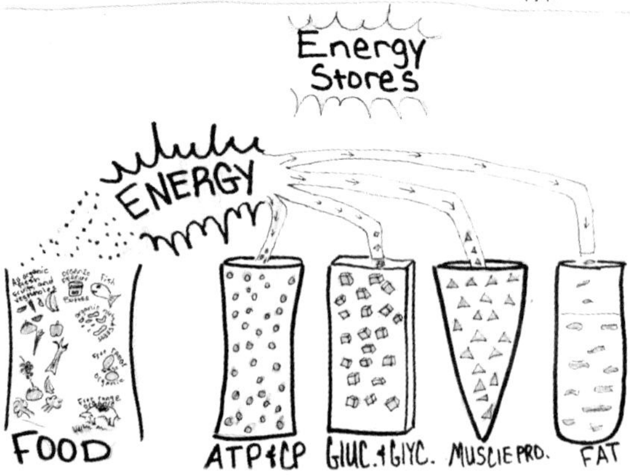

何达成了目的。

第二张过程图[142]展现了人体如何分解、吸收并储存食物中能量的过程。对我来说，这幅示意图很好地提醒了我选择健康食品的益处。显然，我需要在冰箱上挂上一幅这样的图。

你可以看到，无论涂鸦者如何致力于理解、展现这些信息，他们都没有一定要美化它们或是完善它们（也许有人会说这些令人眼花缭乱的线条反而让整张示意图显得更加可爱）。当你创作自己的资讯涂鸦时，就让它保持杂乱潦草的风格。当一幅秉承自然风格的资讯涂鸦诞生在你手中时，你过去那个“我不会画画”的理由就再也不是借口了。下面我们来做一个有关过程图的涂鸦游戏。

涂鸦游戏：
它们都是过程的一部分

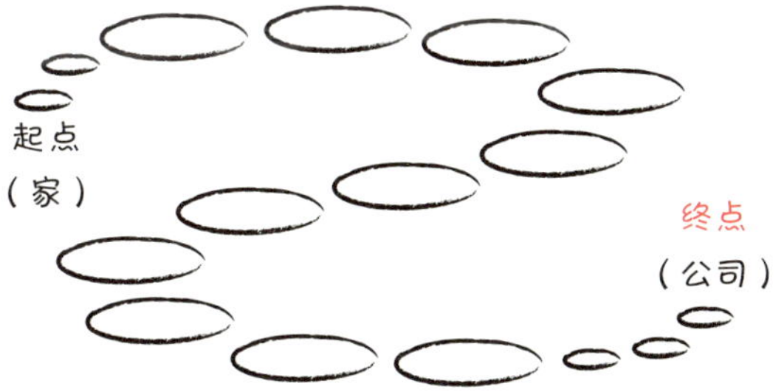

有一个过程，我们大部分人每天都要经历：准备去上班。在这个涂鸦游戏中，我想让你从头开始依次展现你在工作日做的事情。我已经在旁边给了你一个示范，但我画出来的步骤数量是随意的。所以当你在下边空白处描画自己的版本时，可以根据需要添加步骤。如果你喜欢，还可以在描画每个步骤时把你自己画进去。这对于练习涂画你自己的脸和形象而言是一个很好的机会。当你完成整个过程后，问问自己：我在早上做的这些事情中有哪件是我可以不做的？有什么办法改变步骤之间的顺序从而节省时间？在哪些步骤上我可以借助他人的帮助？我可以缩短哪些步骤的时长？哪些步骤我可以同时完成？

过程图的价值在于，它能帮助我们看到我们正在采取怎样的行动以达到最终状态，评估过程的正确性和有效性，以便了解这个过程，而不至于被过程束缚。在我职业生涯的早期，我绘制过一张过程图，展示了我们的产品销售与顾客之间的互

你是怎样去上班的（过程图）

动，正是通过那张过程图，我们发现我们没能兼顾全局——我们的产品销售缺少售后的步骤。哎哟，就像在看《回到未来》的电影！不用说，一旦你看到并接受了事实，问题就不再成为问题了，你绝不会忽视它的。

对照图

最后一种结构框架，对照图。下面这张资讯涂鸦展现了我理解中的着重发展知识经济的公司（结构紧密联系的公司）与着重发展工业经济的公司

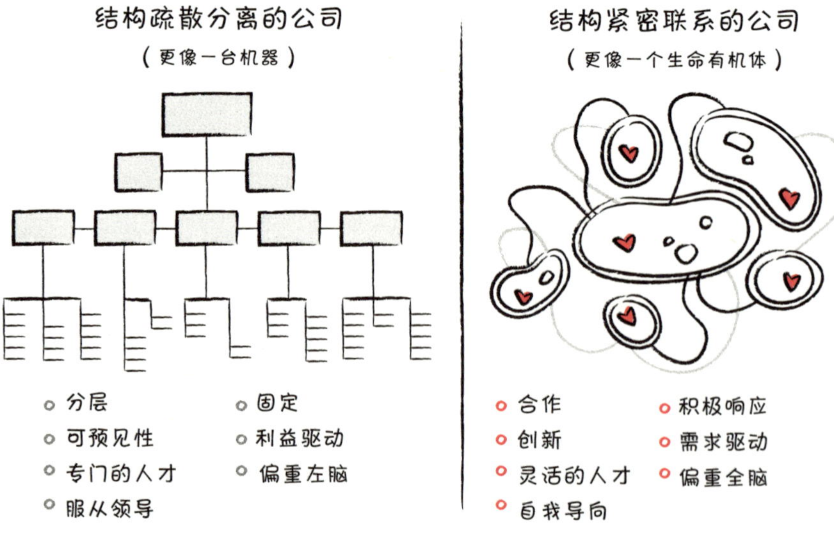

（结构疏散分离的公司）之间的区别。[143]这两种组织结构在不同的背景中各有其价值，但区分两者的经营方法与企业文化是很有必要的。上面这幅对照图进行的是简单的一对一比较，对观众来说非常直观，能让观众思考两者各自的优点和缺点，促使了想法的进一步深入。

正如你已经知道的那样，对照图可以同时回答“谁”“做了什么”“在什么地方”“什么时候”“为什么”以及（或者）“怎么做”的问题，因为它们同时包含了系统图和过程图，同时为列出的多个主题服务。你也许已经在很多年里一直使用（至少是看到）某种类型的对照图。数学爱好者和统计学家将它们称为统计表或统计图，比方说下面这些：

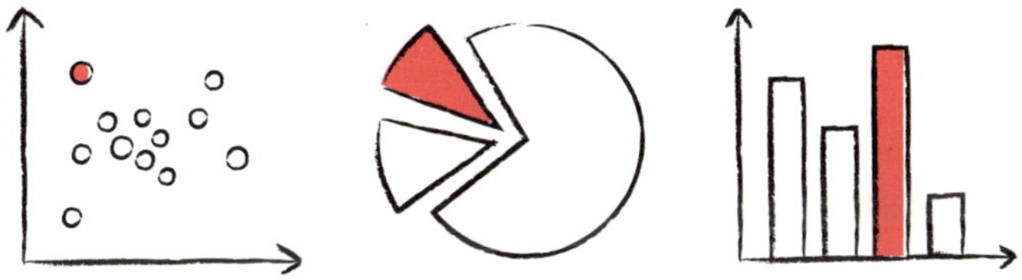

点图、饼状图、条形图[144]和线状统计图都是完美的信息视觉化展示形式，经过了许多个世纪，人们已经很好地接受了它们。但当你回头去看我们在本章节开始时列出的示意图大全时，你会看到，还有许多其他结构的对照图，不管是定量还是定性对比。追寻你的直觉找到最适合你的图形结构。下面我们来看看更多版本的对照图，以便让你对此有更深的理解。

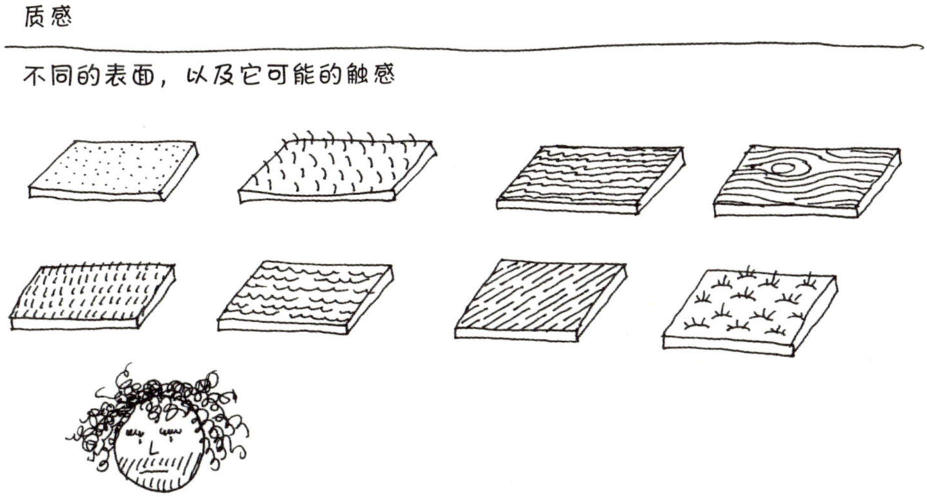

上面是一副材质对照图。这幅图简单有效，因为它严格达到了对照图想要达到的目的，也就是促使观众思考不同事物之间的相似与差异。虽然我们上面提到的那幅公司对照图是一对一的比较，但这幅图中的对照物要多出许多，但当你想在数量超过2的事物之间进行选择或是理解它们的关系时，这种对照图就能派上用场了。

你想把哪种质地的表面放在哪个地方？我会在白天把那个布满仙人掌刺的表面放在我丈夫的枕头上（我从小接受的是清教徒式的教育。至今我仍坚信午睡是一种罪过）。

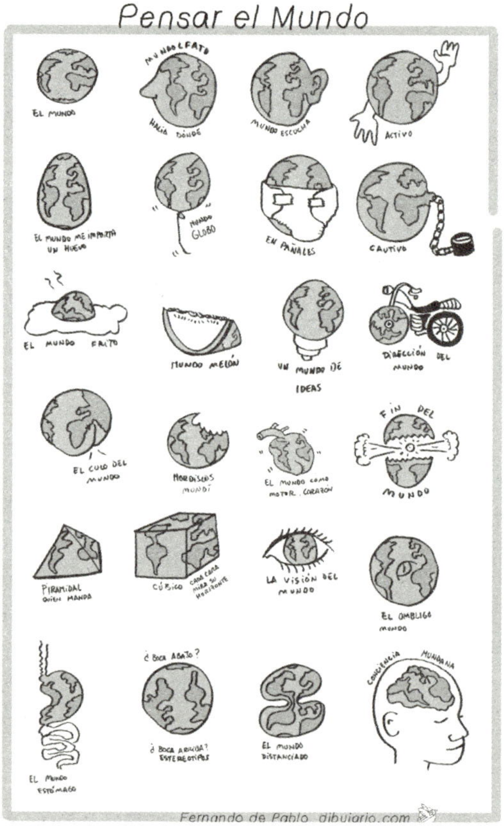

右面是另一种对照图。这张对照图展现了地球在不同阶段的样子。油炸的地球、切成块的地球、裹着尿布的地球。同之前一幅资讯涂鸦一样，这幅对照图也列出了不同的选项来刺激人们开始比较。人们就是忍不住会这样做。当我们开始把不同的事物并排放在一起，我们就不可避免地会将它们联系起来或是割裂开来思考，思考它们的意义、用途、种类、可能性，当然了，还有相似性和差异性。

你明白我的意思了吧。对照图同任何出色的示意图一样，能够触发人们对事物更进一步的探究。这从根本上来说是一件好事。

涂鸦游戏：

你必须通过涂鸦游戏来真正体验资讯涂鸦的过程。这就是一个检验现实的思维游戏，让你可以尝试

绘制你自己的对照图。我对这个游戏的别称是“该死的”。它给人的感觉如下。

现实的生活

理想的生活

地球上绝大多数人都会觉得自己的现实生活不理想。在这个游戏中，我要你将这种差异用资讯涂鸦的形式表现出来。你可以选择现实世界中自己感兴趣的任何方面——政治、经济制度、文化体系、宗教信仰、行为、人际关系，我们的成长经历、教育经历，我们怎样成为现在的自己，我们的公司或学校状况等等。开启你的想象，画出两种不同的场景——一种是它在现实生活中的样子，一种是你希望它具有的样子。也许对你而言这两者并无区别（如果是这样的话，请再接再厉）。如果它们有所不同，将它们的差异展现出来。你可以使用辐射状的结构或是一连串分镜头展现它们。尽情在纸上挥舞画笔。一旦你画出了一张对照图，花一些时间来想想哪些差异是你可以接受的，哪些差异让你觉得必须做出改变。想想事情为什么会是现在的样子，它们怎样变成了这个样子。（这个因果过程又可以画成一幅过程图。）在下面的空白处动起手来吧。运用你已经学到的技巧。如果你觉得这块空白还不够大，那就找一些白纸来画。

涂鸦游戏：图像与文字

接下来的这个思维游戏将对我们一直在探索的两个强大工具进行对照：图像与文字。下面这张照片是蒙大拿州鲍曼湖的风景。我给出的文字是“美”。在这个游戏中，我想让你思考一下这张图片和这个字之间的区别。在功能性、创造性、解释性、使用性、感受性、价值性及沟通性等方面进行探究，然后将你的感受与想法画成一幅示意图，你可以分别以照片和“美”这个字为中心画出辐射状的示意图或是树状的示意图。如果需要的话，闭上眼睛在心里体会一下两者的区别。想想照片让你想到了什么，然后把它画出来；然后想想“美”这个字，看看它又能让你想到什么。这个游戏就是让你意识到图像与文字这两种工具在使用过程与用途上的差异。文字和图像都是了不起的工具。但就像雕塑与书籍一样，它们并不是一码事。想想这些工具的本质（如果你喜欢，可以用上我之前提到的那些标准），然后将你的想法画出来，这样你就得到了一张双重的思维示意图。

要注意，聪明的资讯涂鸦者也许能注意到这个游戏还能让你练习怎样通过创作两幅并列的系统图来进行对照。正如我之前指出的那样，对照图通常同时包含了系统图和过程图。简直就像受到了上天眷顾一般。

勇敢的革命者们！现在你已经抵达了框架结构部分的结尾处。对你们中的一些人来说，这个学习过程可能有点费劲，但没关系。面对庞大复杂的信息，想要轻松愉快地决定采用何种框架结构并不总是那么容易的事情。一开始你很可能会毫无头绪，甚至会走许多弯路、遇到许多挫折。你要记住，当你深入探索、练习使用这些框架结构时，你首先需要问：我想把这幅资讯涂鸦画成系统图、过程图还是对照图？我想要的视觉结构是怎样的？如果你想展示的是你的IT系统如何在不同应用间进行数据的虚拟化与转换，那你需要的就是一幅过程图（这会是一个艰难的挑战）。如果你想要展示两个企业之间的区别：一个规模较小但有着专业的销售队伍，另一个规模较大但销售队伍全是新手，这时你就需要一幅对照图了。如果你想画出全世界好吃的面包，那你就需要一幅系统图。而且之后你还需要去趟食品杂货店，因为你肯定觉得饿了。

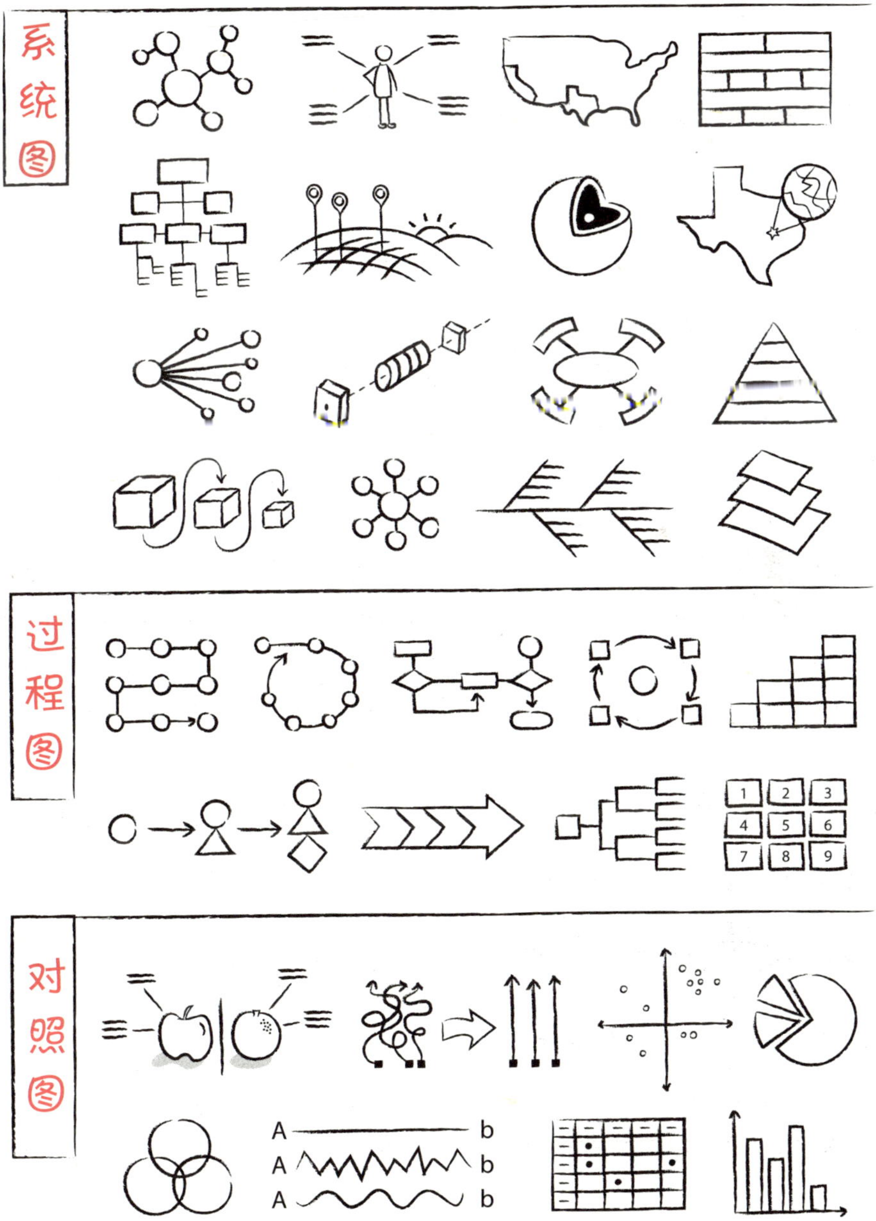

我在本章节一开始列出示意图大全的目的，是让你在决定采用何种资讯涂鸦结构框架时有视觉参考。如果你已经用心灵的眼睛看到某个事物用何种方式展现出来最好，你可以回顾一下这些参考图例，让它进一步支撑你的思考过程。比方说你选择了系统图作为资讯涂鸦的框架结构，然后你就可以从系统图的图例中随意挑选一个，快速画出一个大概样子。不要去想你挑选的这个结构是否理想。除非你已经是个非常熟练的资讯涂鸦者，或者你头脑中建构的信息已经与某个图例大致相符——如果真是这样，那就是一个大大的惊喜。关键在于，你将在不断挑选与尝试的过程中找到最合适的结构样式。同时，在这个过程中，你还会看到信息正通过你未曾预料的方式得到处理。资讯涂鸦具有的力量会不断带来惊喜，而这只是其中之一。在这里，我要再一次将示意图大全展示在你面前。

对示意图进行定义

尽管示意图有点类似于色情画——你看到的时候就知道它是什么——但还是让我们对示意图下一个明确的定义。示意图可以被定义为一种二维的、具有象征性的几何图形，用来表达信息（换句话说就是那些长长的复杂的话语）。这就是所有那些小小图表的本质。它们为你提供了一个视觉结构，你可以放入想法，然后将这些想法进行组合排列，更进一步地挖掘它们。因为示意图对于交流有着如此高的价值，所以你能在许多资讯涂鸦者的作品中看到它们。下面就是从设计师麦克·罗德的笔记本中选取的一页。[145]你可以看到他使用的示意图，自然可爱得就像婴儿的小屁股。我之前为你提供的示意图大全里有大概一打也是他曾用过的。你可以再回头看看。你会喜欢上它们的。把它们画到纸上。它们是那么棒。

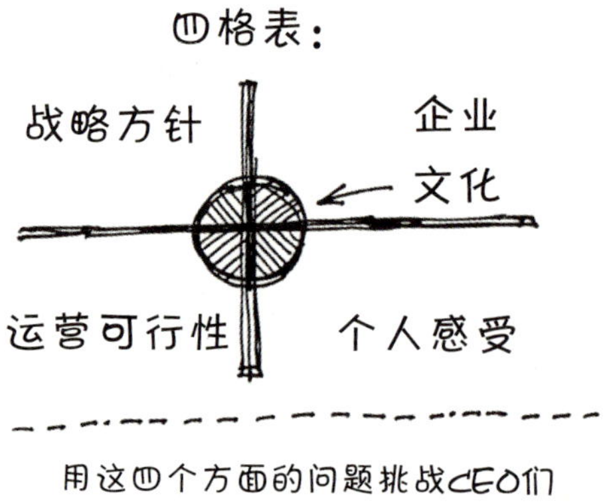

下面我要说一个关于示意图的有趣事实：它们经常本身就构成了一幅完整的资讯涂鸦，同时你也可以将它们看成资讯涂鸦的组成部分。它们既可以是局部也可以是整体。你是不是觉得我在讲天方夜谭？不是的。视觉构成的优点之一就是它既可以被看作一个整体，也可以被分解成许多小的组成部分。从这个方面来说，示意图可以被看作分形的亲戚，分形是一种完美的几何形式（我相信是由仙女们发明出来的），它可以被分成许多个部分，而且每个部分都是整体缩小后的形状。换句话说，面对一个分形，不管是凑近了看还是跑到老远看，你都会看到一个同样的形状。它就是一个自相似的存在。我可不是在开玩笑。你在现实生活中可能已经看到过许多分形了：闪电、贝壳、雪花、花椰菜[146]和羽毛。想想看是不是这样。

现在，让我们把目光转回资讯涂鸦，我们同样可以在资讯涂鸦中看到这种自相似的结构形式，我称之为“元结构”和“微观结构”。有时我也会按照自己的喜好将它们拟人化，将它们称为“母图”和“子图”。了解这一点对你很重要，因为当你设计资讯涂鸦时，你可以选择先构建一个次显微结构，也就是“母图”，然后在它的基础上，绘制各种各样的显微结构，也就是“子图”。如果用视觉化的形式表达，我的意思就是这样：

在这一章节中，我为你提供了一些视觉结构的范例，你可以在资讯涂鸦时用它们绘制系统图、过程图和对照图。如果你打算将某些内容转化为图像，那么当你看到这些结构样式时，你的思想就开始启动了。这些结构框架并不会在你进行资讯涂鸦的过程中限制你。你尽可以依照你要处理的信息将它们混合杂糅，创作出最适宜的结构框架。基于这个原因，我觉得你会很高兴看到下面的内容。

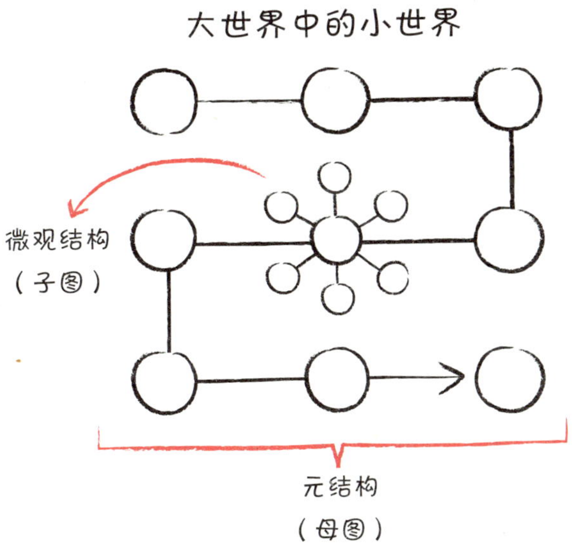

具有图像DNA的信息

还记得我们对知识的描绘吗？是的，你可能会很高兴地发现，在知识体系中，有那么一些信息特别为我们着想，天生就具有最适合展现为视觉形态的结构。这是真的，这些信息具有一种资讯涂鸦DNA，内里藏着不同的视觉结构。虽然我们中的大多数人（我相信也包括了你）不经过一番练习与努力，是不能马上看出这些结构的。[147]但是，就像重力和臭气一样，它们就在那里，终归能让你感觉到。资讯涂鸦DNA所具有的这种天然隐蔽性也再次强调了我们之前提到的原则——文字内容必须先于视觉构成——我们必须先有一个原始版本的文字和数字，必须以它们为基础探寻将其放进某种示意图的方式。下面我举了一个例子，它向我们展示了不遵循内容先于结构这个原则的后果。你可以看到，它很快就让你感到混乱和迷惑。

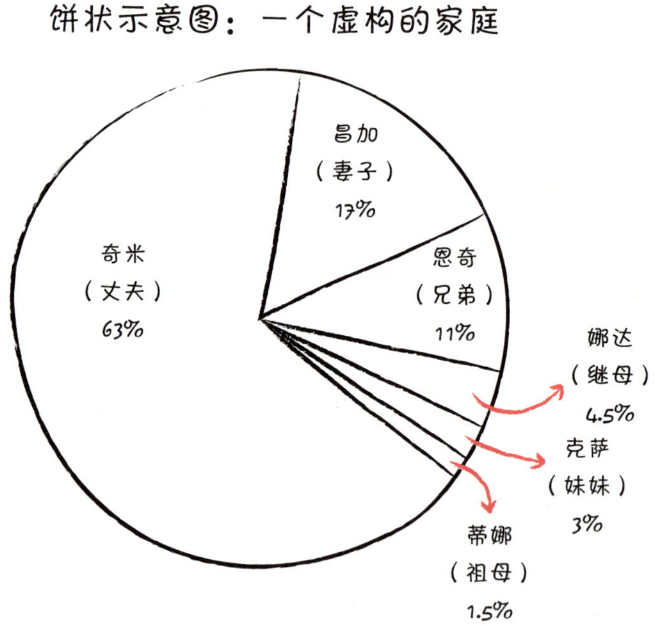

你可以看到一个以饼状图展现的家庭结构，但它的效果十分糟糕。你尽可以花费大把时间在这个饼状图里画来画去，但它永远不能正确地说明这个家庭里各个成员之间的关系：谁生了谁、谁在这个家庭里扮演着怎样的角色。这个示意图表达的意思支离破碎、毫不连贯，如果你试图用一张柱状示意图表现全球军火销售的出口途径，也会产生同样的效果。要是你打算表现奇米分别同每个家庭成员度过了多少时间，或是昌加同其他成员在外表上的相似程度，用饼状图就很合适。而当你想说明一张墨西哥辣椒肉馅玉米圆饼的配料比例或是对比两种不同玉米圆饼的配料成分时，柱状示意图就能有出色的表现。

我不想让你觉得，为了成为一个资讯涂鸦者，你首先得成为一个运用图表的大师——事实刚好相反。记住，你不需要了解每一种已知的示意图。你可以在下一章节的游戏时间继续对它们进行探究（此外，从某种程度上说，你也可以在你的涂鸦生涯中不断探究）。我要求你记住的只有：某些特定的信息会很自然地将自己引向某种特定的示意图，相反，某些特定的信息不能自动代入某些特定的示意图，因为有些信息天生就具有图像DNA。在浩瀚无边的知识宇宙中，它生来就同某种结构形式相契合，其他任何结构都不能更好地表现它。明白了吗？

现在你已经了解了示意图DNA的概念，下面我还想向你指出重要的一点：你在看到某条天生带有图像DNA的信息时产生的预期也许远远高于你实际创作出来的资讯涂鸦作品。资讯涂鸦的创作是即时进行的、现场进行的，你没时间去仔细分析；它们是自发而大胆的即兴表演。换句话说，一位表演型资讯涂鸦者没时间磨磨蹭蹭，推敲何种示意图是最好的。她必须尽可能快地对信息进行视觉化处理，所以最后采用的框架结构很可能并不是完美契合信息内容的。但在这类资讯涂鸦中，这样做也是可以的。涂鸦者不能因为挑选最适宜的框架结构而错过纷沓而至的信息。

但当你能够以自己的步调创作资讯涂鸦时，你的确可以反复推敲何种视觉构造最适合你要处理的信息。涂鸦者尽可以反复尝试每一种可以想到的视觉构造，直到信息内容与视觉构造完美契合。但要记住，首先你要把注意力放在内容上——至少要先得出一个大概的视觉构想——然后再尽情享受图像与文字的激情碰撞。内容与示意图可以互相磨合，直到完美契合。在这个过程中，你可以利用示意图图例大全，也可以从书本、网络以及你的想象中找到无数图例激发灵感。所有这些只需要你拥有探究的意愿。

我亲爱的朋友们，现在，你们已经掌握了进入下一章前需要学习的全部内容。你已经可以对简单的事物和隐晦的比喻进行视觉化转换了。你已经可以对信息进行修剪，找出其中最重要的部分了。你已经可以将信息嵌入示意图之中。现在你要做的就是熟练掌握团队资讯涂鸦。迈出这一步，你的世界从此将大不相同。

第五章

将资讯涂鸦带到工作中去：改变我们在团队中的思维方式

团队资讯涂鸦：改变人们的工作方式

亲爱的资讯涂鸦者们，欢迎来到学习之旅的终点，看哪，你已经走了这么远！你马上就要进入如下所示的第6步，你正站在涂鸦世界的最后一道大门之前。迈进去，你便成为一个伟大的革命者，成为一个恢弘愿景的一份子。我几乎抑制不住我的兴奋之情了（我也不知道自己为什么会这样）。

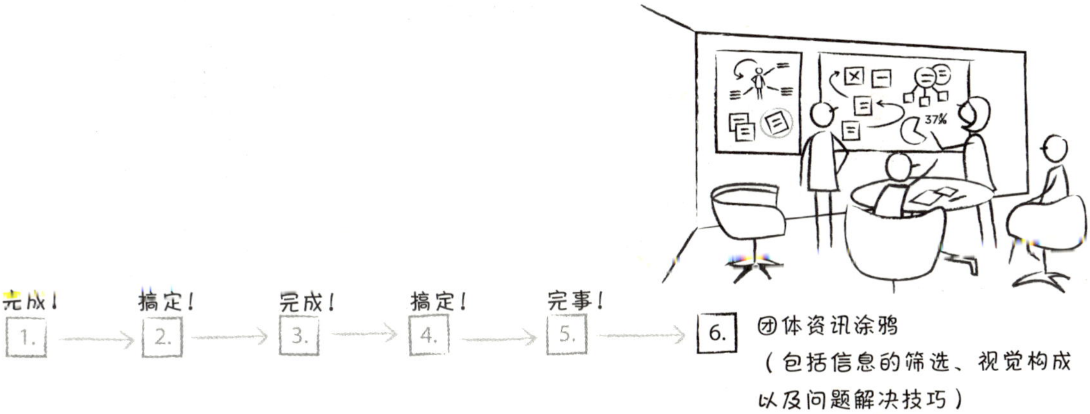

既然一路走来，我们已经共同翻越了那么多座高山，你此时肯定已经或多或少了解了团队涂鸦将带来的好处。现在我们知道，我们身处一个浩瀚的知识宇宙中，借助团队资讯涂鸦这种可靠的资讯涂鸦技巧，我们便可以大胆地探索无尽的知识。可以尽情地发掘、审查、筛选、发散、深化、应对微小的信息片段，正是无数这样的信息片段构成了我们的认知领域。团队资讯涂鸦与其他类型的资讯涂鸦有所不同，它堪称资讯涂鸦的进阶形态，有着最为复杂的表现形式，更为实质化，更能让人有身临其境的感觉，更有利于团队的互动。在进行这种涂鸦的时候，我们可以在轻松愉悦的气氛中一起涂画、思考，不再受到个人有限眼界的限制。说真的，想到这样的场景，我又是高兴又是激动。

在开始这段旅程之前，我想先告诉你们两件事情：首先，我想先快速地为你们呈现一个现实世界中的场景，让你们看看资讯涂鸦是如何在一个全球规模的大公司里促进知识创新的；其次，我要为你列一张清单，告诉你进行团队资讯涂鸦所需要的工具。别误会，你当然可以用树枝在沙滩上进行团队资讯涂鸦，但像往常一样，我关注的是你在现实生活中最有可能运用到这一技巧的情境。

促进创新，资讯涂鸦的风格

某天，一个特大规模的电信公司，管理者发现了一些令人不安的事情：

因为这种新兴产业的企业做起事来都很积极，所以这个问题不会搁置下去。于是呢，这个大公司便邀请了一位了解他们技术的涂鸦大师来解决这个问题。

为了解决这个问题，我同这个团队花了两天时间进行资讯涂鸦，做了一系列思维实验。两天过后，这支由十二人组成的团队成功地设想出了五项专利技术，并分别绘制出了每项专利的蓝本。这五项专利技术以前从未出现，而且本不可能在接下来的七到十年间出现。换句话说，这个团队利用资讯涂鸦取得了飞跃性的成果。

孵化富有远见的新科技是一项莫大的挑战。我们使用的这种从视觉到思维的方法之所以如此有效，是因为它为我们提供了一个团队共享的视觉空间，在这里，我们可以变换视角，对信息进行分析、处理和创新。它让我们获得了更多表达想法的途径，进而让更多新点子的诞生。如果没有资讯涂鸦的帮助，我们想要取得这样的结果可能会花上更多时间，说不定永远都做不到。

现在我想让你快速浏览一下我称之为“资讯涂鸦流程”的东西——它是通过一系列的思维练习编织起来的文字、图片和活动。这些流程堪称真正的“问题解决机器”。下面我为你列出了解决上述大电信公司遇到的问题而进行资讯涂鸦时实际采取的流程步骤。了解这些步骤将有助于你为接下来迈向资讯涂鸦大师的旅程做好准备。当然了，你现在还不知道每个步骤具体涉及哪些东西，但在本章接下来的部分，我将为你们一一揭晓。

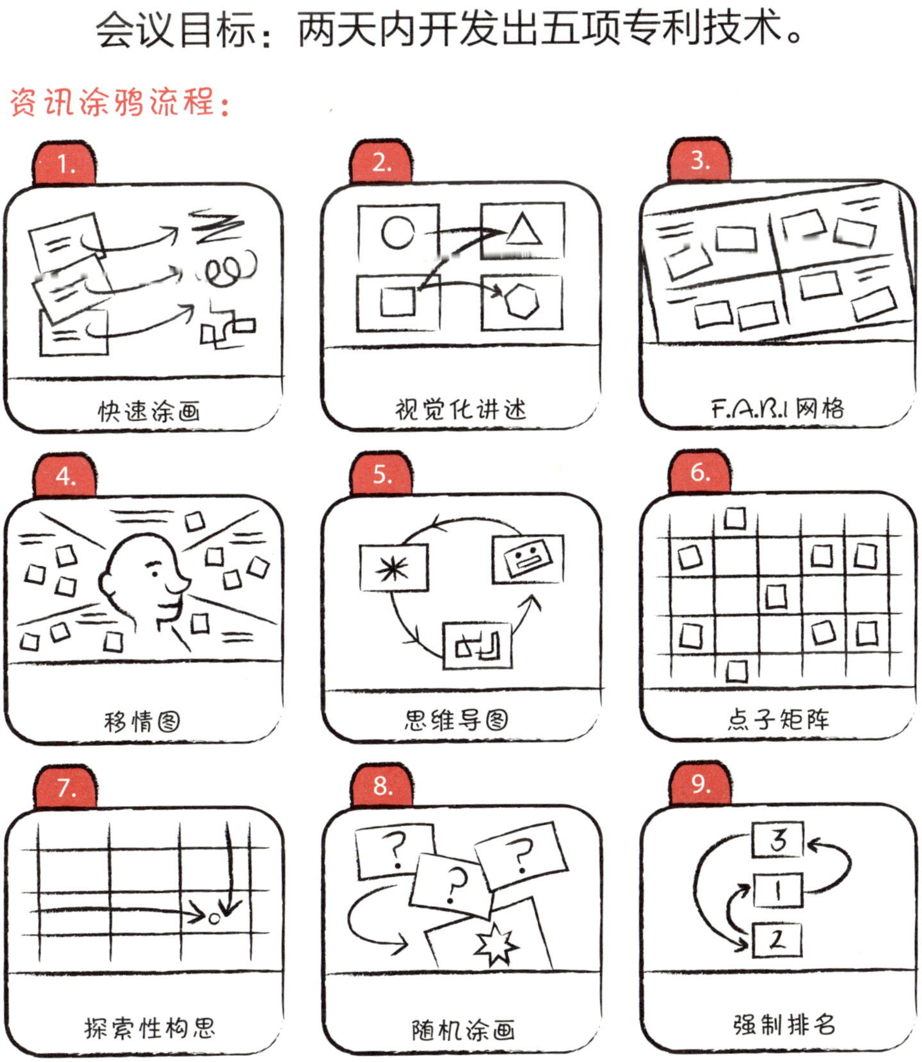

现在我希望你与生俱来的涂鸦直觉已经让你察觉这样一个事实：在同团队一起工作时，简单的视觉语言蕴含着巨大的力量。涂鸦革命的信念之一便是：如果我们邀请人们同我们一起解决问题——不管是什么问题——在这个过程中，他们理应借助一切可以借助的工具。鉴于人类的进化过程，我们对于涉及视觉和动觉信号的工具反响总是特别好，所以从理论上说，我们早就对使用这类工具做好了准备。这也是涂鸦带给你的悟性提升之一。在这一章，你会看到15种资讯涂鸦行为，它们在不同的资讯涂鸦流程中，帮你解决工作中常见的问题。在介绍它们的时候，我还会为你提供丰富有趣的小贴士。

在这里我想提醒你一个重点：以我的经验来看，在一个需要协同合作的环境中，嵌入思维练习的视觉语言是涂鸦最高级的表现形式之一。如果你属于项目主持人或会议领导者的类型，就应该知道，在项目研讨或工作会议中，会议流程以及由主持人设定的整体基调会极大地影响团队的思维水平及习惯，进而影响会议结果。所以团队资讯涂鸦活动最好由会议主持经验丰富的人来主持，或者是在一个倡导冒险精神、对涂鸦持友好态度的企业中进行；但我要告诉你，事实上，任何人都可以主持团队资讯涂鸦。

如果你不属于项目主持人或会议领导者的类型，那么接下来这个部分将呈现这样一个事实：你不需要是这种类型的人，也可以利用涂鸦提升你在团队工作时的思考能力。

你只需要在学校或办公室里准备好下列物品：

1.尺寸合适的视觉空间。它可以是一块白板、一块黑板、铺在桌面的空白纸张、贴满空白纸张的墙壁、挂图板、刷上IdeaPaint涂料[148]的房间、一块交互式的电子白板，或是iPad、平板电脑或笔记本电脑——你可以在它们的屏幕上涂画。你需要一块足够大的地方涂鸦，好让更多的人一眼就能看到，哪怕他们并没有直接与你的涂鸦作品产生互动。[149]

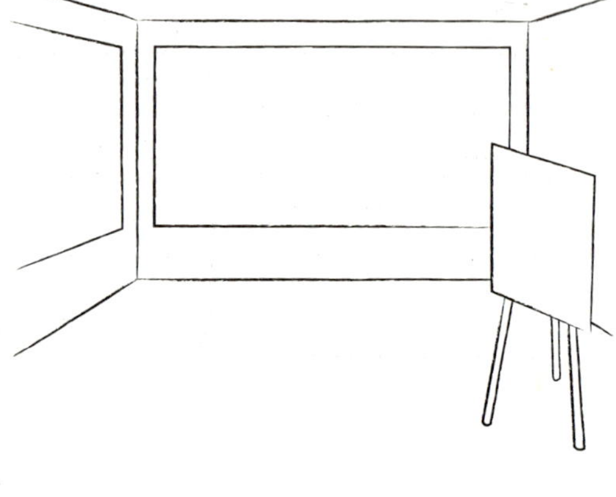

2.笔——白板笔、油性马克笔，或是用于平板电脑的触屏笔。

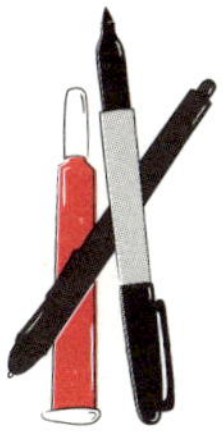

3.便利贴——任何形状和大小的都可以。

4.索引卡片——同上。

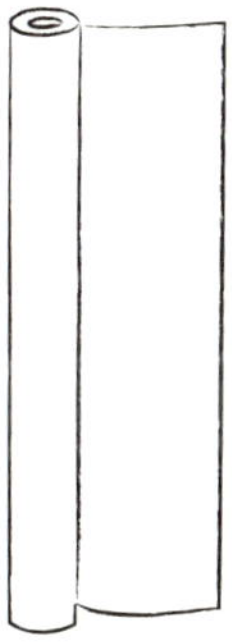

5.大张的白纸——可以是成卷的白纸，也可以是一张张粘贴在挂图板上的白纸。在房间里摆满白板或黑板的确让人叹为观止，但同时也存在一个移动不便的问题（除非它们自带轮子），使用白纸这个方便易得的工具就能很好地解决这个问题。

6.一卷不透明胶带，画家用的防护胶带或艺术家用的遮光胶纸。这样你就可以即时展示你完成的作品，引发人们持续的观察和思考。如果你有带磁铁的白板，嗯，那就更方便了。

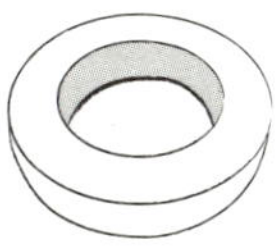

7.任何可以为你所用的实体或数码工具及模型。这些东西在进行快速建模时能派上用场，而在团队资讯涂鸦中，常常需要进行快速建模。

这些物品是团队资讯涂鸦的基本工具。你可以随自己喜欢组合或挑选使用这些工具。此外，当你开始熟悉团队资讯涂鸦的过程，你自然会了解哪些活动需要哪些工具。你可能只会在第一次需要参考这个单子。

现在，为了让你学会如何进行团队资讯涂鸦，我将先探讨之前提到的六大会议类型。我将关注点放在这些工作会议上，因为教室、报告厅或会议室的会议目标与结构会有疯狂的、难以预料的变数，你根本没办法总结出一个干脆利落的从内部获取信息的途径。[150]在应对大多数这样的场合时，你能做的最好的事情就是将已经学到的本领展示出来：对信息进行处理并转换成可视化内容，以便启发自己的思考；换句话说，就是进行个人资讯涂鸦。而在工作会议中，你需要展示信息、基于信息进行思维实验，以便让房间里的每个人都能看到、了解这些信息，进而利用这些信息。

还记得我们前面说到的那个为其专利技术发展前景头疼的大电信公司吗？它就是一个在企业中成功运用团队资讯涂鸦解决现实重大挑战的成功案例。随着本章的阅读，你最终会了解到他们做到这一点的秘诀（好吧，也不是全部的秘诀。毕竟有些信息属于商业机密）。但我将向你详细介绍“资讯涂鸦流程”，你可以看到它是如何帮助人们在多个利益相关者参与的情境中解决问题的。我会将日常生活中随处可见的会议作为背景来介绍那些在世界各地举行的会议——不管是过去还是现在，无论是生产会议还是销售会议。

让我们先来回顾会议类型：

1. 规划类会议

比方说讨论项目的启动/计划的实施方案

2. 解决问题类会议

比方说讨论构思/创新

3. 决策类会议

比方说讨论新的人事变动、预算划拨

4. 前馈会议

比方说确定政策的背景/组织结构的形态/计划方案的更新，从调研报告中预测结果

5. 反馈会议

比方说进行全面的回顾，绩效评估

6. 混合型会议

比方说非现场会议、以barcamp为代表的即兴开放式会议、董事会静思、战略规划

带领一支团队成功地完成一次资讯涂鸦便是你将在本章学习的内容。（记住，你所拥有的资讯涂鸦技能比你知道的多得多！）你的兴趣是不是已经被调动起来了？

在我们正式开始之前，先对本章内容做个快速导航。

本章概述

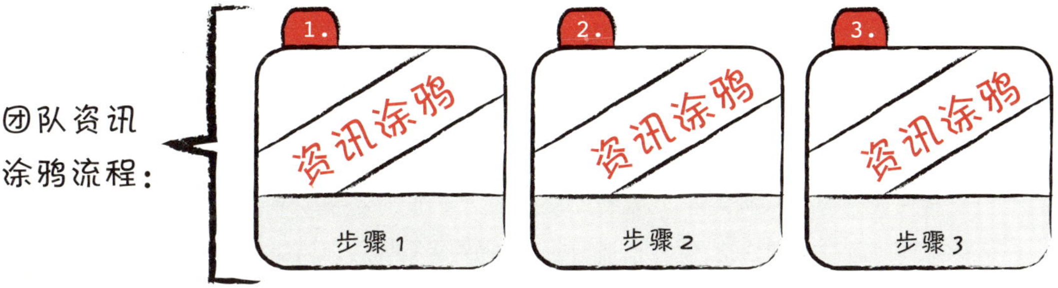

你在上面看到的是一个高级的视觉流程表。我得承认本章内容虽然极具启发性，阅读起来却相对平淡乏味（眨眼！），所以我在深入探讨每种会议类型时，都会给出一个相应的视觉流程表，以便让你了解如何引领资讯涂鸦活动的进程，并让过程变得更顺利。[151]当我们召开一场新的会议时，视觉流程表是一个重要的提示。不妨将它们看作帮你安全而巧妙地通过每一次会议进程的“安全绳”。请注意，在使用这一流程表引领会议进程时，你需要掌握这些信息：

1. 会议的目标
2. 资讯涂鸦的目标
3. 所需的资讯涂鸦者人数
4. 资讯涂鸦活动持续的时间
5. 进行此次资讯涂鸦活动的关键性前提
6. 怎样实际完成资讯涂鸦活动
7. 最适合此次资讯涂鸦的游戏或思维实验

我将陪你一同走过这段旅程，为你深入细致地介绍每一种会议类型，并提供指导。但话说回来，现在的你已经完全有能力使用视觉语言，也就是说，你已经有能力在工作场合或其他地方自己使用这些流程。你不需要所谓的专家指导意见，因为那些东西都是用来指导新手完成从思维到视觉的转化过程的。尽管一开始，你在团队中推行资讯涂鸦活动时收效甚微或是举步维艰，但请记住，经验将是你最好的老师。所以和我一起来尝试吧，同时要有这样一个信念——最后你将不再需要我的帮助。

好了，现在让我们开始深入探讨效果拔群的团队资讯涂鸦。我们先来看第一种会议：规划类会议。

进入团队资讯涂鸦的大门：六大会议流程

召开规划类会议肯定不是世界上最吸引人的事情，但如果没有它们，你想出来的那些绝妙主意就只能付诸东流了。我很钦佩那些活在当下的人，以及能够做出良好规划的人。人们必须对未来有所规划，在大多数公司里，人们大多围绕某个项目进行规划。这个时候资讯涂鸦就可以大展身手。

之前我曾提到，本章将出现六个视觉流程表，下面就是第一个。你可以把这些视觉流程表看成以涂鸦方式展现的一系列可能的视觉化行为，并在人们期待的会议上用到它们（你的老板这会儿不在吧？那我们就没必要假装你喜欢开会）。你可以将这些流程表看作一份地图，它们能够带你远离单调乏味、死气沉沉的会议——通常情况下，工作场合召开的会议都是如此。借助这个流程表，你可以从容自在地引领一次团队资讯涂鸦活动，让一次规划类会议突然变成一件有趣的事情。我以涂鸦之名向你保证。（这么说没问题吧？）

规划类会议

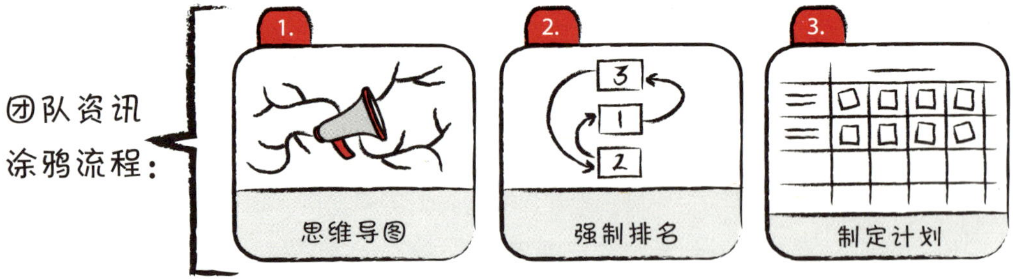

会议目标：对计划项目进行分析、评估，区分优先次序、制定相应方案。

规划类会议下的团队资讯涂鸦步骤#1：思维导图

思维导图的目标：

根据以下三种变量为各个计划项目建立清晰的思维导图：特征、收益、挑战。

资讯涂鸦者人数：

2至20名（与所要评估的计划项目数量有关，下面会有详细解释）。

持续时间：

20至45分钟。

关键性前提：

1. 存在多个可实施的项目方案，通过分析、回顾这些方案，该团队能够有所获益。

2. 该团队没有精力或资源执行全部方案。

3. 即使该团队能够执行全部方案，他们依然需要评估这些方案以区分优先次序。

4. 所有待评估的项目要么还没有开始实施，要么还处于早期阶段，或是处于一个值得重新评估的阶段。

勇敢的涂鸦革命者们，你们可以看到，我为规划类会议设置的流程，最开始的步骤便是绘制一份思维导图，它包括一个核心图像以及周围的分支。在会议的这个阶段，你应该给出至少一个思维导图的范例，它能够很好地帮助与会者了解你希望他们所做的事情（网上到处都有思维导图的范例，你也可以在会议前或是当场涂画一张[152]）。如果你连一个思维导图的范例都没有，也没什么大不了的。下面我就用一幅抽象的资讯涂鸦来说明。

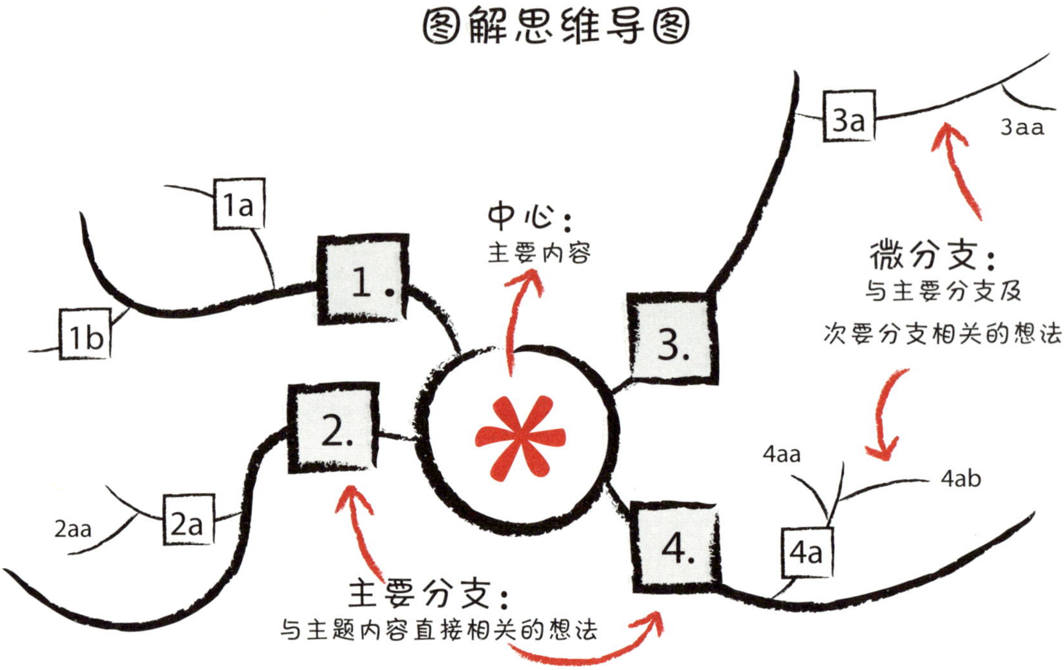

对那些抽象思维不是那么敏感的人，我还提供了一个具象化的思维导图例子。它是关于时间管理的。为了防止这张思维导图的繁复之美让你感到恐惧，我也提供了一个质朴版本的范例。有我在，你大可放心。

现在你应该明白了吧，要绘制一张项目思维导图，你可以仿照上面的第一个例子，记得把它画大一些，好让整个团队都能看到，你也可以自己创作[153]一张有着特定内容的思维导图。关键在于，你要让与会者明白：思维导图是将某个主题或主要内容快速可视化，这个主题或主要内容应该放在视觉空间的中心位置，然后围绕中心添加分岔的线条，指向相关的字词或句子。与主题直接相关的内容应该用线条直接连在中心图像上，就像从太阳发射出的光线一样，再从这些主要分支上分出较细的线条，连接衍生内容。如果你喜欢，画尽可能多的主要分支，尽情地延长这些分支，只要你认为这样做能更好地说明中心内容。同所有了不起的资讯涂鸦作品一样，思维导图也是文字和图像的组合。因此，你的团队可以选择任何想要的方向进行可视化转换，也可以采用最基本的树状结构外加文字来厘清思路、加深认识。此外，你们也可以使用小张便利贴记录初始的想法，并建立初步的思维模型，而不是直接在纸上涂画（你也可以用白板解决这个问题）。

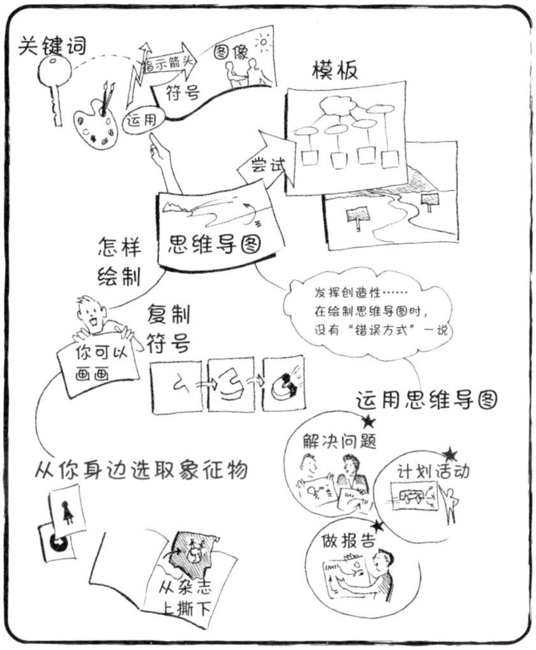

如果你的团队成员在纸上涂画出了一张思维导图，却发现自己想要删除或重新排列其中一些内容，你只需要告诉他们重新涂画一次就好了。在从图像到思维的往复过程中，返工是很自然的事情。这就像修改任何东西一样。划掉、擦掉、撕掉，甚至把整张纸团成一团扔掉，从头再来，这都是很正常的。第一次呈现出来的成品很少是尽善尽美的。

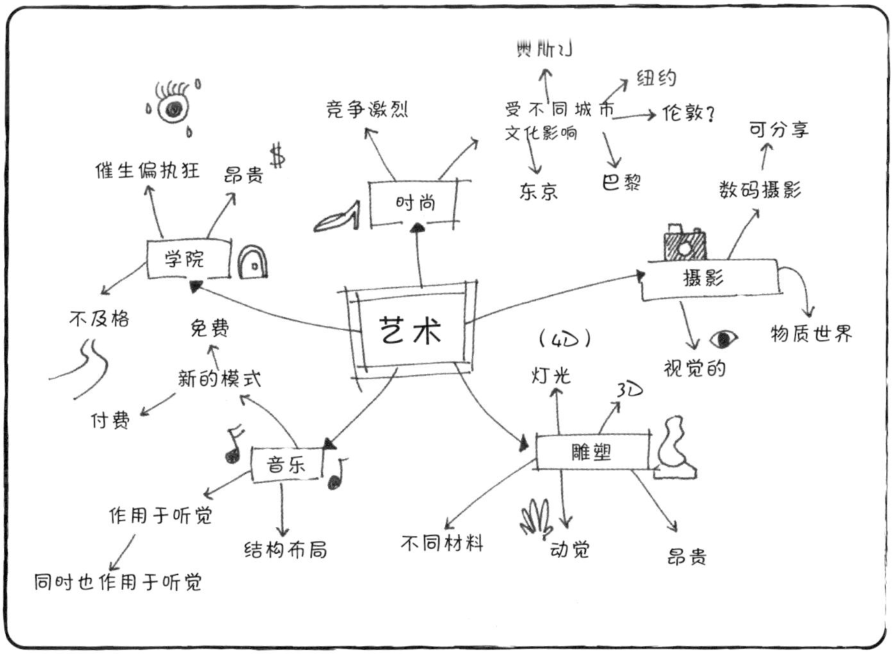

现在，你的团队已经明白了如何绘制一幅恰当的思维导图，那么作为会议领导者的你接下来要做的事情，就是让他们真正地画几幅出来。

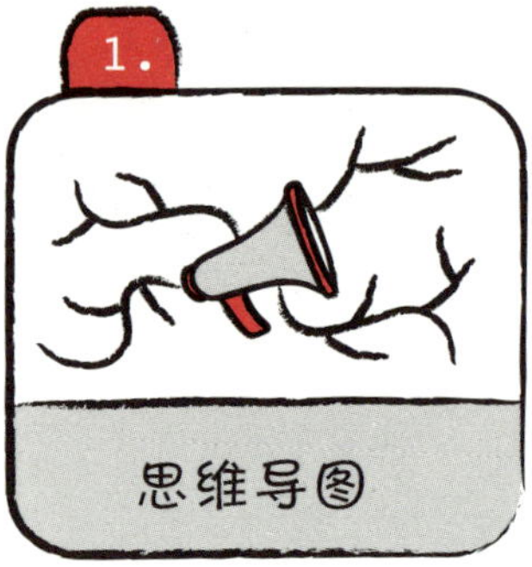

如何绘制项目思维导图

要让团队成员绘制思维导图，首先你要将整个大的团队分成较小的组。[154]

如果你想让会议进展得更快，那么最好按照待评估项目的数量来分组。如果这一点不可能做到，也别慌。记住：我们是资讯涂鸦者；我们不惧怕任何不完美的条件（而且，我也会就如何处理此种情况给你建议的）。

分完组后，给每个小组分配一个项目进行评估。确保每个小组的人对手里的项目至少有一个总体的把握（你是不是觉得这是废话？哼哼，现实情况会让你感到惊讶的）。

要求各个小组设想一个中心图像来代表计划项目，这个中心图像需要得到组员的一致赞同，然后让他们在三个分开的白色空间的中心位置涂画这个图像。每个小组都要绘制三张思维导图，所以他们需要三块并排摆放的挂图板或是在一块尺寸合适的白板上划分出三个区域。

要求每个小组为每幅思维导图加上相应的项目名称，这样其他小组最后围过来观看讨论时就能知道是什么项目。一幅孤零零的图像会让每个人都感到困惑，迫使他们根据图像周围的信息猜测自己正在看哪个项目。这样既浪费时间又一点都不酷。（来和我一起唱：文字和图像坐在树下！亲——嘴！）

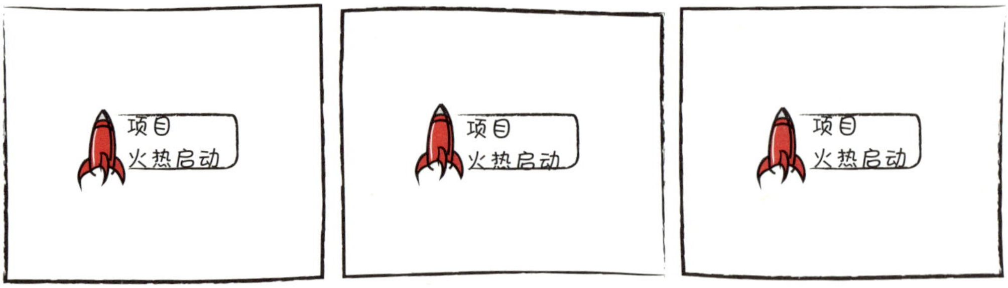

三块空白的视觉空间。在此构建思维导图。

你要向每个小组解释清楚，这三张思维导图，一张应该展示该项目的特征，一张应该展示该项目的收益，一张应该展示执行该项目可能遇到的挑战。这一步骤，目的是让每个小组的每个成员对各个计划、项目或方案有一个充分完整（或是相对充分完整）的理解，因为接下来他们将对这些计划项目进行排名。你应该告诉他们，所谓“特征”可以理解为该计划的规格参数或是独特的属性，包括现实的组成部分，其整合或与其相关的产品及服务、内在的组织结构（是否涉及多个利益相关者？是否跨学科？）以及其他区别性的特征。所谓“收益”可以理解为该计划能够为客户、公司股东、整个公司、市场带来的价值或贡献；换句话说，“收益”也就是指如果执行该方案，可能会有何种好处。最后，所谓“挑战”指任何妨碍该计划执行、收益或最终影响的因素。

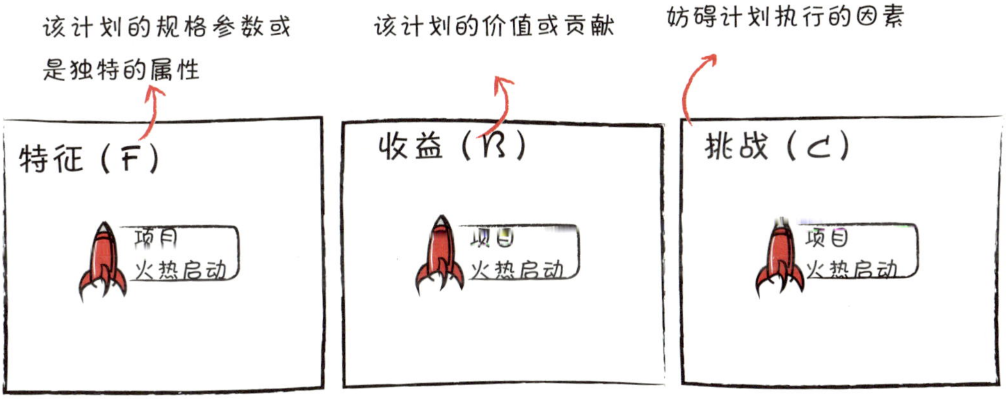

现在，每个小组都接到了自己的任务，让他们使用关于思维导图的知识，创作三幅涂鸦，用以展示小组全体成员对某个特定计划相对一致的看法。每个小组在完成这个任务时都应该深入思考（不管他们选择以多大的音量进行讨论），尽可能地充实每个计划项目的三大变量——特征、收益和挑战——这样才能真正了解这个项目，以更为清晰的目光看待它。如果没能将这些计划项目清晰易懂地展现出来，那么对它们进行排名（接下来的步骤）就纯属盲人摸象了，就好比你蒙上眼睛，在酒吧里随手一指，指到哪个就同意嫁给他，至少嫁给他几个月。这样做怎么可能有好结果？回到每个小组的思维导图，你要让该小组针对主题尽情发散思维，围绕核心内容衍生出丰富的分支。每一个新的分支，都是对项目的进一步厘清。等到该步骤接近尾声时，每个小组面前都会有三张思维导图的涂鸦，展示出与该项目相关的各方面内容，以便让你的团队更好地了解它，从而为接下来的投票做好准备。[155]

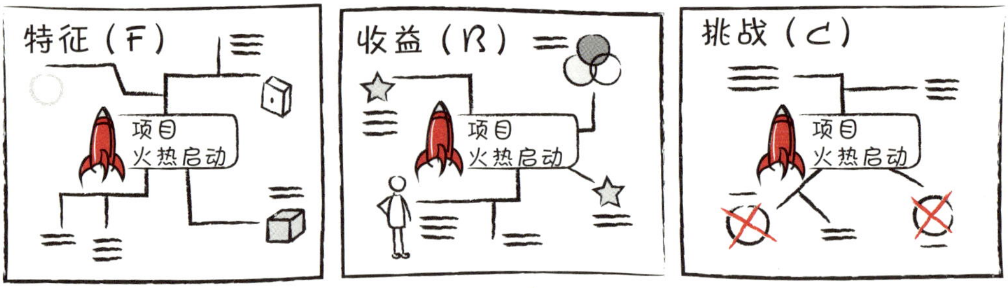

为了承接绘制思维导图的步骤，开启强制排名的步骤，我建议此时进行“资讯涂鸦漫步”。让各个小组将自己绘制的思维导图汇集起来，挂到墙上或是摆到桌上，让所有团队成员都来观看。每个小组都应该在房间里走动，审视自己小组及其他小组的作品，并对这些涂鸦作品进行增补或进一步的阐释。你可以带头走动，领着大家一起观看所有作品；也可以挑选某个或某几个小组同你一起审视特定的项目思维导图。[156]你还可以让每个小组派出一位成员留在自己小组的作品旁边，向前来观看的其他小组成员做解释说明。[157]不管什么方式，将更多的眼睛

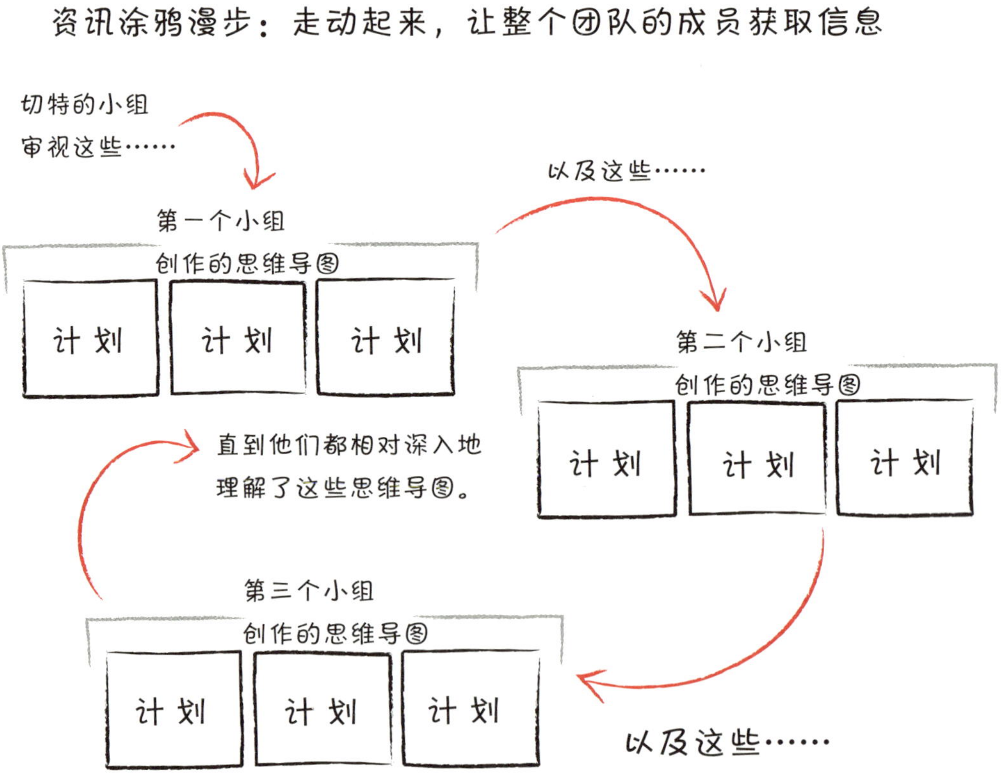

和双手带到每一幅思维导图面前就意味着对该计划的阐述将更为全面。所以如果当你发现人们不太情愿在其他人的作品上“乱涂乱画”时（他们经常只是站在那里看），你要向他们保证，大胆地对其他小组的作品进行增改也是在为项目的规划做贡献，这是规划过程中不可或缺的一部分。他们不是在对《蒙娜丽莎的微笑》涂涂画画。他们是在丰富数据，这将让整个团队更好地获得信息，从而进行下一步。

在结束这一步骤前，如果你有时间或是想要争取时间，可以让大家自愿站出来评论这些资讯涂鸦作品。大部分团队成员都会在“资讯涂鸦漫步”中对各个待评估的计划项目建立起相对深入的理解，但再进行一番口头总结并没有什么坏处，人们在口头发言时往往会增添一些细节，这些细节与他们在涂鸦作品中表现出来的并不完全一样。这一步骤完成时，最重要的就是：每一个接下来将要参与强制排名的人，最后对每个计划项目都有了一个很好的判断。[158]因为，正如贝蒂·戴维斯可能会说的那样，接下来的步骤可不是为胆小鬼准备的。

绘制项目思维导图时的注意事项

·正如我在之前提到的，需要评估的计划数目可能比你的小组数目要多，不过就算这样，也没什么好慌张的！只需要将这些方案尽可能平均地分配给每个小组，让他们依次为每个分到的计划绘制思维导图。为了更进一步地说明（我知道你们中的许多人喜欢看到具体的例子），这也就是说，如果你有4个小组、10个计划方案，那就每个小组分配2个计划方案，然后重新分出2个小组，将剩余的2个计划分别分配给他们。要是你有4个小组、11个方案，那你就可以将9个方案分别分配给三个小组，剩下2个可能需要花费更多时间才能绘出思维导图的方案分给剩下的一个小组。你明白我的意思了吧？我们只要看看小组的数目，然后怎样方便怎样来就行了。你在这里可以灵活行事。明白了吗？

·因为下一步骤是对各个计划项目进行排名，所以在绘制步骤你不要吝啬时间，让团队成员真正阐明他们的思维导图。每个人或每个小组对各个项目的了解越是深入透彻，他们对这些项目的排名就越明智。绘制思维导图这个步骤可以无限期延长，因此，如果某个小组在自己的那块空白空间前讨论得如痴如醉，不要生硬地打断他们，给他们提供更多的纸或白板空间就好了。不要在大树长成之前就把树枝砍断。你的团队正在理解项目。这是好事。

·请鼓励参与者真正用涂鸦表现与项目相关的各个组成部分或概念。很多人会默认使用文字语言，但有一点我之前已经提到过了，现在我要再说一次：视觉信息带给我们的见解与口头信息不一样。打个比方，我们说一个人穿得很少，你可能没什么感觉，但如果我画出一个穿比基尼的小人，你就会直观地感受到，哎呀，她有这么多的肌肤露在外头呢！我希望这个例子能够引起你的注意，好色的人们啊。嘻嘻！接下来，让我们进入规划类会议的第二个步骤。

规划类会议下的团队资讯涂鸦步骤 #2：强制排名

强制排名的目标：

在对各个计划项目进行全面或相对全面了解的基础上，确定它们的优先次序，以便确定哪个项目优先执行，哪个项目以后执行或是干脆放弃。

需要的资讯涂鸦者人数：

2到20。

持续时间：

15至60分钟。

关键性前提：

1. 需要参与强制排名的人都在场。

2. 这些人应满足下列三个条件：（a）充分理解每一个需要排名的计划项目；（b）当他们未能满足条件时能够主动退出投票；（C）能够尽力克服个人偏见，从团队或公司的整体利益出发排出最优的名次（当然了，这些都是理想的情况。人嘛，你知道，对吗？！）

3. 公司领导层给予团队充分的自主权，让团队有机会根据自己的判断而不是上级的指令选择计划项目。（否则这个活动就没什么意义，纯属走过场。）

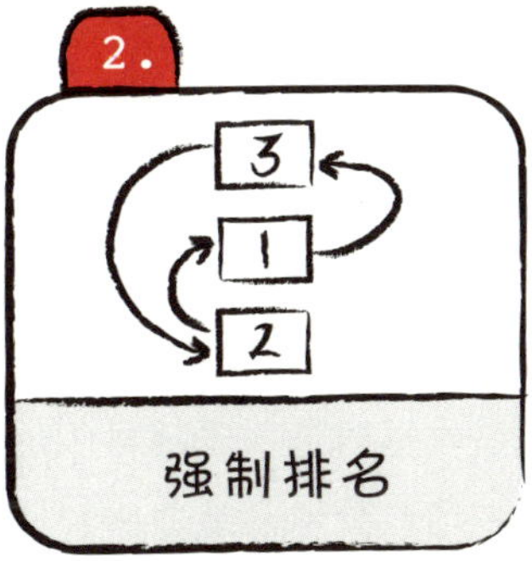

如何进行强制排名

团队资讯涂鸦的这一步骤非常有价值，因为它强迫一个团队的成员对自己心爱的项目计划要么敞开胸怀接纳，要么无情地扼杀。它铁面无情地强迫团队成员认识到某个计划的优点或价值确实远远超过其他计划。不是每个项目都能幸存下来，只有一个能够最终脱颖而出。请注意这里的这个词——“强制”。你不可能在这个过程中保持中庸，鱼和熊掌不可兼得。下面我就来说说这个步骤如何进行。

要求房间里的每个人分别在三张索引卡或便利贴上写下每个项目的名称。换句话说，针对每个项目，每个人手里都应该有三张索引卡。打个比方，如果有5个项目，洛拉恩小姐手头就应该准备15张索引卡。三张卡上写着项目X，三张卡上写着项目Y，三张卡上写着项目Z，以此类推。

在上一个涂鸦步骤中，我们已经通过建立项目的三个变量[159]为参与者打下了基础，他们可以根据这三个变量对每个项目进行评估和排名。在这个步骤中，参与者们将计算每个项目中每个变量的得分，最终确定将哪些项目放在优先级别。集中注意，下面我将向你进行详细说明。

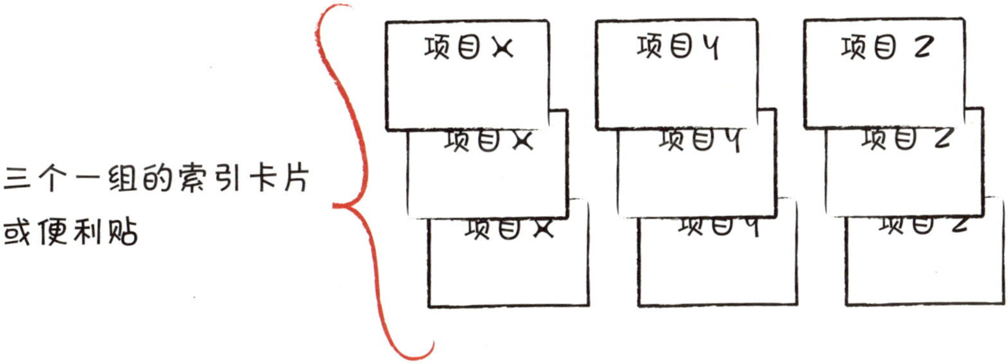

每个人[160]要进行排名的第一项内容就是“特征”。[161]如果总共有6个计划项目，那么你就需要设定从1到6六个等级，如果有5个项目，那就是从1到5。团队成员不能将2个或多个计划项目放在同一个等级里，他们必须对每一个计划项目进行权衡、排名。你要向团队成员解释清楚，他们应该按照特征的价值或独一无二性的大小进行排名。也就是说，他们应该将特征最有价值或最具独一无二性的计划项目放在等级“1”，特征没什么价值或没什么出众之处的计划项目放在等级“5”。当每个人都了解这一排名规则后，给他们时间静静地思考项目X的特征，将这些特征的总体价值与项目Y、项目Z做比较。你要让人们明白：他们不需要对每个项目的单个特征进行一对一的横向比较。[162]每个项目的特征在上个步骤中已经被绘制成了思维导图，团队成员需要做的事情就是根据对这些思维导图的理解，对各个项目做一个整体的权衡。当团队成员将所有项目的特征放在一起综合考虑后，他应该得出一个排名，然后将手里的5张卡片按照从1到5的次序贴在相应的等级旁边，就像下面这样。

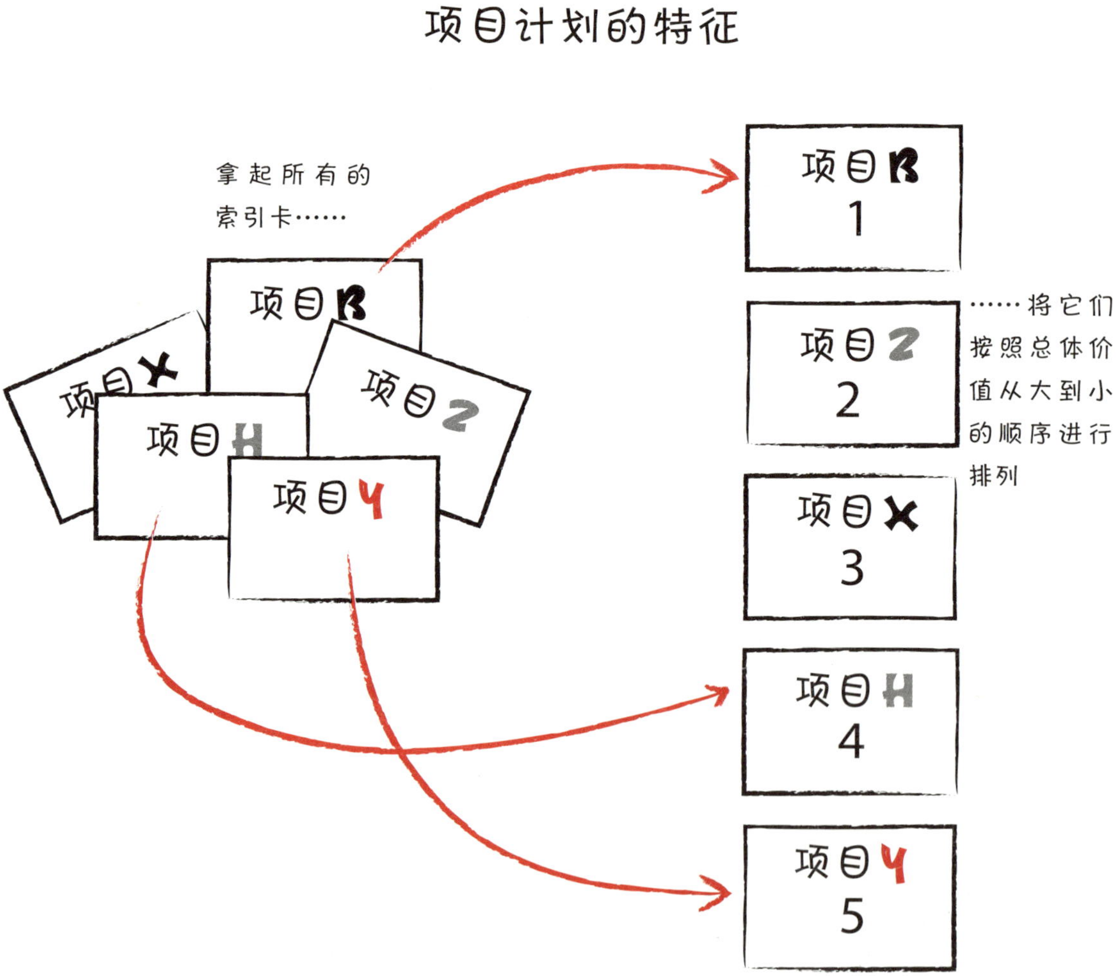

当团队成员完成特征排名后，要求他们按照相同的步骤对各个项目进行“收益”和“挑战”的排名，“收益”从大到小，“挑战”从易到难。也就是说，他们应该把收益最大、挑战最容易克服的项目放在等级“1”里面，收益最小、挑战最难克服的项目放在等级“5”里面。别忘了，要给人们足够的时间，让他们考虑周详再做决定。这一排名将决定他们如何度过未来两年，因为最后的结果便是你们团队将要执行的项目。

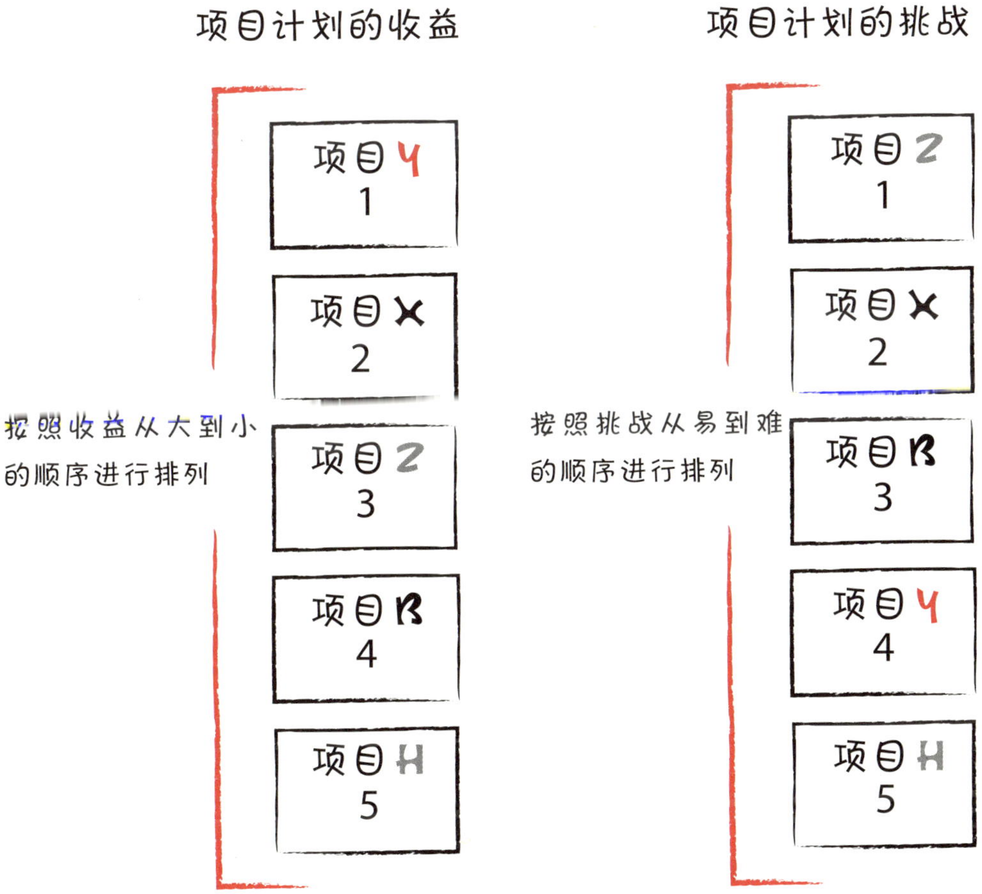

最后一步便是要求团队将排名张贴到墙上，如下所示。这能让团队成员对每个人的考虑结果有直观的总体印象（你们也可以在此基础上进一步讨论，如果你觉得有必要的话）。

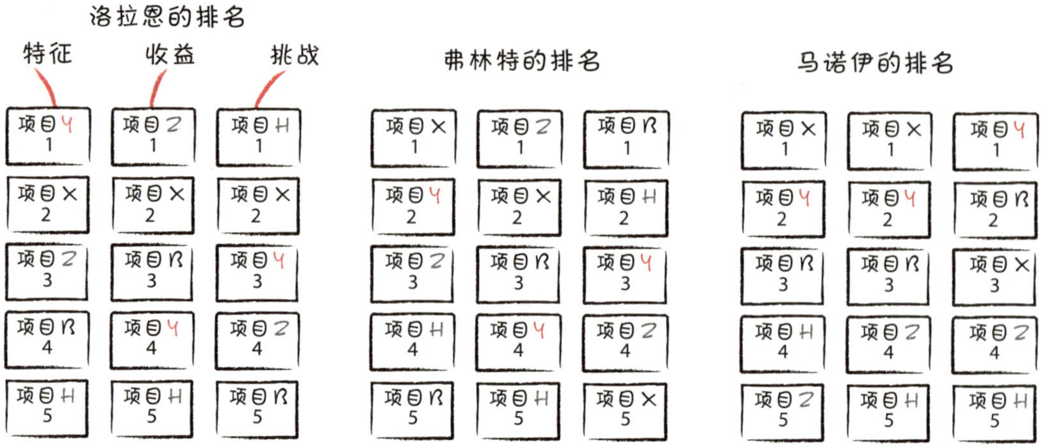

统计每个项目在特征、收益和挑战三个方面的得分。这个步骤可以由你来领导进行，横向地或竖向地统计，计算出每个项目计划的总“得分”，如下所示：

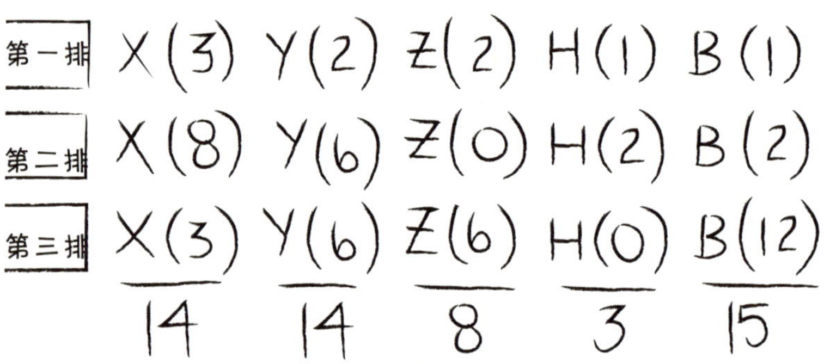

或者你也可以将某个项目分配给团队里的某个人，让他计算出该项目的总得分。不管你采用哪种方法，最后都会得出相同的结果：得分最低的便是最理想的计划，得分最高的计划也许就应该被丢出考虑范围了。[163]在经过之前的所有步骤之后，这将是一个重大的时刻，它将揭示你的团队成员心目中最值得一试的项目。这些项目也是你将带到下一个团队资讯涂鸦活动，也就是规划类会议最后一个步骤的方案。

在这一步骤结束时，你可以让团队成员来说说他们对于这个结果的想法。为何会出现这样的排名？是基于他们的专业知识考虑吗？还是因为他们觉得这个结果更合老板的意？他们是站在公司的大环境中考虑的，还是更多从个人角度出发？最终结果是否反映出团队成员潜意识里对时间成本或资源条件的考虑？记住，你是此次资讯涂鸦活动的领导者！大胆发问，让你的团队用知识和经验来理解并接受这个决定。

强制排名的注意事项

• 这一步中，你的团队需要用到便利贴或索引卡，[164]你还得准备好记号笔（也许你该在腰上挂上一圈记号笔，因为在你的涂鸦人生中，你总是会用到它们）。记住，我们是资讯涂鸦者，我们是运用视觉语言的大师，我们将此视为一个行当、一份手艺，所以我们要使用一切可以利用的工具来帮助我们展示信息。[165]我们应该把便利贴看成一个方形。虽然这个方形是别人提前为我们制作好的，不是我们自己涂画出来的，但我们大脑中主管视觉的皮层依然能够认出它是一个合乎逻辑的方形，因此也是视觉语言的一个组成元件。

• 请记住，有两个因素会影响排名过程的准确性和有效性：信息的不对称及人们的倾向性。每个人都有自己偏爱的项目计划，也有恨不得除之而后快的项目计划。至于第一个因素，因为人们并不共享相同的大脑，所以在面对同一个项目计划时，大家的知识储量和视角观点不尽相同。但你不要因此怨天尤人并且放弃排名。在这个步骤中，你依然能得到非常多的信息。你能从中学到什么？（亲爱的革命者们，我多么希望听到你亲口回答。）至少你可以从你的团队成员那里了解到一个大概的意向——他们认为重要的是什么。你可以推测他们为什么认为这个排名很重要（或者你也可以直接询问他们）。你可以深入了解他们认为哪些地方缺少资源或人力资本的支持。你可以看到作为一个团队，他们对自己的目标和愿景了解到何种程度。朋友们，强迫你的团队进行优劣排名。即使之后你或其他人改变了这个排名结果，重新选定将要执行的项目计划，你仍然能够在此过程中收获丰富的信息。

• 因为你和你的团队在对各个计划项目进行排名时，是分别从特征、收益和挑战三个方面考量的，所以花一些时间分别从这三个方面回顾整个排名，这是一个很好的做法，不要只看最后的计分。也许一个项目在收益方面的排名远超其他，最后落选只因为执行它会带来很大的挑战。那么你的团队很可能依然想要执行这个计划项目，勇敢面对任何即将出现的后果，因为风险越大，回报越多。不知道你有没有想过这一点？嗯？无论如何，如果此次规划类会议有充足的时间，那么在最后的统计之前，不妨从各个方面对排名做个审查。你很有可能得到额外的丰富信息。

· 如果你的团队规模较大，有15个甚至20个人，那我要提前告诉你，让这么多声音参与到排名过程中是一件很疯狂的事情。所以，如果团队规模较大，让他们分成小组，先进行一个迷你排名，然后将统计结果拿到整个团队中讨论。直接进行大规模讨论的危害之一，就是那些生性安静羞涩的人（你知道我在说谁——没关系，我最喜欢你们这样的人了！）被忽视，整个排名过程会不知不觉地由那些嗓门更大、口头表达能力更强的团队成员主导。如果你不希望出现这种一边倒的情况，就先在小组中进行排名。[166]

· 你可以大声引导排名进而大大加快进程。随机在卡片上涂画两个项目计划，要求小组成员大声回答哪个项目应该排在前面、哪个项目应该排在后面（基于“特征”方面的考虑）。一旦大家意见一致，再画下一个项目，要求小组成员根据“特征”决定它应该排在第一位、第二位还是第三位。画出第四个项目，问同样的问题。重复这个过程，直到所有的项目计划都根据特征、收益和挑战进行了评估。把分数一加，大功告成。让整个团队一起对所有项目计划进行排名，而不是分成个人或小组进行排名。这个办法也许没那么周全，但它是最快的。

规划类会议下的团队资讯涂鸦步骤#3：制定计划

步骤目标：

设想出执行的全部步骤并通过视觉语言表现出来，思考哪些步骤需要重新排序、哪些步骤需要缩短、哪些步骤可以同时进行、哪些步骤可以删除。这一步也可以看作是初步地或有目的地尝试建立一个项目的时间轴及职责安排表。

需要的资讯涂鸦者数量：

参与了前两个团队资讯涂鸦步骤的团队成员，只要他们能够参加或是愿意参加。你还可以邀请精通项目实施过程的“外部人士”参加。

持续时间：

30至60分钟。

关键性前提：

1．从强制排名这个步骤中得出的结果能够通过可行性考量，值得付诸实践（否则为其制定计划就纯属浪费时间了）。

2. 参与这个步骤的个人或团体对执行项目计划所需的步骤有大致的想法。

如何制定计划

现在，你的团队已经对各个项目计划的优先顺序达成了一致意见，确定了他们想要执行的计划，这时，你便可以巧妙地将他们引入最后一个步骤。下面这个涂鸦活动是那些钟爱秩序的涂鸦者们最喜爱的了，因为你们将要绘制的是你的涂鸦人生中最为规整的图表。

还记得吗？之前我们说过，有一些信息生来就带有图像DNA。所以“计划矩阵”特别适合用来呈现连续的步骤。所谓“计划矩阵”，可以看作一个指引性质的数字图表，它的内容具有连续性。因为它的视觉结构相对固定，所以对于设想项目的实施流程而言，它是一个直观而简单的办法。

将上个步骤选出的项目分配给个人或小组，要求他们按照下面这张图表的格式重新对其视觉化。这个“矩阵”需要足够大，以便能够往里粘贴任何大小的便利贴，这个“矩阵”最少应该有10至15列，以免某个项目需要涉及众多步骤。

在矩阵的左侧，依次写出他们负责的项目名称，在相应的那一行写出具体的流程步骤（告诉他们，如果他们喜欢，可以用涂鸦符号或图标来表示这些步骤！）。如果每个人或每个小组只负责一个项目，那他们的这个“矩阵”只需要一排横行、多个竖列。当然，如果你觉得团队希望在这个步骤中完成职责的分配、针对项目的每个阶段制定更为细致详尽的计划，包括制定出一个暂定的时间线，那么他们尽可以往这个“矩阵”中添加更多行数，包括“矩阵”周围的空白处都可以利用。最后，在这个矩阵的顶部写上“任务”这个词。

这个涂鸦活动的目标就是稳扎稳打地构思出完成一个项目所需的全部流程步骤。这里没有什么窍门——就是直截了当地做计划，而且这个过程几乎是自动地

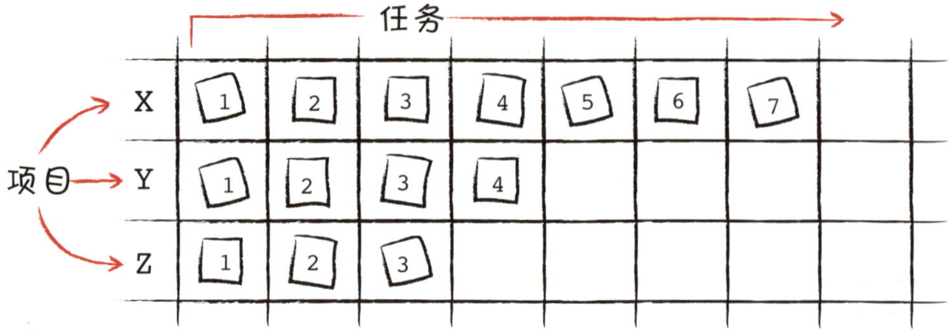

在进行。这个涂鸦活动要求集思广益，借助视觉语言设想出每一个步骤。将这个项目放到他们面前，你会发现，参与者们会本能地开始琢磨实施该项目必要的步骤以及这些步骤的顺序。他们会开始反复自问，反复与他人讨论如何圆满地完成这个项目。要注意的是，绝大多数人一开始面对这个“计划矩阵”时会不知从何下手，你需要问他们涉及具体步骤的实际问题。换句话说，这个过程会引发激烈的讨论。作为会议的领导者，你要做的主要就是将团队成员引入这个涂鸦活动，然后四处走动，不时提出深入锐利的问题，同时不忘鼓励他们。团队成员可能会问你是不是可以往这个“矩阵”中添加职责安排与时间线。你的回答当然是可以。对有明确期限的项目，一些小组可能会使用截止日期作为参考原点来帮助确定哪些步骤可以包括进来、哪些步骤可以删除。职责的分配也会影响到项目步骤的设定。你要向这些认真讨论的涂鸦者解释清楚，他们可以在“矩阵”上方或下方添加额外的行数来容纳这些细节，或是往“矩阵”周围的空白处粘贴写有注释或职责分配的便利贴，像下面这样。

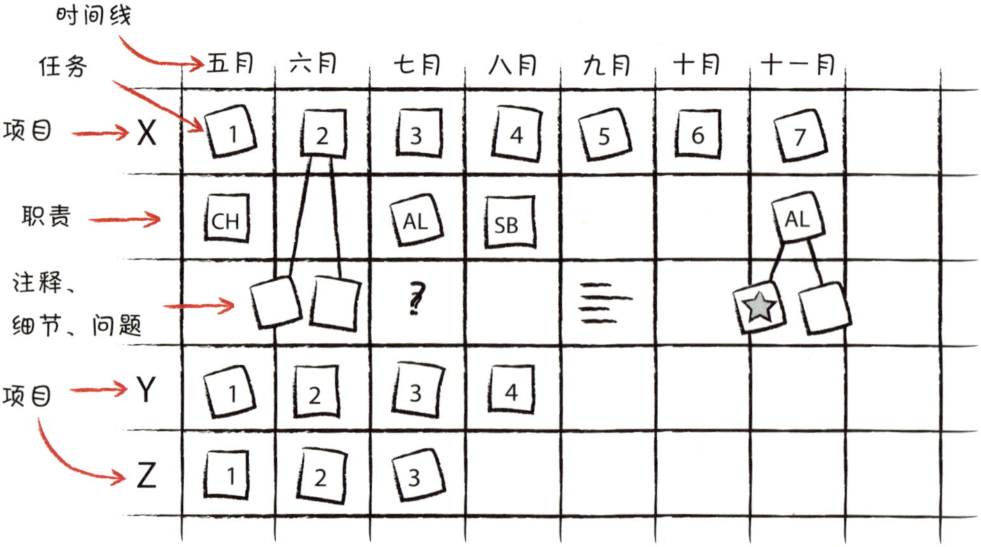

活动接近尾声时，每个小组应该展示出执行一个项目所需的全部主要步骤（也许还包括许多细节的任务）。你要邀请他们分享这些作品。（但不要让他们一个一个讲述具体而繁琐的步骤，那会让人打瞌睡的。）就执行项目的最佳方案征求意见，问问他们哪些步骤可以移除、调换位置或是与其他步骤合并。其他同事可能会想听听主讲者对项目中应该做什么、什么时候做有何新颖独到的见地，从而改进自己的方案。

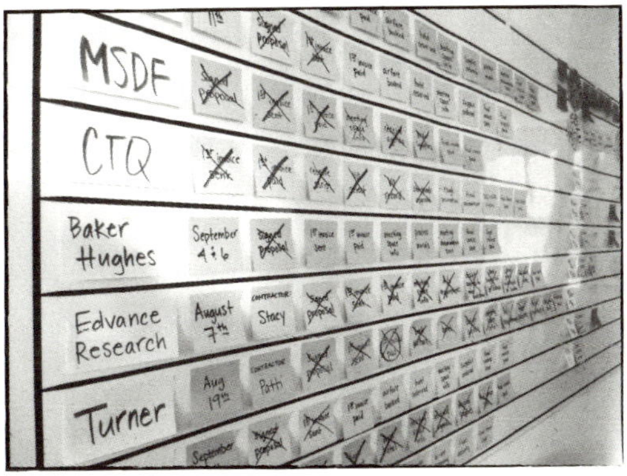

制定计划实例

制定计划的注意事项

· 大多数企业最终制定并付诸实施的项目计划都会呈现为数字图表的形式，并放在共享空间里。而制定计划的最终涂鸦成品更像是一幅大型壁画，它主要是为了帮助团队在正式进入紧张的项目实施工作之前厘清各个流程步骤及时间线。很可能你的团队已经有一个既定的方式来建立、共享项目时间表，对重要阶段、重要事件[167]做出标记，所以请在团队中挑选一个人，将这个涂鸦活动中得出的信息转换成数字文档。她可以用手机把成品拍下来，或是将画有涂鸦的白板或挂图板拖到办公室里，将内容录入在线共享的文档或项目管理系统。

· 同强制排名一样，制定计划的涂鸦活动也可以不分组进行，这取决于你的团队规模。[168]作为会议的领导者，你可以将项目名称依次在“矩阵”旁边列出来，然后与团队成员一起填满每个格子。当项目相对简单，同时团队成员的注意力高度集中于制定总体方案时，这样做效果最好。（换句话说，避免纠结于细枝末节）。你也可以将项目分配给个人或小组，让他们做一个速写版本的项目步骤涂鸦，然后放在“矩阵”中适当的位置。之后你们可以一起检查和修改这些方案。

· 如果你打算在不到一个小时的时间里同你的团队制定出一个计划，那么选择上述一个或几个相对当时的情况而言最有价值的涂鸦活动。如果你心中暗暗怀疑强制排名有问题，那你可以先不进行制定计划这一步，花时间重新进行第一个或第二个涂鸦活动。如果你的团队对某个项目的“特征”和“收益”存在争议，那就专门进行一次绘制计划思维导图的涂鸦活动，等到下次开会时再进行下一个步骤。如果每个团队成员都很了解各个项目的特征、收益及挑战，同时对它们的排名已经心中有数，那你可以直接跳到制定计划这一步。记住，这些步骤并不是固定的——同“计划矩阵”不一样。我列出这些步骤是为了给你参考，而不是捆住你的手脚。运用智慧，搞清楚在这次你所主持的会议中怎样做才是最好的。将决定权交给涂鸦者！

亲爱的读者们，这就是资讯涂鸦与规划类会议结合的最佳形式。你的团队可以在任何地方花上一到四个小时的时间进行所有的三个步骤。会议的进展速度会受到许多变量的影响，但这个流程顺序保证了规划工作以一种有意义的方式进行。太多人喜欢把人们召集起来，号称要“制定计划”，但对如何做完全没有概念。

在涂鸦世界，我们不会遇到这个问题。我们有效地利用了时间，我们建构的不仅是视觉空间，还有我们的思想。我们利用团队资讯涂鸦让人们保持兴趣、打开思路。参加这种会议的每一个人都会积极地开动脑筋，兴致勃勃地待到会议结束，之后还会意犹未尽地向朋友们大力推介。

解决问题类会议

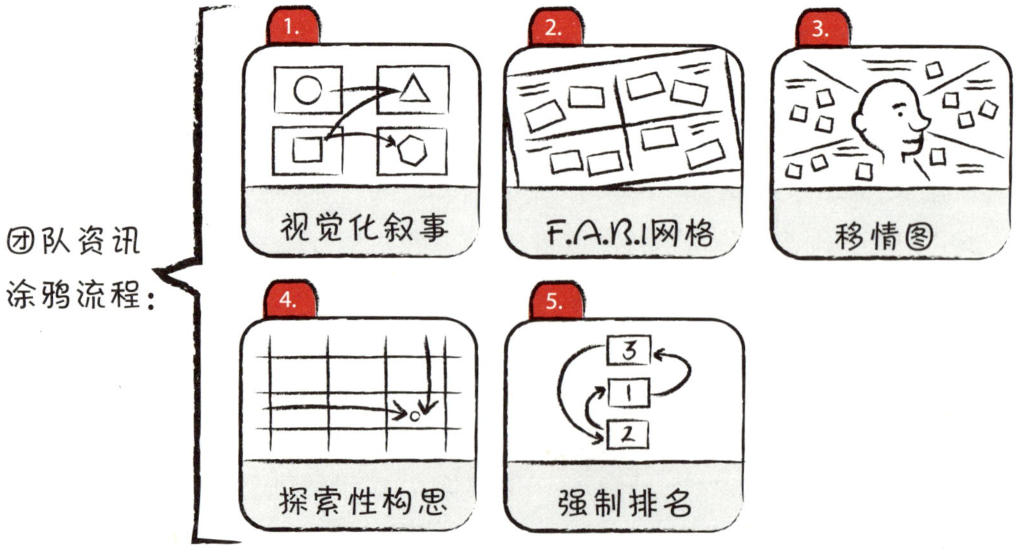

会议目标：

解决产品、服务、客户体验、品牌宣传等方面的创新问题。

解决问题类会议下的团队资讯涂鸦步骤 #1：视觉化叙事

视觉化叙事的目标：

向与会者展现一个主题，这个主题存在的语境不同于他们的工作环境，甚至不同于他们生活的时代。这个展现过程需要为接下来激发创新思维的资讯涂鸦活动打好基础。

需要的资讯涂鸦者数量：

一个或多个演讲者，一般来自公司外部；以及四人以上的观众。

持续时间：

10至20分钟。

关键性前提：

1. 你可以从公司之外邀请一个演讲者，也可以从公司内部邀请演讲者，关键在于演讲者能够将某个主题放在迥异于听众日常工作环境的语境中进行深入讲述。

2. 演讲者借视觉及触觉手段使讲述过程具有吸引力。让观众有如临其境、如见其物的感觉，而不是坐在那里干巴巴地听讲。

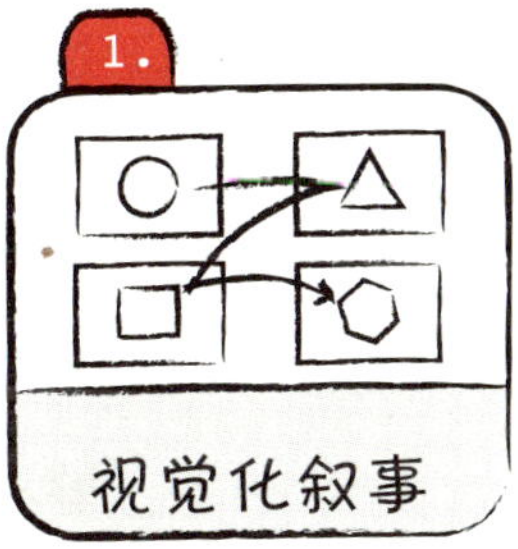

如何进行视觉化叙事

当你考虑为这个资讯涂鸦步骤挑选一位演讲者时，请放宽视野、明智选择。（这次会议中）视觉化叙事的目的在于激发与会者对某个超越他们日常认知的主题进行思考，用新的眼光看待旧的产品或服务，或是以全新的思路重新设计某件东西。你可以选择任何人来讲述任何主题，只要他们能够通过视觉化的方式将内容讲得生动有趣。

在你开始衡量可能的演讲者之前——不管他来自公司之外还是公司内部——先想想哪些主题可能符合本次会议的最终目的，也就是激发创新思维。你的直觉也许是从此次会议需要解决的问题出发，选择尽可能接近这个问题的主题或专家，但别忘了，我们召开此次会议就是为了激发创新思维，在这个前提下，你选择的主题与会议要解决的问题越是大相径庭反而越好（比方说，电信技术与洞穴探险）。人们很容易被习惯性思维困住，所以如果你选择一个与公司的日常工作风马牛不相及的主题，反而很可能对创意过程有所帮助。当我们谈到下一个资讯涂鸦步骤时，你会看到这个过程是如何运作的。

还有一点也很重要，那就是你希望在会上讲述的这个主题“新奇”到何种程度。对许多公司来说，这个步骤中真正的挑战在于拓宽人们想象的边界。为了让人们天马行空，也许你可以试着邀请一位未来学家或前沿趋势观察家。当然了，这个选择在你，事实上，创意无处不在。会议的关键还是在于你如何领导团队进入思考步骤。

一旦你确定了演讲者和演讲主题，接下来要考虑的是如何通过视觉化语言讲述故事的过程。你挑选的演讲者很可能已经有自己的想法，但你依然可以建议她考虑下列方式：幻灯片、视频、小道具、故事板、即兴表演、观众互动、角色扮演——一切能够帮助观众看得更真切、理解得更透彻的手段。我们现在已经知道，在传递信息过程中，刺激观众的多种感官最能吸引他们的注意力，能让他们保持专注，所以不要为了邀请某个德高望重的大人物来做演讲而牺牲观众的体验或是让会议的目的大打折扣。演讲者的身份地位和智商高低并不重要——她讲述的内容和方式才是重要的。

为了让你明白演讲者在这个过程中如何借助视觉化手段，我在下面举了一个例子。

你可以看到，在这块白板上，已经写好了一些信息，但演讲者在讲述过程中可以在空白处添加视觉化内容——涂涂画画、粘贴便利贴。她还可以选择在讲述过程中“揭示”一些内容，比方说揭下盖住某些内容的纸条或是便利贴、将写在挂图板背面的内容翻到正面、掀起一块盖住某个物品的蒙布。这种呈现方式能够极大地激发观众的兴趣，人们一开始看到那些被遮盖的内容时，自然会很好奇，他们会一直保持专注，直到他们看到那些隐藏内容“浮出水面”。悬念让观众心中充满好奇，好奇让他们保持兴趣，人类总是无法抵抗未知之谜的诱惑。这也是“链接诱饵”[169]如此管用的原因之一。

在演讲者开始演示之前，你需要提醒团队成员，他们在“视觉化叙事”过程中不是光听讲，也是有任务的。你要让他们知道，他们在听讲的同时，也要负责捕捉自己在这个过程中产生的想法，为接下来要创建的F.A.B.I.网格做准备。每当他们想到与主题内容相关的特征、性质、收益或点子（你可以事先提醒他们关注这方面的内容），他们应该将这个内容记在便利贴上（一张便利贴记一个想法！）。这些数据将在团队资讯涂鸦的第四个步骤中派上用场。

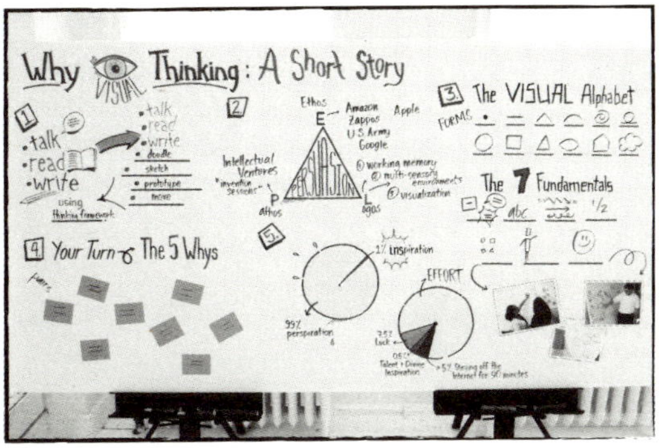

视觉化叙事实例

视觉化叙事的注意事项

· 明确告知发言者发言时长。让发言者在10到20分钟内讲述和演示一个简短有趣又能启发思考的主题。短于这个时长，可能无法充分展现主题；超过这个时长，人们的注意力则可能开始分散。

· 确保演讲者明白自己到会的目的。让他知道他的讲述是一个大环节中的一部分，是为了激发创新思维。如果你能向演讲者提供会议的背景，那会让他们的讲述更为得心应手，利用这个背景来设计自己的讲述内容。让演讲者知道你是出于何种考虑邀请他们参与到这个大环节中来的。这样的话，当与会者在他讲述期间埋头挥笔疾书时，他就不至于觉得莫名其妙。

· 由于视觉化叙事在此处是一个大的创新过程的组成部分，所以这个演讲应该经过特别设计，能够触发好奇心和开放性思维。你挑选的演讲者和演讲主题应该是新颖的、不同寻常的、出人意料的，甚至是你的团队完全陌生的。你的目的就是让团队自由思考各种可能性。如果你的团队成员觉得自己已经很了解这个主题，他们就不会动脑子了。所以选择一个探讨未来的主题或是完全不同于团队“日常”工作生活体验的主题。

·在会议开始前，不要告诉团队成员演讲者是谁。让这成为一个惊喜。如果与会者提前知道谁会来做演讲，他们也许会查阅这个演讲者以前做过的演讲，悬念的作用就大打折扣。你要对演讲内容和风格保密。越是出乎意料，人们才越是感兴趣。

在如何进行“视觉化叙事”的这一部分，我提醒你注意这一点：让与会者一边听讲，一边在便利贴上记下相关信息。这就意味着他们需要密切关注演讲者的讲述内容，这样他们才能收集足够的信息进行团队资讯涂鸦的第二个步骤：创建F.A.B.I.网格。

解决问题类会议下的团队资讯涂鸦步骤 #2：F.A.B.I.网格

创建F.A.B.I.网格的目标：

分解演讲内容的组成元素，在“启发性构思”中建构或组合新点子（也可以说混搭或重构）。

资讯涂鸦者的数量：

所有听了“视觉化叙事”的与会者。

持续时间：

与“视觉化叙事”同步进行（也就是说，应该是10至20分钟）。你也可以在演讲者发言完毕后额外留出5至10分钟让团队继续安静地写下想法。

关键性前提：

没什么特别值得一提的。

如何构建F.A.B.I.网格

记住！构建F.A.B.I.网格与“视觉化叙事”是同步进行的。每个听讲的人都要捕捉演讲中关于主题特征、性质、收益的想法及新点子，一张便利贴上记一个。也就是说，你需要在“视觉化叙事”开始之前提醒与会者这一点，而且你得让他们明确这些概念。“特征”（Feature）包括演讲者讲述的科技、产业或趋势具有的特点。比方，如果是电子游戏的未来，那么“特征”也许就包括“虚拟现实”“触控体验”“多人在线”等。“性质”（Adjective）包括描述性的语句，像是“不可预测的”“危险的”或“很受欢迎的”。团队成员写下的这些形容词不必是演讲者明确说出的话——完全可以是与会者在听讲过程中产生的判断。“收益”（Benefit）则是科技或产业价值。如果演讲者讨论的是医疗技术，那么“收益”也许就包括了“流动性”“数据采集”和“实时预警”。换句话说，“收益”指的是该主题包含的任何对其客户乃至对整个社会有意义的东西。最后一项是我们的“点子”（Idea）。你们中一些具有创造性思维的人，也许在走进会场时就已经基于会议目标准备了一些点子，或者是在听讲过程中迅速想出许多新点子。我希望你们捕捉这些初步的想法，在接下来的创意过程中它们会派上用场的。别忘了，一张便利贴上记一个点子。

在这一步中，提前绘制一个简单的网格。将一个空白的视觉空间——可以是多块挂图板或是多张挂在墙上的白纸——分成四部分。（你也可以用一块白板。但你要知道，便利贴在白板上粘得并不是那么牢。团队成员可以往画在白板上的网格里贴纸条，但当其中一些纸条掉到地上时，你可别觉得意外。不过，本来就会有一些便利贴坚持不到最后，因为你们会将它们从网格中取下，用到之后的步骤中去。）

画好网格之后，用大号字体分别在四个区域内标明“特征”“性质”、“收益”以及“点子”。（你也可以用图像来代表这四个分类。）这块空白空间就是你将团队成员在“视觉化叙事”过程中产生的想法固定下来的地方。最重要的是，这个视觉空间应该足够大，能够容纳团队成员的全部想法，并且每个分类（也许还包括它们的定义）都能让每个人看清楚。

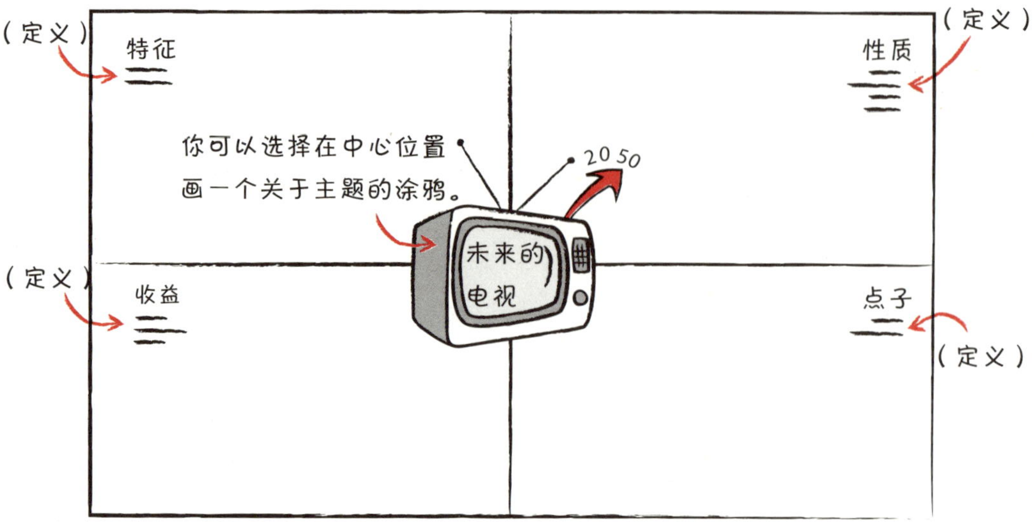

在听完“视觉化叙事”并且记录下此过程中产生的想法后，你的团队需要一点额外的时间静静思考他们听到的东西。你要鼓励他们在这段时间里继续记录基于刚刚听到的东西产生的想法。然后要求每个人拿起自己的便利贴，粘在F.A.B.I.网格相应的区域。你要建议他们，如果注意到自己便利贴上的内容与别人的相同，可以把这些便利贴粘在一起。你会看到主题渐渐成型。

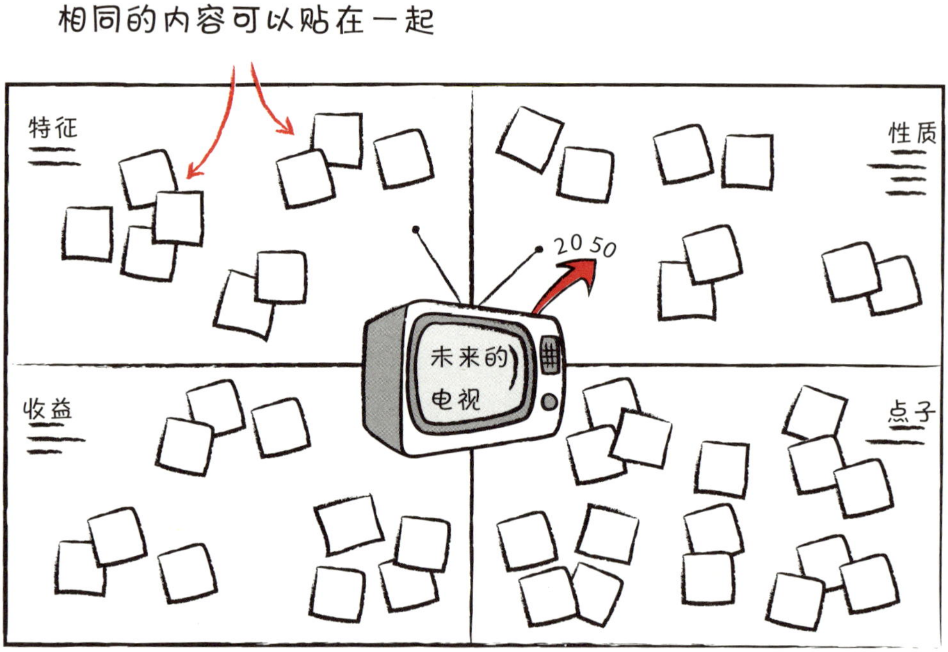

当四个区域都被填满时，你可以引导团队成员围绕每一个部分进行简短的讨论。注意一再出现的特征、性质、收益和点子——但也别忘了关注“离群索居”

的纸条。这些与众不同的便利贴也许最终能够催化出真正的创意。

最后，你要感谢前来进行“视觉化叙事”的演讲者（如果她还没走的话）。给与会者机会说出他们对此次演讲的想法，任何想法都可以，特别是演讲激发出来的新思路。这次会议的目的就是要产生创意，所以只要有人想要提出创意，现在就是合适的机会。你要向他们解释，下一个步骤就是像他们为之工作的人一样思考。（也就是移情图！）

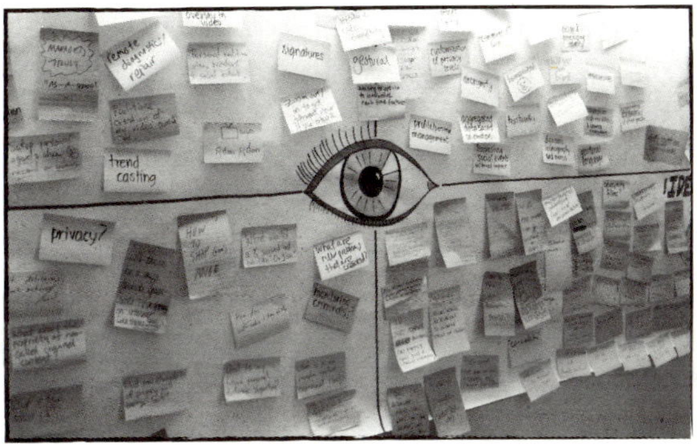

F.A.B.I. 网格的现实范例

创建F.A.B.I.网格的注意事项

·你预先涂画的网格应该标注上“特征”“性质”“收益”“点子”的字样，最理想的情况下，中心应该有一个图像或是涂鸦，能够让人联想到此次会议的主题。你还可以在网格的每个区域写上该分类的定义。这个视觉空间能提醒你和你的团队在“视觉化叙事”过程中需要做什么，并且提示人们怎样分类。

·不要纠结于特征、性质、收益和点子等概念重叠的地方。比方，人们认为电视是一个“可录性媒体”，他们可能觉得这既属于电视的“特征”，也属于“性质”。这四大分类不是非此即彼的，因为在之后的团队涂鸦步骤中，它们都可以被用来为更大范畴的创新过程提供信息。

·如果团队中有人看起来特别擅长将每个区域内的想法进行分组和归类，赋予他们整理便利贴的权利。这有助于厘清和确立主题和思路。

解决问题类会议下的团队资讯涂鸦步骤#3：移情图[170]

绘制移情图的目标：

有意识地理解和反映客户的体验，描绘他们认为有价值或感兴趣的事情。这既是解决问题的途径，也为接下来的团队资讯涂鸦做准备。

需要的资讯涂鸦者数量：

可以有许多参与者，不过你要将他们分成由3到6人的小组。

持续时间：

15至20分钟。

关键性前提：

1. 该团队对当前或潜在的客户足够了解，能够由此创作出一幅有用的资讯涂鸦。

2. 最好在开始之前确定客户的类型，或者在开始后快速确定。

如何绘制移情图

在任何资讯涂鸦活动开始之前，你都要解释其目的。就移情图而言，它的目的就是在设计某个新的产品之前，关注该产品或服务的顾客或最终用户。那些有想法的设计师常常将此称为“角色扮演”，这是一种暂时进入他人思想的方法，以此人的视角考虑他人的需求、身处的环境、行为偏好等等。就转换资讯涂鸦者的视角而言，移情图是一种非常可靠的工具，因为它非常自然地要求我们放弃自己的成见，透过他人的眼光看事情。我曾在一家大公司主持过绘制移情图，要求与会者站到公司CEO的立场上去思考，结果非常明显，会议室里的许多人有生以来第一次感受到了这个职位所担负的无尽责任。

理解他人，哪怕只是片刻，也是无价的体验。

在这个步骤的开始阶段，你需要让团队明确他们需要为之负责的“客户（群）”是什么。为大型科技公司的副总们提供新思路吗？还是为公立学校的教师们提供新点子？关注的中心是谁？你可以让团队成员自己选定要扮演的“角色”，也可以为他们指定一个，然后让他们为这个“角色”设定一个名字及身份。如果他们手头有相关的人口统计学或心理学方面的资料，告诉他们这些资料都可以包括在移情图中（如果团队成员在现实中认识具有代表性的客户——比方说住在得克萨斯州奥斯汀的井下松之助——那么这个步骤将更为真实可信。你甚至可以拿现实中人们的照片粘贴起来）。

让团队选出一个代表，在空白空间的中心画一个大圆圈，填上眼睛、耳朵和嘴巴，这就是他们客户的头像。（如果你问我，加上头发、眼镜或珠宝是不是也可以，我的回答就是：当然可以！要是你喜欢的话，甚至可以画出一个完整的人形。）

接下来，将头像四周的空白处划分成六个部分，分别在每个区域标上“想”“看”“听”“说”“感觉”和“做”。（如果让这些区域对应身体的相关部分，也是一种很好的做法——六个区域分别处于头顶、眼睛、耳朵、嘴巴以及心脏和双手的位置旁边。）你可以看到经由这个步骤我们能够切身地体会某个客户的真实感受，而这也许是你的团队之前从未设想过的。

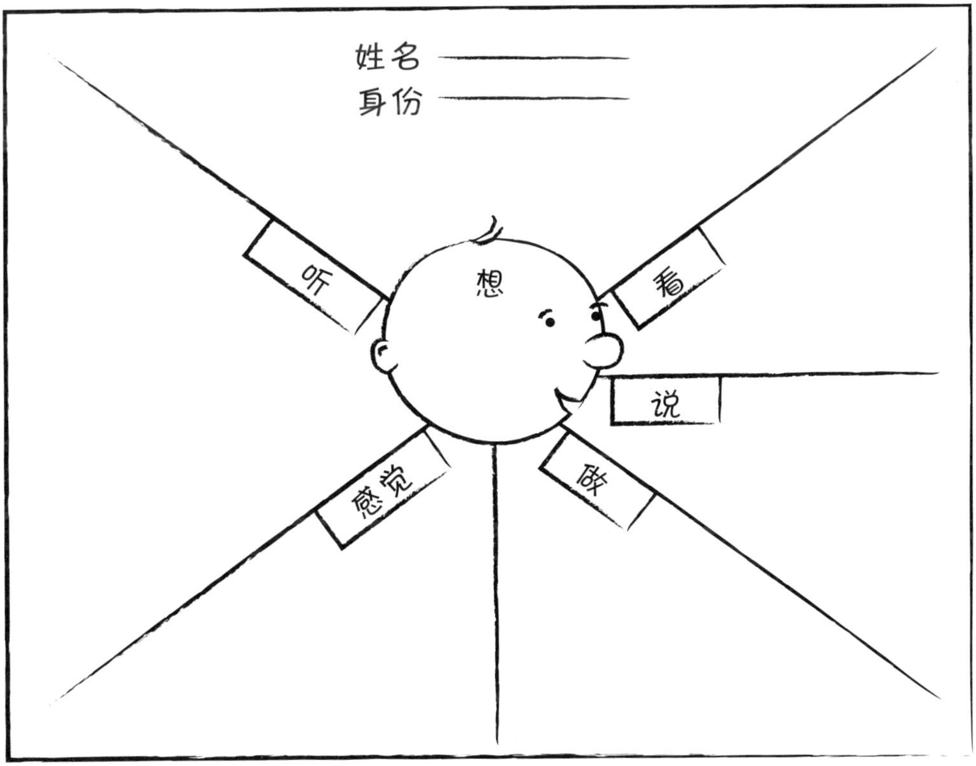

这个涂鸦活动的目的就是填充客户信息。要求你的团队成员按照区域分类依次站到客户的立场上思考。在此人的眼中，她会看到什么？她是不是看到市场竞争越来越激烈？顾客对产品的忠诚度发生了动摇？她有何感受？会因为艰巨的工作任务而不知所措吗？会因为在某个特定领域领先而兴奋不已吗？她会听到人们对她说什么？面对相应的信息，她会采取怎样的行动？资讯涂鸦者们应该被问到这些问题，这样才能更为充分地体验这个“角色”。在接下来的团队资讯涂鸦步骤中，这将让他们设身处地地站在客户的角度进行创新思考。

现实世界中的移情图范例

绘制移情图的注意事项

· 如果你的团队由10个或更少的人组成，你们可以聚集在一块大小合适的空白空间前进行这个涂鸦活动。如果你的团队规模较大，那么最好是分成三到六人的小组。每个小组都要有一块至少是挂图板大小的白色空间进行涂鸦。

· 如果你的团队需要绘制多幅移情图，你可以指派小组中不同的成员来绘制，也可以让他们自由选择潜在客户的“角色”进行涂鸦，然后在游戏结尾时将整个团队聚集起来，让各个小组进行一个简短的陈述，这样整个团队就能“认识”不同的“角色”。

· 同多人参与的资讯涂鸦活动一样，在绘制移情图的过程中，告诉你的团队不要等着全部成员对客户体验达成共识。每个人都可以在空白处直接写下或是用便利贴贴上自己的想法，当信息渐渐累积起来的时候，争论的声音就会渐渐小下去。等到客户的大概情况已经较为清晰时，再进行讨论。

· 绘制移情图的目的在于快速而深入地对客户进行定位，随着这个过程的进行，你的团队往往会对产品或服务的设计有新思路。当然，你也可以进行更为严谨的、长期的调研工作，调查客户的需求和行为偏好。你在网上和许多关于设计理念的书里都可以找到深入分析顾客的技巧。这个涂鸦活动是在轻松愉快的气氛中让你的团队大致了解自己提供创意的对象，不会严格地审查每一个“角色”的来龙去脉和背景。要彻彻底底地了解一个人，本身就需要通过多个步骤的资讯涂鸦活动才行。

· 将客户的详细信息包括进移情图中是一把双刃剑。有时候，统计学和心理学方面的资料有助于催生一个真正针对特定人群需求的新产品，但太多的细节会限制人们的思路，反而抑制创新（比方，试图为生活在食品缺乏地区的二十来岁的年轻妈妈们设计一个产品，这个限定条件就太狭隘了）。此外，人类是复杂的生物，你不能简单地将他们看成统计学上的数据，通过他们的年龄、种族、居住地、民族、职位等条件，你并不一定能准确地判断出他们的喜好。你要清楚这些细节在不同的团队中是否促进创新，然后将细节数量调整到合适的程度。

· 移情图中的六个分类区域也可以转换成五类：“认知”“生理”“文化”“社会”“情绪”。[171]“认知”包括人们在使用产品或服务时对它们的认识，或者是他们在生活或工作中对它们的想法。“生理”方面涉及客户生活的现实环境或是他们在使用产品及服务时身体上的感觉。“文化”方面包括对客户的行为模式、价值观或信仰的分析，以及这些东西如何通过他们的行为表现出来。“社会”范畴是在社会的大背景下分析人们如何做出行动、如何进行互动、沟通和协调，这些方面在使用某种产品、服务或工具时如何体现出来。“情感”则是在对客户的“角色”做出大体勾勒的前提下分析其情绪表现，找出触发这些情感反应的关键因素。你可以让团队成员从这些方面进行思考，你的团队会得到全然不同的移情图。

· 活动结束之后，继续将移情图挂在墙上，让大家都能看到。当人们得出新点子时，都应该重新审视这些移情图，以此来“检验”自己的创意是否真正符合某个特定客户（群）的需要。

解决问题类会议下的团队资讯涂鸦步骤 #4：探索性构思

探索性构思的目标：

结合截然不同的要素、特征、收益与点子，针对产品、服务、工作方法或工作过程进行创新思考。

需要的资讯涂鸦者数量：

能找多少人来就找多少人来。

持续时间：

15至90分钟，或者花尽可能多的时间想出更多的创意，在接下来的步骤中，我们将根据这些创意的可行性与创新性对它们进行排名。

关键性前提

没有什么值得特别一提的。

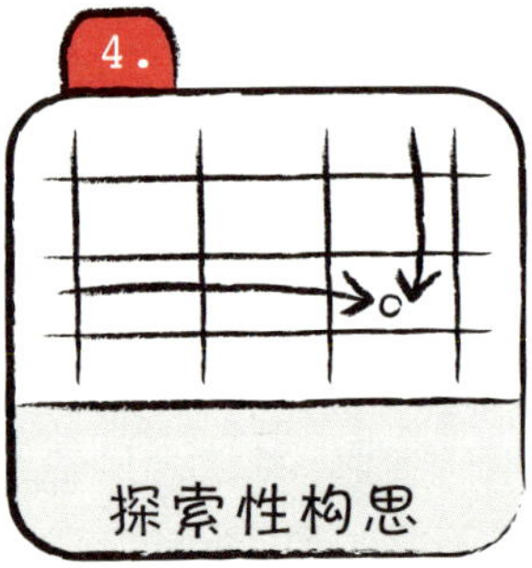

如何进行探索性构思

这个团队资讯涂鸦活动堪称创意“车间”。当人们投入看似基本的组合、重构行为中时，你会发现自己瞬间被源源不断涌现出来的创意淹没。还记得我们之前在创建F.A.B.I.网格中记下的特征、收益与点子[172]吗？现在就是它们闪亮登场的时刻了。

在这个涂鸦活动开始时，你应该要求与会者在一个大的白色空间内快速涂画一个矩阵。然后往里添加横行竖列，行列的数量取决于你设定的会议时长。画出这个矩阵的目的就是为与会者提供一个空间，他们可以在这个空间中将自己在“视觉化叙事”步骤中产生的想法同某个现有产品或服务的特征进行“对撞试验”。这听起来挺简单的，实际上这个涂鸦游戏的机制也的确十分简单。关键的推动力来自创造性思维，因而这些“对撞试验”很可能催生出崭新的创意。

你需要在这个矩阵中画出X轴和Y轴，标上相应的变量。将哪些变量标记在哪条轴上并不重要——“碰撞”的结果才是有意义的。你要让你的团队选出一个他们想要进行创新的产品或服务（或宣传推广活动等等），然后沿着一条轴线标注出它的特征。在进行这一步时，使用便利贴会更方便，因为你很容易就能将它们取下来，不过这并不要紧。

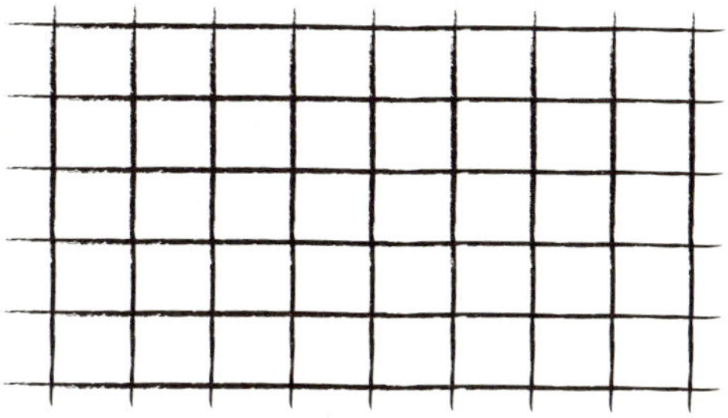

让你的团队沿着另一条轴线标出他们感兴趣的特征、收益、点子，或是看起来很有创新潜力的想法。你可以直接从之前创建的F.A.B.I.网格中取下相应的便利贴粘上去，也可以现场填写。没必要太纠结细节，不过有些团队依然会在这一步花上不少时间，甚至会卡在这里。所以你一定要告诉你的团队，“碰撞试验”的结果中蕴含着丰富的潜在创意，你甚至可以用上“多得做梦也想不到”这样的话语来鼓励他们，最终的结果肯定不会与你的预测有太多出入，而这样的鼓励肯定能加快进度。

接下来便是“碰撞”时间了。参与者应该依次审视每一行与每一列的交汇处，快速地思考此处是否可能诞生一个创意。我来举个例子：比方说X轴表示的是一种用于洞穴探险的工具（折叠梯），Y轴表示你们公司生产的一种产品——平板电脑。那么呈现在你们团队面前的问题就是，当你试图将折叠梯的原理、组成部分、作用或是特性同平板电脑结合起来思考，会得出怎样的可能性呢？折叠梯是否能催生平板电脑的升级版本或是革命性创新的版本呢？

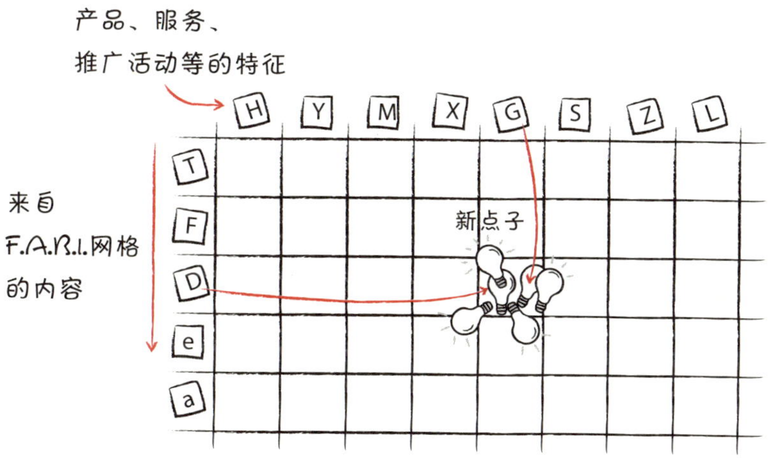

一开始，人们可能会被这个问题难住。这就好比在问，一个小丑如何帮你长出头发来。什么玩意嘛！这个时候，就需要你鼓励他们动起手来。告诉他们，不妨像孩子们玩积木那样组合各种可能性。不要去评判。不要怀有太高的期望。只是单纯地在形式上杂糅。

下面我列出了我这样做时悄然来临的新奇想法：

- 随着平板电脑使用者熟练程度的提升（也就是说，当用户在使用平板电脑这把“梯子”上爬得更高时），将平板电脑的界面设计得更精细复杂。
- 设计一种即使屏幕弯折扭曲也不会影响观看体验的平板电脑。
- 设计一种能够开合的平板电脑。
- 设计一种能够折叠成箱式的平板电脑，这样你就可以站上去。（不许嘲笑我！）
- 设计一种专门面向程序员的平板电脑，当程序员为某个特定任务编制代码时，它能感觉到程序员卡壳的处境，并主动提出不同的可用选项。

我想你应该已经看到了，在构建新的可能性时，并不存在什么挑战。挑战只在于你是否愿意这样做。我在各种各样的环境中与不同的团队共事过，知道你们中的一些人此时此刻正在估量这样做的可行性。你没法阻止这种怀疑的想法。但不要因此放弃手中的点子。这可不是资讯涂鸦者获取知识的途径。你不妨将上面那五个点子看成创意的种子，你可以进一步检验，说不定某个想法最终能真正开花结果。你要明白，在矩阵中放入什么变量其实都不重要。打个比方，我选择了一个特定的产品——平板电脑——放入这个矩阵。其他的团队成员完全可以将细枝末节放入这个矩阵与折叠梯进行“碰撞实验”，从而催生出新的创意。你可以选择触摸屏的滑动方式、新邮件的通知方式、字体的设置方式、电源的开关方

现实生活中的
探索性构思范例

式——任何与平板电脑有关的因素。这个团队资讯涂鸦活动同所有运用创造力的活动一样，不受任何限制。放开手脚去做吧。

探索性构思的注意事项

· 不要特别指派一个人拿着便利贴记下每一次“碰撞”产生的想法。每个人都应该准备便利贴，快速地写下或是涂画出点子，就像机关枪开火那样——哪怕这个点子看起来平淡无奇，甚至古怪可笑。一个点子的可行性或有用性将在之后得到确定。而在这个产出点子的过程中，任何事情都可能发生，没有一个点子应该在一开始就被丢弃。

· 根据你的会议时长调整矩阵的大小。一个4*4的矩阵至少能产出16个点子。一个9*9的矩阵最少能产出81个点子。但通常情况下，你得到的点子会远远超出这个预设的最低产量，因为每个人通过每个“碰撞试验”都可能产生多个点子。（不过也有一些“碰撞试验”不会产生任何点子，这是事实。）事先估计好你打算花多少时间在探索性构思这个步骤上，如果你决定花相当长的时间，那么要留出休息时间让人们“放放风”。创新思考是很费精力的事情，人们很可能需要在长时间的探索性构思后补充一下精力。

· 提醒团队成员不要预测“碰撞试验”的结果。许多类型的思考者（包括工程师、会计师和经济学家）都喜欢在“碰撞试验”真正发生之前预测它的结果。这会剥夺快速产出点子的全部乐趣，就像给思想套上了笼头，要知道，这个团队资讯涂鸦活动原本需要放开思想，结果的不可预测性正是这个活动成功的保证。

· 如果你的团队没有产出全新的创意——相信我，这对任何团队而言都是难以接受的事情——那么你可以暂时打断这个产出点子的过程，引入“破中有立”的方法。[173]“它可以培养人们在知觉与推断力方面的创造性，特别适用于那些有着细微差别的想法，它能够将这些细微之处提取并结合起来，催生出崭新的创意。在运用这个方法的时候，让团队思考一个需要他们创新的产品或服务（比方说云咨询），然后随机给他们两个名词（比方说的士和煎锅）。然后让他们为这两个名词创建思维导图，把这两个名词概念分解成许多个较小的视觉化元素，将这些元素与那个需要进行创新的产品或服务结合起来，从而让这个产品或服务获得更大的价值。“的士”可以解构成“黄色”“司机”“交通”“轮子”“移动”等元素。“煎锅”可以被解构成“不粘锅”“热”“重”“闪亮”“实惠”等元素。当这两个名词被解构时，每一个元素都可以同你们团队选定的产品或服务进行组合，从而变成与之前完全不同的东西。这个办法能够真正地让人们意识到，原来在一个“可分解”的事物中——比方说煎锅——蕴含了数不清的创意。告诉你的团队首先要追求的是点子的数量。点子的质量当然也很重要，但首先你的团队必须产出大量的点子。

· 不要试图就某个想法是不是一个“好点子”寻求全体团队成员的一致赞同。这只会大大拖慢点子产出的进程，同时还可能在让偏执多疑的情绪注入到整个团队的思考过程中，这可不是什么好事。

· 认真思考每个点子，哪怕它一开始看起来很荒谬。我是认真的！过去，消化性胃溃疡患者常常需要切除部分胃，因为在几十年间，占据主导地位的说法就是溃疡并非感染的一种，所以抗生素永远不会起作用。要时刻心怀这样一种想法：在浩渺的知识宇宙中，我们都是渺小无知的！所以我们要保持开放的思想——即使是在面对一个看起来很可笑的主意时。

· 在审视过整个矩阵的内容，找出有潜力的创意之后，你的团队也许需要一些时间为这个创意快速构建模型或绘制草图。给他们这个时间。

· 当一个团队进行创新思考时，企业文化中僵化守旧的缺点往往会被放大。在此过程中你的团队可能明显地表现出思想的僵化及信任的缺乏。你要敏锐地察觉出团队气氛是否变得沉闷，如果团队中抱残守缺的人看起来有点多，那就要及时调整团队成员的构成。团队中哪怕只有那么一两个喜欢唱反调的成员，就可能严重阻碍创意的诞生。

· 当团队资讯涂鸦进行到这一步时，毫不犹豫地请领导（或是颐指气使的上级）离开房间去休息一下。因为他们的在场往往对创意的产生起到反作用。

· 这个资讯涂鸦活动要求人们真正地将头脑中的马达开到最大，当你让他们进行某个步骤时，很可能要为他们做一个示范。要做好准备，当场提出一大堆点子，哪怕这些点子看起来不怎么样，这样他们就能明白，在这个步骤中，最紧要的是追求点子的数量。

· 当团队进度裹足不前时，你可以走到每个小组旁边，随机说一个词。让他们利用这个词衍生出一些新的创意。

· 当你的团队产出了一大堆各式各样的点子，迫不及待地想要进入此次团队资讯涂鸦活动的最后一个阶段时，你可以向他们提出这样一个问题：要是有人采纳了这个创意，他会如何做？[174]让他们围绕产品或服务的实际用途和用法重新进行构思，而不只是基于对客户群体特征进行设计，这往往能够开发出一个全新的用户（群），反过来又促生更多的创意。让团队成员变换设计角度、引发更深刻的见解和想法，是结束这一团队资讯涂鸦步骤的最好方式。

· 虽然我很不愿意承认这一点，但还是得说：在这个步骤中，喜欢思考的人会极大地影响最终结果。一小群极富创意、勇于冒险的人在这个过程中得到有用点子的速度要比一大群几乎从不花时间进行创新思考的人快上许多。我们每个人都有创新的能力，这一点毫无疑问，但创新思维就像肌肉，现实中，的确有一些人更为刻意、更为经常地锻炼这些“肌肉”。所以你要清楚你对团队的期望。你的期望应该建立在人们实际情况的基础上，而不是基于你希望他们做到何种程度。对那些习惯运用创新思维的人来说，各个步骤会轻松许多。

· 基于有些人就是能轻轻松松想出新点子，你要让参与者的头脑和身体得到休息。在一段时间的探索性构思之后，让他们去吃点东西、呼吸呼吸新鲜空气，这样他们才能以饱满的精力重新产出点子。像任何创新过程一样，这个资讯涂鸦活动会将人们的想象力推到极致，然后想象力就会变得疲惫。当大家的精力明显开始涣散，产出的点子数量锐减时，你就没必要坚持将这个步骤继续下去了。

解决问题类会议下的团队资讯涂鸦步骤 #5：强制排名

强迫排名的目标：

这个步骤对准让人啧啧称奇的创意，因为解决问题类会议的最终目的就是设计出一种新颖的、吸引顾客的产品、服务、用户体验等等。在谈到规划类会议时，我已经向你详细介绍过它了。现在我会将它放在解决问题类会议的背景中快速说明一下，为你节约一些时间。

需要的资讯涂鸦者数量：

参与了前一个步骤的团队成员。不是每个人都必须进行投票排名（让那些资历更老、经验更丰富的人承担这个任务），但每个成员都要在场，以阐述创意背后的思考过程。

持续时间：

15至60分钟。

关键性前提：

同上个步骤。

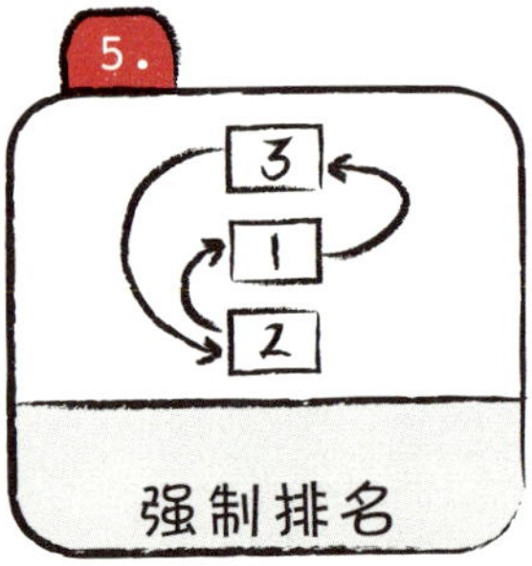

如何进行强制排名

在这个阶段，你的团队也许已经产出了大量的新点子（如果一切顺利的话）。现在请你回忆一下我们第一次介绍强制排名时提到的机制，你需要排名的标准。需要评估的点子可能非常多，所以最好将团队分组，先在小组内部投票，选出3到10个确实出类拔萃的点子，然后将这些点子汇集起来公投（你还可以挑选或是排除十分古怪的点子——肯定会有这样的点子）。正如你已经知道的那样，你可以选择任何符合你目标的条件作为排名标准。你可以选择生产的难易程度、拿下专利的可能性、创新的水平、预期的投资回报率或是以上全部四个条件作为排名标准。根据意愿简化或是复杂化排名过程，但要清楚哪些因素会影响每个点子对团队或公司的价值，然后在此基础上强制排名。

女士们，先生们，至此，你（很有可能）已经成功召开了一次以革新创造为目标的解决问题类会议，以解决问题。不管相信与否，你根本不需要雇佣所谓的“创意专家”或是召集各路天才。你所需要的只是一系列视觉化活动以及思维练习，它们能够引领团队成员的思想到你所希望抵达的地方。恭喜你，资讯涂鸦者，看看你们催生了多少新奇的创意！

决策类会议

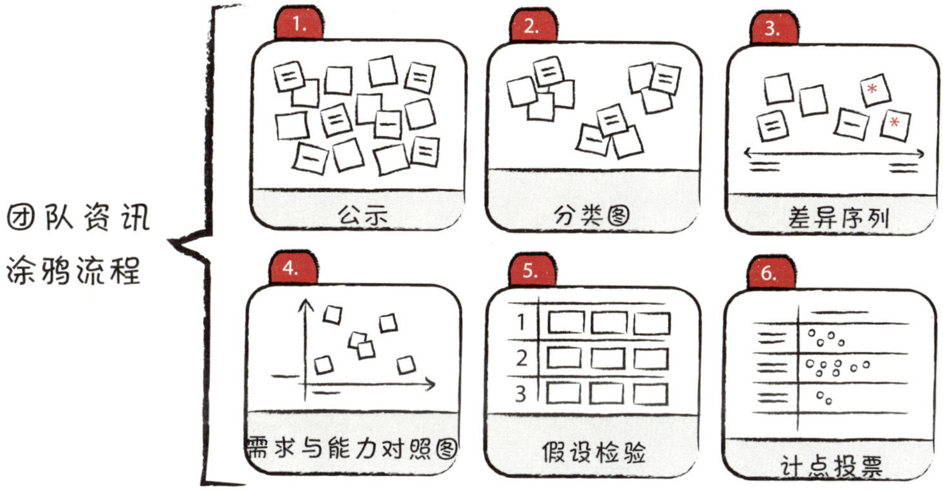

决策类会议的目标：

研究选题范围[175]和项目构思的商业机会，确定需要资金投入的选题和需要执行的组织、部门和团队。

决策类会议下的团队资讯涂鸦步骤 #1：公示

该步骤的目标：

让人们就每个选题或项目蕴含的机会提出不同的想法（这些想法将是下一个步骤的基础）。

需要的资讯涂鸦者数量：

可以与单独的个人一对一进行，也可以在规模较大的团队中进行——甚至让成百上千的人一同参与！[176]

持续时间：

每个论题或项目5至7分钟。

关键性前提：

1. 每个选题或项目都具有值得尝试的机会价值（我知道这看起来像是废话，切。但在现实生活中，许多公司会花费大把时间评估各种可选方案，执行起最后确定的方案来时却怨声载道。这样的事情我见得太多了）。

2. 与会者对每个选题或项目都足够了解，至少能够提出一个相关的机会价值。

如何进行公示

公示是此次会议中最关键的资讯涂鸦活动，接下来你要集中注意力，看好它是如何操作的。在今后的工作中，你将百亿次地用到它。[177]它实际上非常简单，当你和你的团队真正进行这个步骤时，你将完全不需要我的指南。让我们开始吧。

让每个参加会议的人准备一本便利贴和一支马克笔。告知他们第一个选题范围或项目构思，让他们从机会价值的角度进行思考，给他们一段时间安静思考，得出尽可能多的想法并且写下来。告诉他们一张便利贴上写一个想法（这样接下来的团队资讯涂鸦才能正常进行）。如果人们选择涂鸦或画画，要确保他们能说明白需要公示的想法。在这一步骤，与会者（大部分时间）应该保持安静，这样你才能从团队成员那里得到足够的想法。

预先准备一块空白的空间或墙壁，当人们在便利贴上写好自己的想法后，[178]让每个人都走到这块空白处，将自己的想法贴上去，以作“公示”（这就是这个步骤名字的由来）。每个想法都必须被大家清楚地看到，所以不要把自己的便利贴叠到别人的便利贴上头。这会导致信息缺失。接下来，你们面前应该呈现出一个视觉空间（见下页）：

如果有多个选题范围或项目构思，重复此过程，围绕每个选题得到足够多的想法。但记得将每次得出的想法张贴在不同的视觉空间中，这样就不会弄混。否则，混杂的纸条将造成信息的“塞车”，要知道，没人喜欢塞车。我用下面的图向你表达我的意思。

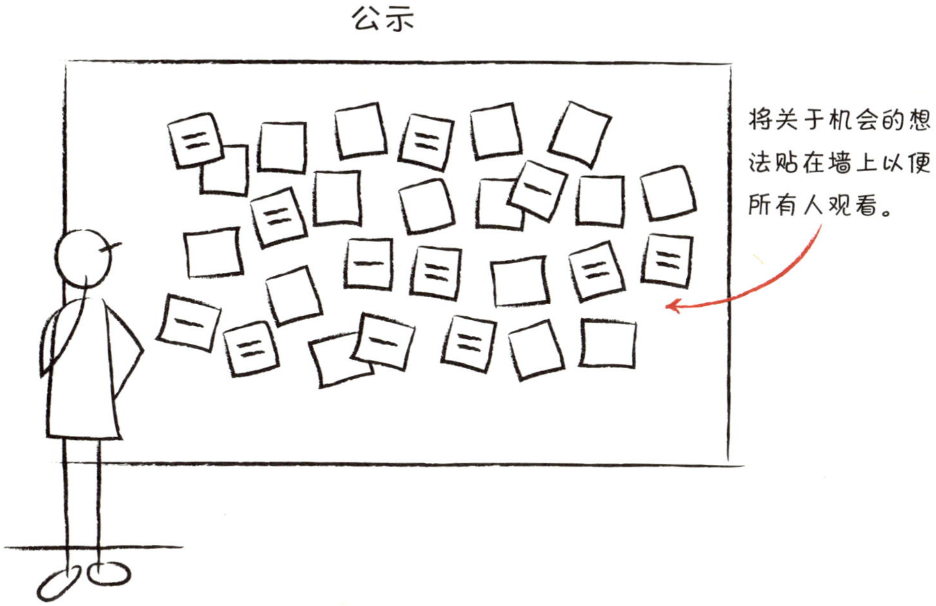

你可以将这个资讯涂鸦活动想成玩扑克牌时的“亮牌”时刻，大家都把自己手中的牌放在桌上，这样每个人都能看到别人手里拿着什么牌。公示能让团队成员掌握充分的信息，以便之后做出决定。这个阶段产生的想法越多，团队在做决策时就越是有信心，因为不会有任何可能导致“牌局扭转”的牌被遗漏在外。

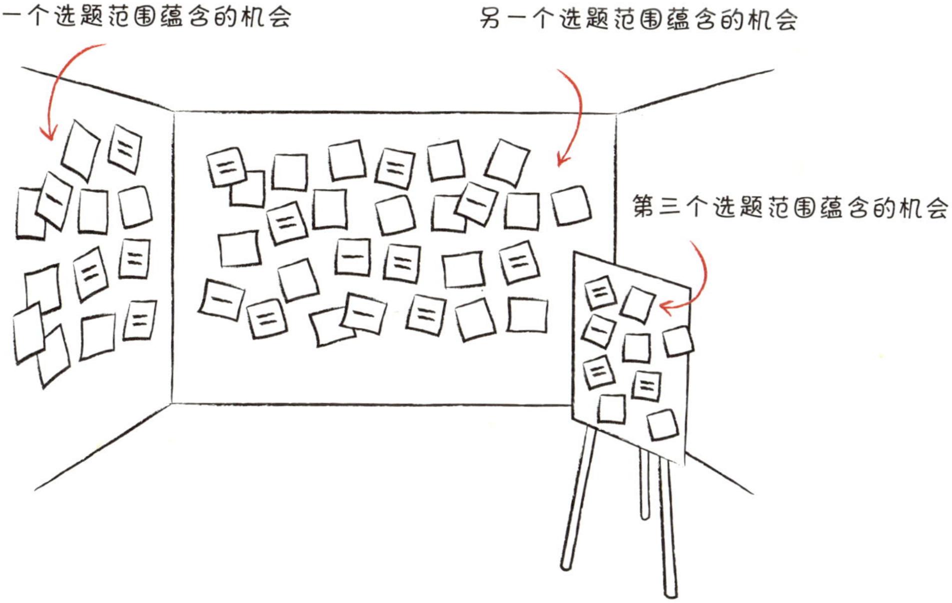

公示过程中的注意事项

现实世界中进行公示的范例

· 这个涂鸦活动——同所有量变引起质变的行为一样——重要的是想法的数量而不是质量。[179]所以让团队成员的动作快些，提醒他们不要评判自己的想法。在公示阶段，他们只需要不断提出想法。这个步骤的目标就是产出大量数据，为接下来的步骤打好基础。

· 告诉团队成员，在将自己的想法写下来或张贴出来之前，不用试图与他人达成一致。建立共识需要花费过多的时间，完全没有必要，因为这个步骤关注的并不是想法的评价或比较。要求团队成员独立思考，不要借鉴或盲从他人。

· 为了更好地分类，要求团队成员写下想法后，就把便利贴张贴到墙上。换句话说，通过调控走到墙边张贴便利贴的人员密度，你可以提前整合数据。人们完成笔记的时间是不一样的，所以你要让那些已经完成的人走上前来，将他们的想法粘贴在白墙上。接着上前来粘贴的人，如果他们的想法与前面的人相似，便可以将自己的便利贴贴在与前者平行的地方。通过这种方式，你通常能得到有序排列的成组信息，否则，要是人们都挤在同一时间张贴便利贴，最后墙上会乱成一团。而要是你允许甚至鼓励人们按照顺序依次上前张贴想法，那些相似的想法往往就会集中在一个区域。不过就算不是这样，大家都一股脑儿冲到墙边七手八脚地粘便利贴，也没关系。我们将在下一步整合信息。

决策类会议下的团队资讯涂鸦步骤 #2：绘制分类图

分类图的目标：

找出类似的想法并将它们归成一类。

需要的资讯涂鸦者数量：

指定2到5个参与者整理每个选题范围或项目构思；如果超过这个数量，就会显得拥挤了。如果需要进行整理的想法数量不多，那么余下的参与者可以在旁边观看这个过程——通过观察也能得到许多有用的信息，而且他们可以一边看一边校正分类过程。

持续时间：

时间不限，直到将所有想法整理成有意义的分类——通常在10到20分钟之间，取决于想法的数量与多样程度。

关键性前提：

每张便利贴上的信息都足够简明易懂，方便准确地归类。（如果你发现某张便利贴上的字迹很模糊，一定要问清楚是谁写的，然后让他阐述字条内容，再做分类。你还可以即时修改写得过于繁复的字条，归纳出它的主要内容。）

如何绘制分类图

像公示步骤一样，绘制分类图对于团队资讯涂鸦是十分关键的，所以你必须熟练掌握这一步骤，并且牢牢记在心中，你以后经常会用到它的。记住，我们的目的是促进思考，而准确地分辨出事物的相似之处（以及不同之处）往往能催生有用的想法。

进行到这一步时，某个选题范围或项目构思蕴含的机会已经大体出来了。现在你要将数量众多的想法按照相似程度分类整合，以成为有意义的信息。这件事情做起来真的非常容易。你需要做的就是将某个想法同它的“兄弟”“姐妹”们放在一起。[180]最后你会得到一幅如下页所示的资讯涂鸦作品。

之后，你要同团队成员一起决定哪一个类别的想法最有代表性。记住，你要全程引领团队成员进行这个流程，做出最好的决定，这就是我们会议的目的。你要尽己所能，以一个老练的资讯涂鸦者身份推动整个涂鸦过程不断向前。为了做到这

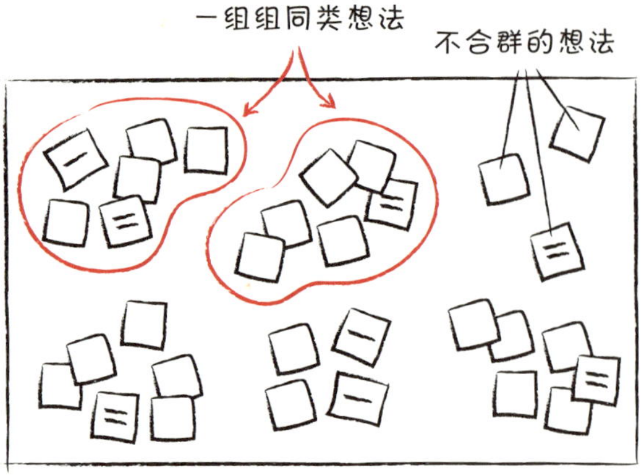

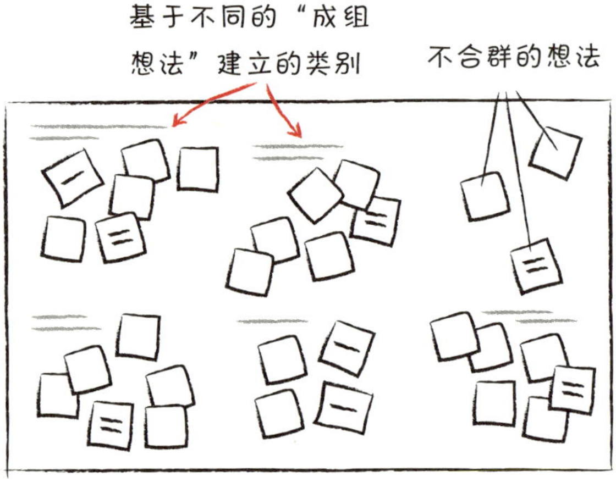

一点，我们需要在一个步骤的结尾做出有利于下一个步骤的行动。所以在步骤的尾声，你要总结，将类别的名称写在大张或不同颜色的便利贴上，然后粘到相应的那组想法上方。类别的名称应该征得团队成员的大致同意。完成了这一步，你就为接下来的步骤做好了准备：差异序列。

绘制分类图的注意事项

·不要担心与众不同或是看似“无关”的想法。你只需为它们找到一个具有大致相关性的“大家庭”，或是将它们放在“野生卡”的区域。下一步时，别忘了这些“野生”卡片，因为它们也许包含着大部分团队成员没有意识到的宝贵见解。

·尽管在这个步骤中，我们不需要反复或额外地阐述和分析各个想法，但在结尾时，你肯定能从分类图中看到，有多少团队成员在某个选题范围或项目构思中看到了同样的机会。如果你愿意，你可以统计这些人数（哇！12个人觉得用飞机在空中喷出烟雾文字是个好主意）。这也许能让你和团队成员再次注意这个机会的突出之处，至少它代表了大部分团队成员的想法。

·如果团队规模很大，而你又希望他们全部参与到分类的过程中来，你可以在公示阶段结束后让大家略作休息，然后自己留下来对这些想法进行初步的分类整理，以便大家回到会议室之后进行评估。通过这种方式，你推进了分类的过程，让他们能够集中精力考虑你的想法。通常来说，一支由十五或二十人组成的团队能够围着公示墙站成一个半圆，随着这一步骤的进行，他们会渐渐地聚集在自己赞同的想法跟前。当他们这样做的时候，作为此次会议领导者的你，便可以清楚地知道某个类别是否得到了大部分人的认可。

决策类会议下的团队资讯涂鸦步骤 #3：建立差异序列

建立差异序列的目标：

评估所有机会的意义，按照意义从小到大的顺序排成一个序列。

需要的资讯涂鸦者人数：

可以一对一，也可以在一支人数上限约20的团队中进行。如果待评估的选题有很多个，理想的情况便是将团队分成2至4人的小组，每个小组负责一个选题范围及其相关的项目构思。

持续时间：

10到30分钟。

关键性前提：

团队成员对列出来的机会具有的“意义”有很好的把握（如果他们在该步骤开始时没能做到这一点，也能随着流程的推进一起搞清楚这些意义）。

如何建立差异序列

差异序列是将某个人的想法围绕一个既定的标准进行简洁而准确的可视化排序。因为你已经正式成为了一个受过训练的资讯涂鸦者，那你现在肯定知道，这是一个用途多样的视觉化工具。在构建差异序列的时候，你可以指定任何你想要的标准。你可以选择项目执行起来的工作强度（从低到高），成功的概率（从0到100%），消极的因素（从少到多）。你可以挑选一个标准绘制一个差异序列，也可以挑选多个标准绘制多个差异序列，将它们列在会议室各处墙上或是挨个叠在一起。同你在本章看到的许多团队资讯涂鸦活动一样，对其稍作调整，就能赋予它全新的功能。在视觉语言中，它只是一个简单的元素（就像一条线！），却能推你走上一条长长的认知之路。

作为此次会议的领导者，你要如何引导这个涂鸦步骤呢？开始时，你要在一个白色空间中画出一条简单的水平线（当你的团队人数较多时，记得将这条线画得醒目些，至少有四到六英尺那么长）。然后在一端注上“最有意义”，另一端注上“最没意义”。将分类图步骤中得出的不同类别信息依次排列到这条线上。按照团队成员对这些类别的态度将它们粘在相应的位置。是的，在这个过程中，肯定会出现大量的讨论，这是件好事。你要鼓励团队成员说出自己的意见，这能帮助每个备选方案都放在最适合的位置。

当你的团队评估了每个（类）想法，并将它们在这条线上排好后，这个涂鸦活动就大功告成了。记得告诉团队成员，你很感谢他们所做的贡献。因为不管他们有没有意识到，他们都在改变自己的认知以更充分地理解某件事情，这个过程也许很缓慢，但的确在发生——而这正是做出最佳决策的必经步骤之一。

绘制差异序列的注意事项

· 在写下或涂画团队成员对某个选题范围或项目构思的想法时，可以随意一些。差异序列不是必须画得干净整洁（事实上，人们对大片空白有着天然的反感之情，总想着要把它填满，这种心情是可以理解的）。你可以在某个想法旁边加上注解，写上它比其他想法更有意义的理由。你可以针对它们何以如此排列提出一些尖锐的问题，并将大家的回答用视觉语言呈现在空白的地方。最后的涂鸦作品越细致，团队成员获得的信息就越丰富，这样当他们针对此次会议的目的进行思考时就越深入周全。你还可以针对某张便利贴快速涂画一张思维导图，为什么要这么做就不用我说了吧。

・这一步，气氛也许十分轻松，每个团队成员也许都表现得十分自在，但你肯定会发现有时出现这样的情况：大家觉得某两个想法具有同样的“意义”，或是对某个想法的“意义”大小存在严重的分歧。没关系，这都是十分自然的事情。如果大家认为两个想法具有同样的“意义”，你可以将写着两种想法的便利贴平行地排在一起——这是没有问题的。如果大家存在严重的分歧，看起来不太可能达成一致，那就将同一个想法分别放在水平线的两端。让大家从不同的角度评估。这不会影响到会议的总体目标，而且能够诚实地反映团队的看法——这才是此次资讯涂鸦步骤中最重要的东西。

・如果你们希望在下一个资讯涂鸦步骤之前剔除一些想法或方案，尽可以这样去做。排除靠近“最没有意义”一端的想法。在下一步中，你们会将根据不同的标准再一次评估，如果你觉得某些想法不值得花这个时间或精力，那就直接在这一步将它们剔除。

・团队团员的思考方式不一样。有些人可能会觉得“意义”作为标准太过模糊，他们希望知道衡量“意义”大小的标准是什么。是收益？是顾客的满意度？面对这些问题，你要果断让他们闭嘴（开玩笑啦！）。如果你发现你的团队希望明确“意义”的具体所指，允许他们这样做。选择两到三个标准作为意义的“下拉菜单”，并用图标来代表它们。（收益可以画成一个美元符号，顾客满意度可以画成一个笑脸等等）团队成员可以用这些符号标注自己的便利贴，然后将不同的想法贴在差异序列中的相应位置。不费吹灰之力。当进行团队资讯涂鸦时，不管你怎样做，关键是要在人们需要你展示更多的细节时保持冷静。运用你的视觉思维方式找出满足他们要求的办法。你拥有这样的魔力！

当这个步骤完成时，你和你的团队便朝着一次成功的决策类会议迈进了一大步。而且这个过程轻松愉快！这就是我全心全意喜爱团队资讯涂鸦的原因。在我们的公司或是学校，有几个活动能同时让我们进行视觉化表达和深入的交流与分析？！

决策类会议下的团队资讯涂鸦步骤 #4：需求与能力对照图

绘制需求与能力对照图的目标：

根据市场需求和公司的现实情况，审视某个选题方向（及方案）能否可靠、有效地执行。

需要的资讯涂鸦人数：

可以一对一，也可以在一支人数上限约20的团队中进行。如果超过这个数量，人们就没法同时围过来近距离观看图表，因为这份图表相当复杂，很难从远处看清。

持续时间：

10至30分钟。

关键性前提：

团队中有足够多的人对客户需求或市场需求有所了解，能够准确地按照标准将便利贴粘到图表中去。同时团队成员对自己的团队能力也足够了解。（这个前提一般不用特别拿出来说，因为它本身就建立在你邀请正确的人参加会议的基础上。只是有时事实并不是这样。）

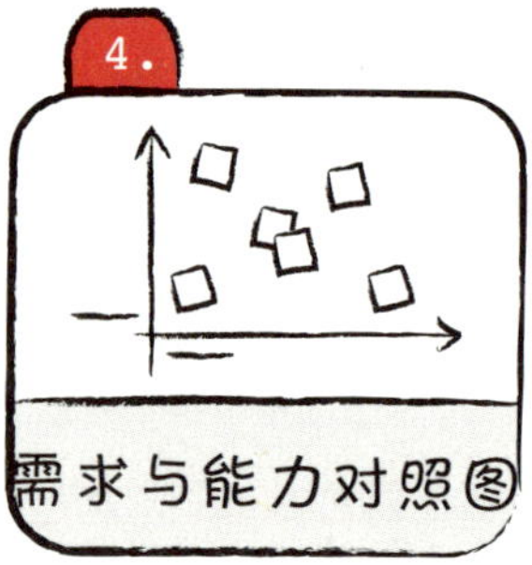

如何绘制需求与能力对照图

你已经知道，我们这些资讯涂鸦者最钟爱那些由简单的线条构筑的视觉构成，所以下面我就要将这样一个宝贝放到你手中，它也是你以后的涂鸦人生中常会用到的：X / Y轴坐标图。同上面说到的差异序列一样，你可以根据你希望人们思考、讨论的东西来设置变量。在此次会议中，我们要使用的变量是“需求”和“能力”，[181]你也可以在另外一个会议中使用“影响”与“努力”作为参考变量，或是“成本”与“价值”。任意两个能够帮助你从特定角度审视某个选题方向的变量都可以。

首先，你要来到你的白色空间前画两条线，也就是X轴和Y轴。我们将分析最开始的选题范围或（你们选出来的）针对每个选题方向的特定方案。[182]此过程中，你要知道，在你的公司推行某些特定方案是否可能。这个涂鸦步骤需要估计市场需求以及公司实际能够做到的事情。这是一个非常有用的头脑练习，因为你和你的团队也许发现某个选题方向蕴含着巨大的商机，但你的公司没办法将其变成现实。打个比方，某个在线游戏社区也许能够神奇地帮助你们公司面向的糖尿病患者客户满足健康方面的需要，但你的公司没有游戏开发团队。公司的现实情况并不总是能满足你的每个愿望，所以我们需要从我们能够做到的实际程度出发，而且往往得优先考虑我们擅长的方面。这就是决策过程中最有挑战同时也是最核心的部分：人们必须做出选择。

绘制需求与能力对照图的注意事项

• 如果需要的话，尽可以改变两条轴线上的变量。不要被我的建议束缚，你才是最了解你的团队需要考虑什么的人。我只是为你提供了一个决策类会议可能的流程，你可以将它作为一个可以信赖的大体框架，然后在其中（理性地）进行各种尝试。所以，如果你觉得团队需要在这张X / Y轴图中考虑不同的变量，我由衷地支持你。

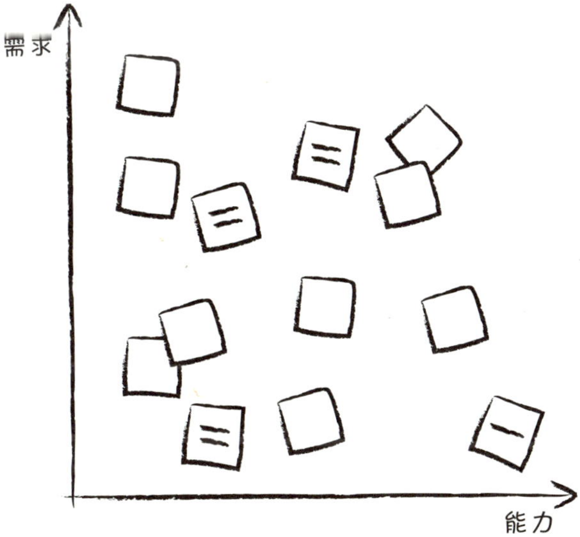

• 让整个团队参与到绘制X / Y轴坐标图的活动中来。如果你的团队规模超过20人，你不需要手把手地指导他们思考。建立一个基本的规则，将团队分成小组，让他们各自绘制X / Y轴坐标图。他们可以在X / Y轴坐标图中分析自己分到的不同选题方案，然后找出“最佳平衡点”（在此次会议中，“最佳平衡点”应该是高需求与高能力的交汇点）。一旦他们做出了自己的选择，你就可以将该想法对应的便便贴从墙上取下来，重新贴到一个供所有人观看的图表中。当你这样做的时候，很可能需要与你的团队就这些胜出的方案应该放在哪个位置再展开一番讨论，这没有问题。至少各个小组已经对全部选项进行了一番粗选，你们可以开始针对更少的选项进行精选了。

• 你要清楚这张X / Y轴坐标图反映的是什么层次的问题。有些人更喜欢评估和决策更“大”的选题方向（像是预防吸烟、移动技术、数字化图书馆等），所以你可能希望运用这个图表工具进行更具战略意义的思考。另外一些人则关注某个具体项目，所以你会希望在这个图表中评估不同的项目方案，根据需求与能力展示它们。当你计划召开此次会议时，你自然会知道哪种方法更适合。你们是希望围绕公司大的发展方向做一些纲领性的决策变化呢，还是希望维持现有政策，对支持这些政策的项目或方案作出决策？

• 不管是差异序列还是X / Y轴坐标图，表面看来都十分简单。但当你们怀着真正的好奇心深入探究时，会发现，这些基本的视觉构成蕴含多么丰富的信息。不要低估或压缩针对它们发起的讨论。让人们分享他们如此看待某个选题或方案的理由。让他们把想法画出来、写下来或是说出来，同时也别忘了与团队成员一起筛选信息，以便让真正重要的东西浮出水面。

当这个步骤完成时，你的团队将从不同的角度审视某个选题方向或项目构思，在做出任何真正的决定之前，这是负责任的做法。这就像你将同某人出去约会，在此之前，你是不是应该考虑一下他值不值得嫁？你得弄清楚。你需要问问题。你需要审视自己的条件以衡量他是不是一个适合你的对象。只有这样，你才能自信地做出决定。你的团队在做决策时也是如此。

之后，你应该觉得放心了很多，因为你的团队正有意识地朝决策类会议应有的方向前进。但往往是在我们开始感到安全的时刻，稍加不慎便会功亏一篑。这就是为什么我们需要团队资讯涂鸦的第五个步骤：假设验证。

决策类会议下的团队资讯涂鸦步骤 #5：假设验证

假设验证的目标：

避免在没有对基础性假设提出质疑的情况下做出决定。（我们都知道当我们做假设时会发生什么。[183]）

需要的资讯涂鸦人数：

所有参加了上一个资讯涂鸦步骤的人。

持续时间：

15至60分钟。

关键性前提：

基于假设进行思考。团队成员能嗅出潜在假设，不管那个假设伪装得多隐秘。

如何进行假设检验

这个团队资讯涂鸦步骤旨在找出参与者的想法中具有倾向性或隐藏性的假设条件，这样才能保证对某个选题方向或项目构思的支持是明智的。在进行这个步骤时，你想多严谨都可以。如有需要，你可以在图表中涂画多列格子，直到达成一致。不过在此之前，你必须先做两件事：

首先，定义“假设”这个词。没错，我们大家都会使用这个词（通常是用在别人身上），但我们中很少有人能清楚地解释它的含义。所以，先问问团队成员如何定义“假设”这个词，并让他们举出具体的例子。如果需要，你可以提供一个定义——所谓假设，可以被定义为“未证自明”的信息[184]——并且将其画成涂鸦，好让人们看见。

其次，让团队成员绘制出（多张）表格，以便之前分析理由中隐藏的假设能够呈现出来。让团队成员在一个大家都能看清楚的较大空间中快速画出表格，如下所示：

接下来，你们将一同拷问那些一般不会受到质疑的假设性看法，在看似并不存疑的地方找寻可疑之处。

从前几个步骤的图表中将那些看起来能够通过最后考验的便利贴挪过来。如果你的参考变量是需求与能力（也就是说，如果你在上一个步骤中没有将它们换成别的变量），那你应该取下粘在图表右上角及附近区域的便利贴。将每一张便利贴从上到下粘在这个新绘制的表格旁边，一张便利贴占一排格子，这样就可以依次对它们进行假设检验。

选好便利贴并将它们粘在表格旁后，要求团队成员围绕其内容思考它的分析过程，并将这个过程写在相应的表格中，让大家都能看到。同往常一样，根据选题范围的大小或项目构思的数量，你可以绘制多个表格，让团队先进行一次粗略的审阅，或是将团队分成多个小组进行预审。也可以一人分配一个选题审阅，然后轮换，这样虽然会多花些时间，但更能体现团队的协作。总之，你们可以找出最好的方式。目的就是清晰地呈现所有或尽可能多的假设，找出这些假设在目前的情况下是否可以算作事实。

当所有的假设都列出来后，深入分析每个假设。思考它为什么“肯定”能算作事实，当条件发生变化时，它是否依然有效。这个过程可以是你带领团队成员，也可以让他们自行分析。他们可以将自己的想法用视觉化的形式画在每一排上边或下边的空白处，创造一个传达信息的复杂视觉空间。

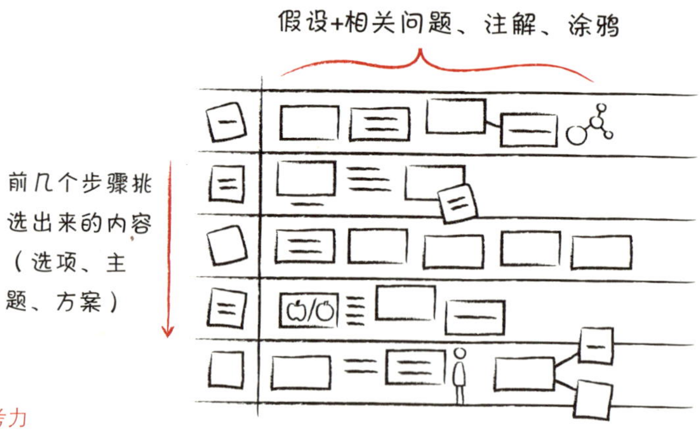

当人们花了足够多的时间找出隐藏的偏见或错误的看法后，最后一步就是精简表格。移除或修改便利贴，只留下那些“肯定是真的”的假设，或那些他们有“极大信心”认为是正确的假设——总之就是能够支持一个可靠的分析过程并指向更好的决策过程。在进行旨在落实现实工作的团队资讯涂鸦流程中，这是最后的重要步骤，对一个团队或公司是否能取得成功有极其重要的意义。如果你愿意，可以指派一位成员重新绘制调整后的表格——只留下那些通过假设检验的选题方向或项目构思。这张图表看起来会像是这样，干干净净，正好进行计点投票。

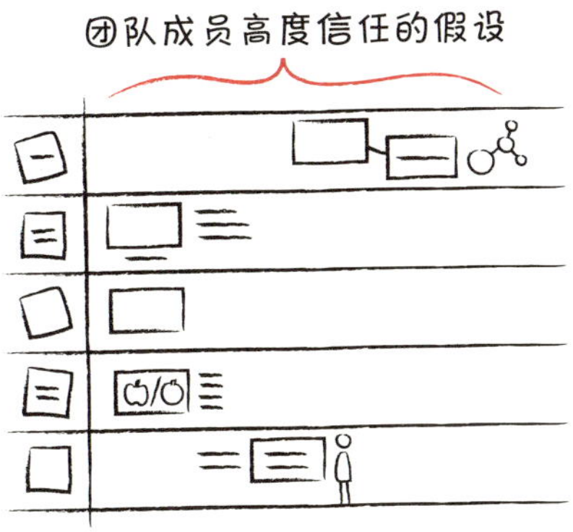

假设检验过程中的注意事项

・作为此次会议的领导者，你可以决定分析应该现实到什么程度。如果你觉得你的团队有点好高骛远或是对某个特定方面的情况缺乏认识，不妨提一些深入尖锐的问题。像是下面这样：

你有多少信心认为这个假设是正确的？

你为何具有此种程度的信心？

有没有什么数据或条件能推翻这个假设？

有没有可能在之前这些假设都是成立的，现在看来却不是那么肯定？

如果在任何特定的方面有足够多的假设被证明是错误的，会不会对决定产生显著的影响？为什么会这样？

那些在此过程中鉴定出来的新的因素，有哪些需要进行进一步分析？

・我在前面提到过，你可以随你喜欢在这个表格中添加更多的行列。也许你只希望这个表格显示出团队成员对某个假设的信心程度，也许你希望它能更进一步呈现出能够推翻这个假设的信息。你尽可以根据需要展开或精简资讯涂鸦过程。每个团队的情况都不一样；每个选题的范围从小到大不一而足。在这个步骤开始之前，你要向团队成员灌输这样的想法：在你带领他们进行此次会议的最后一步，也就是做决定之前，你希望这个步骤进行到何种深度。（你也可以让他们在此步骤进行过程中自行体会到这一点）。

·会议开始前，想想那些你知道特别善于在辩论中鉴别、推翻假设的团队成员——所谓的批判性思考者。将他们分到各个小组。这能够推进小组成员的批判性思维过程，从而更好地发挥他们的这种宝贵天赋。

·如果你有时间，可以将整个团队分成小组，让他们轮流审阅、修订彼此的表格，这通常是个很好的做法。集体的智慧总能发现个人可能会错过的东西。

·这个团队资讯涂鸦步骤可以梳理出大量的深入想法和新观点，特别是当团队成员思考我前面提到过的那些尖锐的问题之后。所以，在进行这个步骤时不要匆忙。参与会议的人有着不同程度的经验和专业知识，新人们可以利用这个时间从他们的“前辈”那里学到许多东西。所以这个步骤既是在为最后的决策做准备，也对整个团队的发展有好处。

决策类会议下的团队资讯涂鸦步骤#6：计点投票

计点投票的目标：
决定投资或实施哪个项目方案或选题方向。

需要的资讯涂鸦者数量：
参加会议的全体团队成员——每个人都要投票。

持续时间：
5至20分钟。

关键性前提：
每个人的投票都同等有效。99.9%的团队是由各式各样的人组成的，他们具有不同的专业知识、经验、能力，对选题的理解也各不相同。但在进行计点投票时，不要试图纠正这些差异。我们要让每个人都有表达自己意见的机会。

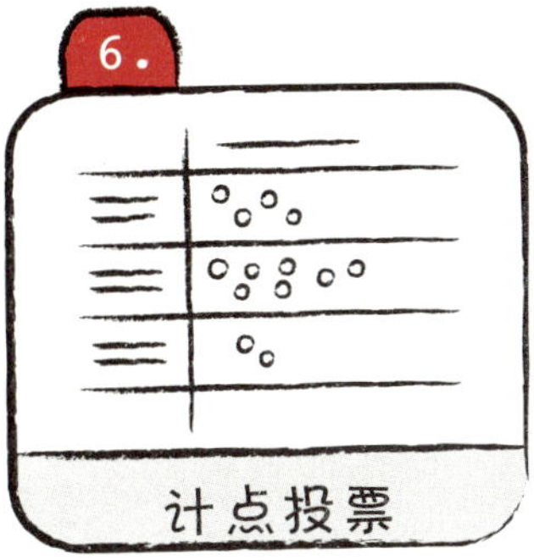

如何进行计点投票

如果在上一个步骤的最后，你清理了表格中的废弃信息，那么在这个步骤一开始，呈现在你的团队面前的就是我们之前看到的最后那个表格。如果你的团队面前的表格塞得很满，只有零碎的空白空间，也没关系。我们在这个步骤中需要的只是一个让团队“诉说企求”的可见空间。而他们的“诉说”是通过一个个“点”来传递的。

同流行的观点相反，在这个过程中，你并不需要用便利贴剪出一个个圆点。你只需要会用记号笔或钢笔铅笔什么的画圆点就可以了（这样的点还有一个好处，就是不会掉下来）。

在投票开始前，再次提醒团队成员此次会议的首要目标，就是对团队、部门或公司的支持及资助对象做出严肃的决定。到了这个时候，他们已经深入思考了待选方案对某个特定发展方向、对他们服务的人群或客户所具有的意义。他们已经审查过了所有可能会导致决策过程发生偏移的假设。这些人对投票所做的准备，已经远远超过大选活动中最热心的市民。（上一次你给某个候选人投票之前，检查过自己的偏见没有？嗯？）

接下来要做的事情就很简单了。

这个计点投票的方式让每个人对每个项目构思都有一次投票机会。这是一个民主的过程，能够避免一个人拥有的投票机会比其他人多，也能够避免一个人对某个项目构思进行多次投票。在开始投票之前，你要想清楚列出几个选项。如果你的公司实际上并不能同时执行八个项目，就没必要让人们花时间分配自己手里的八张选票。选择最合适的项目数量（你可以增加每个人手里的选票数量，看看哪些项目占有绝对优势），然后给团队时间静静地投票。如果你设置的投票板有好几块，那么就让他们在会议室里走动。你要注意可能会在这个最后的、具有决定性的资讯涂鸦过程中出现的问题。正如我经常提醒人们的：涂鸦不是开玩笑。

计点投票过程中的注意事项

· 如果一人一票不能满足你的设想，你可以将领导层的投票权重加大——如果他们来参加会议的话。小心不要将这个权重加得太多，以免其他人的选票变得多余。如果你选择这种方式，一定要告知其他的团队成员，并向他们解释这样做的缘由。

· 小心那些可能影响团队做决定的因素，不管它们是细微的还是明显的。如果人们感到某些方案可能占据优势，他们也许会直接将选票投给这些方案，以迎合大众的喜好或是避免表现得格格不入。如果你的确希望这个过程是公平公正的，就不要在投票之前对特定的方案流露出偏好（并且要求高管人员也这么做）。

· 如果可以，让人们暂时离开现场。团队或部门的发展方向可不是随随便便就能决定的。你甚至可以让大家睡一觉后再投票，如果你觉得再思考一晚有助于做出更好的决定。

前馈会议

"前馈"这个词听起来挺古怪的，像是照料牲口或是在高速公路上安全并道的方式。但在我们召开的"前馈会议"中，会有一个演讲者向观众讲述最新的信息或是工作进展状况。我们可以把这称为"讲故事"，尽管这里的"故事"并不是你平常听到的那些故事。没有谁规定"故事"必须虚构，以"很久很久以前……"开始。我们在前馈会议上的故事，可以是对正执行项目的每周回顾，就像总统先生每年进行的国情咨文演讲一样（尽管这个"故事"涉及的人数以百万计，而且让人感到的压力也更大）。但总统先生总是能很好地完成他的讲述，因为他有专业演讲稿撰写人和演讲设计师的支持（更不用说发型师和化妆师了）。

而我们这些平头百姓手头的资源就没那么多了。最要命的是，不管是在学校还是在公司，我们总是免不了被点名上台做演讲，至少总有那么一次吧。这就意味着我们应该想办法构建讲故事的流程，这样我们才能在面对学校或公司的听众时，将“故事”讲好（至少是过得去）。

为此，在本章的这一部分，我们要创造一套“元话语”。我希望向你提供一个可靠的策略，以表达任何主题，这样你就能自信地应对前馈会议上做演讲的挑战了。对那些有经验的故事讲述者，这个过程是本能的（比如设计师在设计资讯图像时、建筑师在设计房屋时，很自然地就看到其中应有的步骤），但郑重起见，我会使用南希·杜阿特在《共鸣》一书中提到的步骤。我之所以这样做，出于以下理由：（a）她设计的步骤既简洁又明了；（b）我很喜欢南希。我真的很喜欢她，所以我在这里放了一张她的照片，这样你们就能看到她美丽的脸庞。

南希·杜阿特，出色的故事讲述者及演讲设计师

现在，我要悄悄告诉你，其实这个过程我们在之前就已经提到过了。看看右面这个标着“大想法”的图表。看起来是不是很眼熟？资讯涂鸦者永远不会忘记自己看到过的东西！下面就让我们来详细地了解一下吧。

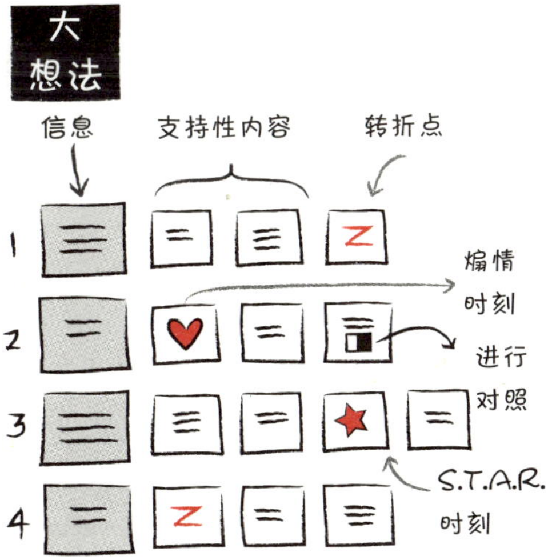

前馈会议的目标：

向观众传达有价值或必需的信息，同时让他们全程保持专注。

需要的资讯涂鸦者数量：

一位（主持人），他要能够在会议之前邀请到其他人（我建议最多五个人）就会议内容提供有价值的、相关的评论和反馈意见。

持续时间：

15分钟到3个小时的设计过程，你要明白一点：你可以并且很可能会多次返回设计步骤重新设计。[185]你的演讲长度可以从5分钟到60分钟（如果你滔滔不绝地讲上一个多小时，人们的心思就会跑到别的地方去）。

关键性前提：

你有了一个大的想法，你知道你的“故事”内容很好，能够传递足够的信息，并且有足够多的支持性材料，包括相关的逸闻趣事和统计数据。你可以将这些内容写在便利贴上，粘到办公室的墙上（我在演讲之前，甚至会花四个月的时间往办公室的墙上贴便利贴！），然后逐步设计出你的故事，再花上几个星期微调。不过你首先需要找到一些有用的东西作为“故事”的起点。

如何进行前馈会议

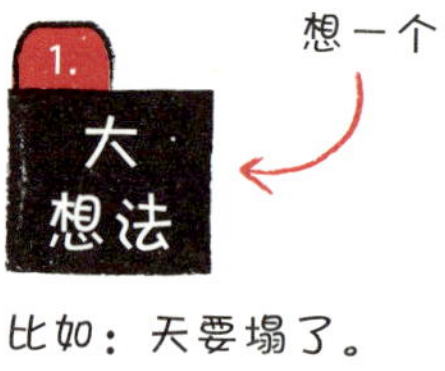

要召开一次前馈会议，你必须知道你的“大想法”。这是你的招牌，是人们愿意围过来听你讲的关键信息。如果你脑子里对这个大的想法还没什么概念，那就放下手里的炸面圈好好想想，因为这个“大想法”将决定之后你要如何讲述你的“故事”。明白了吗？所以，第一步，找到一个“大想法”。

当你找到了“大想法”，接下来的任务就是尽可能多地想出与它相关的内容和支持性证据。在这个阶段，你需要用便利贴或索引卡记下突然在你脑子里跳出来的相关想法。把它们写成文字，或是涂鸦，或者结合两者。绝大多数人在这个阶段会本能地想要对这些想法做取舍，但请不要让你心里批判的声音占据上风。故事是你演讲的核心——哪怕你是在做每周总结——而一个故事想要顺利成型，需要有丰富的信息作为支持，这样它才有机会呈现出完满的最终形态。所以我们必须让故事在开始时呈现出真实的面貌，这样我们才能在之后对它塑形。我向你保证，之后你有机会评判和取舍想法。但在这个步骤中，请不要这样做。

一旦你顺其自然地完成了第二个步骤，你会发现自己进入了绝大多数人（错误地）想要作为起始步骤的阶段：过滤。现在我们才开始对想法进行过滤，因为到现在你已经有足够多的想法可以取舍。在这个阶段，你可以让你心底评判的声音自由发言，而且这个阶段十分关键。在这个步骤中，你需要评估你那一大堆想法，选出那些有价值的、令人信服的、引人入胜的内容。你得忍痛毙掉一些心爱的想法（哎呦！），只有这样做，故事才会精彩。不要抱着每一个想法不肯撒手，它们并不是都那么珍贵。而且，正如南希明确建议的一样，好的演讲者不会让听众费劲挖掘演讲的重点。所以我们必须无情地剔除那些模棱两可、与你的大思路没有直接联系的想法。为了那些花时间前来听你演讲的人们着想，请尽情开火吧。

我把这两步放在一起讲，因为第4步将想法集中起来实在太简单了。在这两步，将具有相似性的想法归成一类。所以看看经过步骤3之后剩下的想法，将相似的想法归到一起，找出一个最合适的词语或主题来代表每个类别。如果你的“大想法”是“天要塌了”，那我们也许会看到诸如“大气问题”或“末日生存策略”的类别渐渐成形。确保每个出现的类别彼此都是不相容的，而且把所有与“大

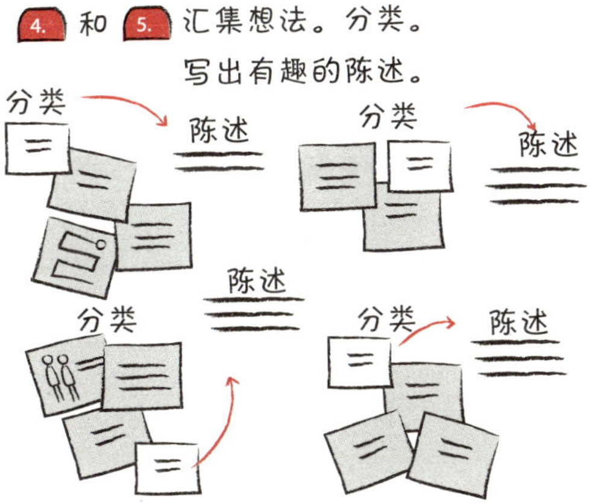

想法”相关的方面都包含了进去。这样你才不会重复讲述，也不会遗漏某些重要的内容，否则，你演讲的可靠性将大打折扣。当确定了类别，你就可以继续下一步工作：将那些单个的词或短语变成富有吸引力的句子。这些信息就是你要留下来的，你要用它们牢牢支撑起你的“大想法”。打个比方，为了传达“天要塌了”，一个可能的有力陈述是：“生存策略应包含在全国各所学校的基础课程中”（至于接下来要如何展开阐释，我还说不上来，我们现在只是拿这个危言耸听的题目打个比方）。

你可以看到，你正在有条不紊地构建起一个有意义的故事。

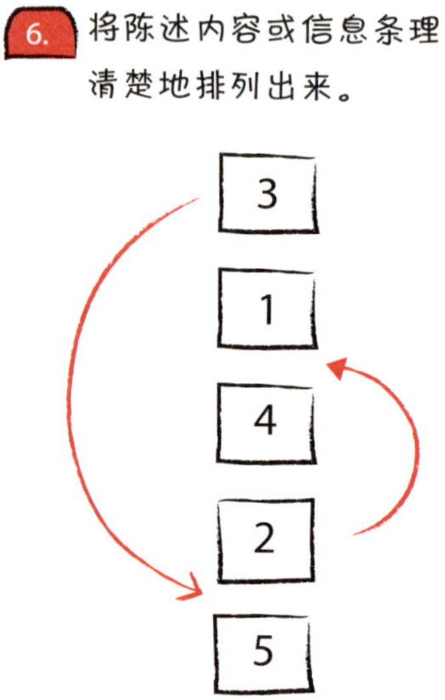

第6个步骤是排序，使故事更好理解。对我来说，如果不先告诉听众他们将来需要面对生存竞争就向他们介绍生存策略，这在逻辑上说不通，对吧？信息传递的顺序很重要，就像进行几何论证一样。这一步的目标就是将陈述内容排列成一个有意义的故事。你可以先保留一些信息，到最后再告诉听众，这样能够制造悬念；如果按事件的先后顺序讲，你也可以累叠信息，就像盖房子那样。不管你使用哪种方式，这个步骤都同其他的步骤一样重要，它需要你站在听众的角度考虑以何种顺序“翻转倒扣的杯子”，露出下面的宝贝。资讯涂鸦者设计演讲时，必须考虑到听众的知识水平，考虑他们需要了解怎样的信息、以何种顺序了解，这样才能让他们充分理解。这需要你付出努力。那些杯子可不会自己翻转过来（除非使用悬浮咒）。[186]

当你将你要讲述的内容排列成你感觉既有逻辑又有趣的顺序，你就可以歇一会儿了。去吃个三明治，这些起始步骤很消耗精力，你需要好好补充“燃料”，因为你刚刚转过了一个弯角，前方正等着你的就是收集和塑造支持性材料的苦活。

在第7个步骤，为你的陈述内容寻找支持。当你做出一个声明或宣言时，任何具有批判性思维的听众都需要听到支持这一声明的实质性内容，特别是在以下这些情况中：你讲述的故事超出了他们的日常生活经验；你要求他们思考或相信的事超出他们现有的理解能力。举个例子，比方说我要说服你“天要塌了”（再次声明，我只是举个例子，别当真），我会采用亚里士多德的“沟通三要素”——这是三个简单易记同时又强大实用的演讲技巧：人格诉求、逻辑诉求、情感诉求。修习修辞学的学生可以就这三大要素写一篇长长的学位论文，不过我们有涂鸦要画、有故事要讲，所以我会快速概述一下这三种工具，这样你就能明白怎样将它们运用到演讲中去。

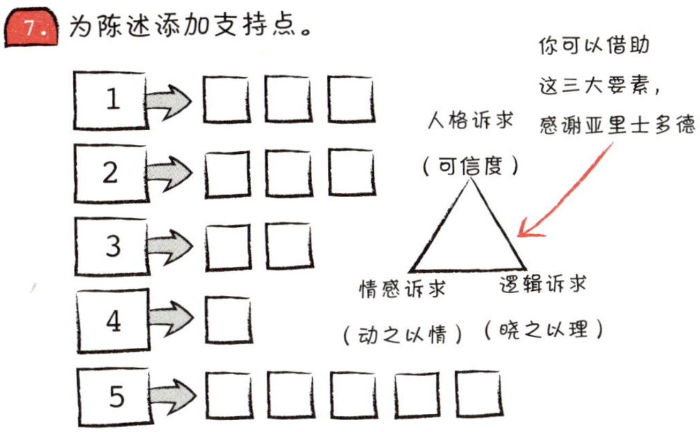

“人格诉求”指演讲者的道德号召力。如果一个演讲者的发言得到某个（或多个）可靠的专家的支持，那人们多半会停止对这个演讲者的怀疑（如果演讲者本身就是可靠的专家，那显然就更好了）。“人格诉求”=诚信度，它的表现形式可以是引用可靠来源的资料，或者是某个著名人物的背书。那些声誉不错、品行良好的人如果支持你的论点，也会对你的会议带来极大帮助。

“逻辑诉求”只涉及理性思维，也就是逻辑论证。这是亚里士多德首推的方法，也是我们在办公环境中最常见到的。运用理性思维是一种强大的技巧，对听众而言相对也要好接受些。它不需要听众将演讲内容上升到哲学高度，它采用研究结果和统计数据来支持一个论点。“逻辑诉求”能够让一个故事具有理性的基础和逻辑的表达方式。

第三个工具，“情感诉求”，也就是情感上的表现力和感染力。演讲者要拨动听众心弦，或是引导情感，以求打动。当比尔·盖茨为对抗疟疾的慈善事业做公开演讲时，他在现场放出蚊子，并说：“没有理由只有穷人才会感染疟疾。”[187]这个举动就非常具有感染力，真的。

我很了解人类，所以我觉得“情感诉求”是最有力的说服手段，不管你们是否意识到了这一点——我知道你们更愿意相信逻辑论证应该是认知过程的根本，但我本人早就过了自欺欺人的阶段了。人类大脑的逻辑中心只是大脑中的一小点，大部分大脑区域都是受情感影响的。正如我们已经知道的，大脑的逻辑中心是人类进化过程中最后发展出来的，它需要我们的身体付出极大的努力才能访问。[188]换句话说，你要考虑到观众的本能反应。在人类的大脑中，杏仁核主管情绪反应，前额叶皮层提供决策，当前额叶皮层控制不住情绪反应时，就会做出冲动行为。人们都免不了受到杏仁核的影响，即便是生物化学家也不例外。所以当人们希望自己做理性决定时，他们的大脑就会求助于前额叶皮层。当你面对那些觉得自己的前额叶皮层高达发达的听众时，不要把你的演讲搞得太多愁善感。

以上就是对亚里士多德“沟通三要素”的简要介绍。用它们来支持和推进你的演讲。当你为演讲内容寻求支持点时，它们总是会以某种形式出现，到时候也许你就能认出它们来。当你进行这个步骤时，可以将论据写在便利贴上，分别标上Es、Ps和Ls（或是用心型图案加数字符号来表示，如后图所示），这样你就能看到并明白你最依赖哪种沟通手段。要想在前馈会议上让听众得到真正良好的体验，最好就是将这三种手段结合起来，打造一个成熟有力的故事。好了，下面让我们来看看转折点。

第8个步骤，确保你的演讲具有清晰的转折点。我们都知道，所有的故事、电影或谈话，都有三段式结构，我们热爱这个三段式结构（考虑到这个结构搭建

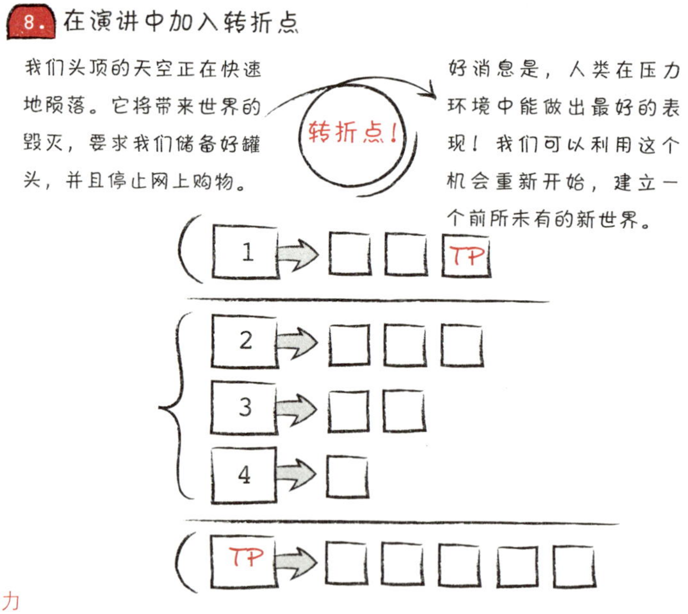

的难度，也许应该说又爱又恨），也就是开始、发展和结尾。这是我们大概在高中时就学到的基本叙述结构。所谓的转折点，就是将听众从开头部分带到中间发展部分，再从中间发展部分带到结尾部分的内容。转折点是故事的有机组成部分，它们确保故事向前推进。它们也是改变故事进程的行为支点，比方说：当你将一个当下的现实情况和盘托出后，就可以用上转折点了（“不管今年的唱片销售量如何，我们都将遣散一百名员工”），或者是当你故事中的“英雄”受到召唤做出行动时，也可以用上转折点（“卢克刚刚知道，天空将在十一天后坍塌”）。说到这里，你应该已经明白为什么要在前馈会议中用到转折点了。不妨将它们想成门上的铰链。如果没有它们的存在，你就不能开启新的情节。

在了解了转折点之后，你现在已经抵达了高效的前馈会议的终点。你需要做的就是走出最后两步。我把它们放在一起讲，这样你就不会觉得我浪费时间而讨厌我了。最后两个“跨栏”动作：检验哪些故事用了什么说服工具（你已经把演讲要素都写在便利贴上了，所以只需要快速回顾一下就行了），趁热打铁，将你的演讲内容画成资讯涂鸦。然后总的检查一遍。

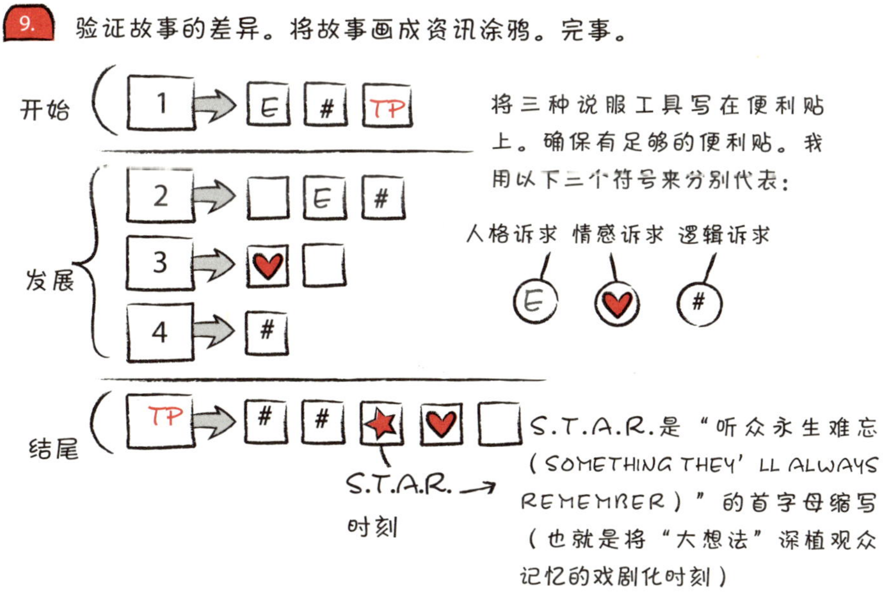

“对比”是另一个演讲技巧，能够让听众保持专注，并且推进故事情节。为了检验你是否已经往演讲中嵌入了足够多的具有差异性的内容，请从头审视一遍。在这个时候，你可能已经将这些内容写在了索引卡或便利贴上。正如我之前提的，我用心形、数字符号以及字母E代表我使用的“亚里士多德三要素”，通过便利贴，我能看到这些要素的运用是否具有多样性。你也可以用任何你喜欢的符号来代表这些要素。（要注意的是，在上面的图标中，有一个星星符号，旁边注着“S.T.A.R.时刻”。这是杜阿特女士标志性的演讲技巧，它指你的演讲直达听众灵魂深处，让他们永生难忘的时刻。[189]在某些时候，比方说，一个关于硬纸板的前馈会议中，设计这样的时刻可谓挑战，但只要有机会用到这样的时刻，让听众充分理解你的信息，就一定要考虑它。）

如果你对自己演讲运用到的全种类的说服诉求感到满意，或是觉得你已经选择了最适合听众的演讲策略，那么你当然可以进行下一步，这个步骤现在你已经很熟悉了：将信息视觉化。我在这里假设你在会议上将通过幻灯片展示演讲内容。这就意味着你的每个想法都可以通过一张幻灯片展示，每张幻灯片都可以画成一幅资讯涂鸦。如果我的假设不对，你不打算用幻灯片进行展示，那对我们的前馈会议也不会有所影响。因为你已经成长为一个真正的资讯涂鸦者，你可以选择下面的方式进行即兴涂鸦：

1. 在任何手边可以利用的白色空间绘制大型的资讯涂鸦，从而将一个长长的故事展现出来。通过这种方式让听众理解你要传达的信息。

2. 在一连串索引卡上画出你的想法，在卡的背面写上你要讲述的要点。然后坐在桌子后面依次进行展示及阐述。

3. 在挂图板上的多页白纸上画出你的故事，然后一边演讲一边翻页。

4. 将你的故事画成大型的串联图板，挂在房间的四面墙上。

你不需要用到该死的幻灯片！你已经拥有了最重要的工具，那就是设计演讲的各种技巧，你可以利用它们设计一个令人留下深刻印象的演讲，并且将它以视觉化的形式清晰地表达出来。你可以将它们带到任何地方，运用于任何主题。演讲的设备和演讲的主题都不会影响你演讲的效果。真正起决定作用的是演讲的过程本身。如果你采用了上述技巧，你的演讲肯定能够惊艳全场。

在这一部分的结尾，我想说，我们都曾参加过这样的前馈会议或是听过这样的演讲：我们坐在那里，绞尽脑汁，想弄明白演讲者要表达什么。当演讲者的讲述不明不白或是曲折难解时，我们经常会觉得是自己没搞明白。但我在这里告诉你，真正没搞明白的那个人并不是你，而可能是演讲者，也许他没有时间或是没有兴趣设计一个吸引人的演讲，或者仔细推敲故事的讲述过程，好将一些有意义的东西传达给听众。但几乎每个人都会面临需要讲述故事的一天，不管是向孩子介绍某件难以解释的事情，或是向公司报告某个紧急情况。我在这个部分向你提供了讲故事的基本流程，这样你就能更好地向人们讲述，要知道，他们可是花了时间和精力坐在那里听你讲的。

反馈会议

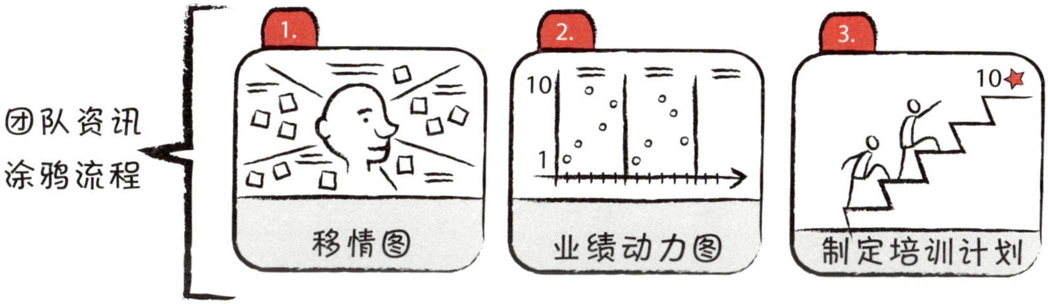

在所有的会议类型中，反馈会议可能是最难的。这也许是因为反馈会议与其他会议有所不同，它涉及某个雇员或团队成员的个人表现。反馈会议的目的不是针对具体的个人进行评估、创新或外部条件的优化，而是同一个真实的、活生生的人一同分享工作的见解和观察结果，以便他有机会进步。反馈会议还应该明确这个具体员工的背景和职业发展目标，并将这些情况同公司的发展愿景联系起来。这个员工应该了解自己同公司发展前景的契合程度以及可能做出的贡献。

理想的反馈会议应该成功地讨论具体员工的长处、贡献以及可以改进的方面，这些讨论的结果应该得到大家的一致承认，并且具有实际意义。也就是说，这种会议是双向的，要求与会双方做出特定的表现。提供反馈意见的人应该做到公平、敏锐、客观、诚实；而接受反馈的人应该表现出开放、专注的态度，愿意接受评论而不至于心态失衡，或是采取防御性的手段，避免接受别人的意见。这是一个很困难的任务，但成功举行一次高效的反馈会议能够大大提升工作环境及每个人的工作体验。

反馈会议的目标：就某个员工的表现和业绩提供观察意见，使其不断进步，同时减少员工在此过程中产生不适、否认或对抗性反应的可能。此外，还应为这个员工提供最适合他的能力及个人情况的发展机会，以便他将来在工作中有更好的表现。

反馈会议下的团队资讯涂鸦步骤 #1：移情图

绘制移情图的目的：

向接受反馈的人传达这样一个概念：他收到的观察意见是由他在工作中的表现决定的。

所需的资讯涂鸦者数量：

通常是两位，也可能有多位此员工的上级同时参与，或是将多位上级非即时提供的意见纳入进来。

持续时间：

10至15分钟。

关键性前提：

此员工的老板或上级主管在相当长的时间内一直关注此员工的工作表现，并能够为其做最好的打算（换句话说，办公室政治以及/或者潜规则不会影响反馈结果）。

如何绘制移情图（快速回顾）

由于反馈会议可能具备的困难程度，你会发现我在此处设计的资讯涂鸦步骤旨在向雇员传达：他的上级是站在他这一边的，关注他的成长和转型。这就是我们以移情图作为反馈会议下资讯涂鸦起始步骤的原因。

之前你已经了解过移情图了，而且我们在以后的涂鸦人生中还会不断用到它，因为我们在工作和生活中，很多时候都需要站在别人的角度看问题，不管这个“别人”是客户、同事、下级员工还是家庭成员。在反馈会议中，移情图是一个非常好的开场方式，因为它建立起对话，让你在对某人提出要求之前先郑重地表现出你对他的了解。从移情图开始，员工更有可能真正去听老板要对自己讲的话。所以你要小心地进行这个步骤。如果你是一个真正开明的老板，可以同雇员一起绘制一张角色是你的移情图，让员工站在你的位置上考虑他的个人表现或团队表现。允许别人看到你的内心世界是另一个让反馈会议顺利进行下去的技巧，这样当你对他们的工作提出建议时，他们就不太可能做出过激的反应。

移情图能减少员工的防御心理，对自己可以改进的方面产生好奇，所以绘制完毕后，我们就能顺利地过渡到团队资讯涂鸦的第二个步骤：业绩动力图。

反馈会议下的团队资讯涂鸦步骤 #2：业绩动力图

绘制业绩动力图的目的：

为了证明（a）反馈意见不是主观武断的，而是以特定的相关标准为基础的；（b）员工的潜力是不断发掘出来的，不需要一夜之间立马发生转变；（c）公司将根据此员工的个人情况进行培训，而不是采用一刀切的培训方式。

需要的资讯涂鸦者人数：

通常是两位，也可以有多位此员工的上级同时参与，或是将多位上级非即时提供的意见纳入进来。

持续时间：

15到30分钟，取决于衡量标准的数量和你希望的谈话深度。

关键性前提：

1. 关于此员工的信息足够公正，让员工感到合情合理。[190]

2. 会议的领导者曾与员工共事过足够长的时间，能够给出周全的反馈意见，如果他不符合这一点，他必须承认自己的观点是局限的，并且通过调查得到关于这位员工的信息；要注意的是，如果信息是领导者通过调查得到的，他必须确认这些信息来自与此员工共事过足够长时间的人，并且真实反映了这些人的想法。

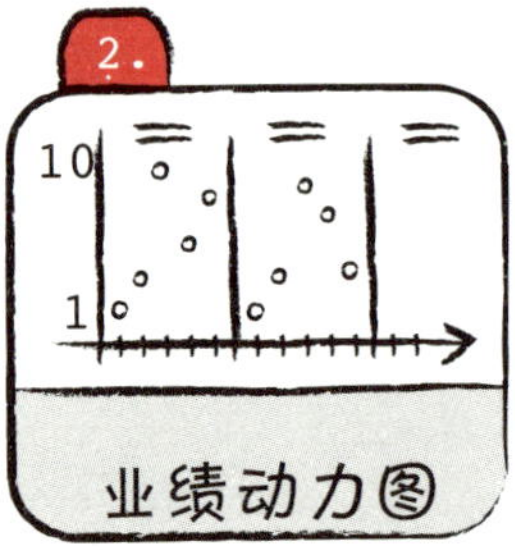

如何绘制业绩动力图

如果员工的业绩是通过文件的形式表达出来的，就没那么吸引人了，因为它不能活灵活现地浮现在人们的脑海里或是现实的视觉空间中。将员工的业绩用一个大的图表展现出来，这样能让人更直观、更全面地进行审视，从而留下更为深刻的印象。你要为每一位将接受反馈意见的员工、学生或同事绘制这样一张资讯图表，展示他在一段时间内获得的进步（或是退步）。这张图表是一个非常简单的视觉结构，其中包括评估的标准、业绩水平以及时间线。看上去就像这样：

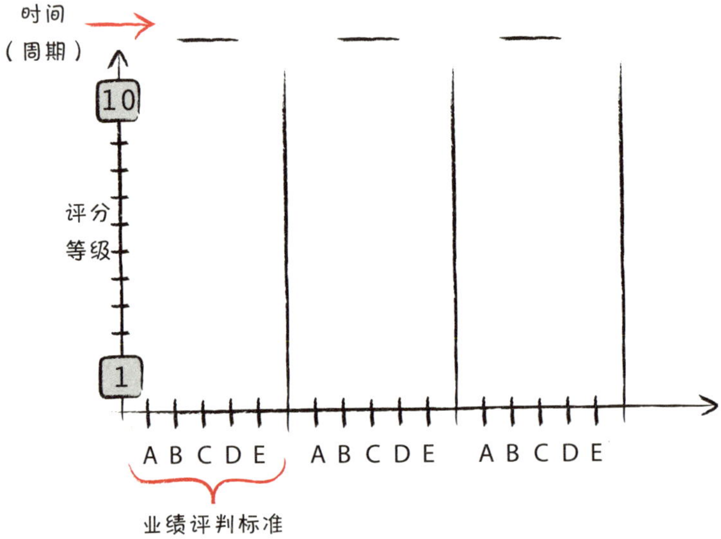

X轴上每一列的下方都应该标注衡量业绩的标准。选取哪些标准完全取决于你。你可以选择计量的标准（每天打的推销电话的数量、视频的点击量），也可以选择定性的标准（与团队的配合，报告的质量）。在上面那张图中，我将“评分等级”设定为1到10，但你也可以运用你喜欢的任何等级划分体系或分类方式。在图表上方，与X轴平行的地方，要画出时间线。根据员工入职的时间长短将时间线调整到合适的长度，可以用月或年做单位（或者两者都用）。

这个资讯图表将存档，以后可以反复拿出来看。它最终会显示员工在某些特定方面不断变化的趋势，直观地呈现职业发展过程。在会议上，你的工作是澄清这些评判标准，就员工应该在工作中做何表现举出例子，为员工的表现做一个评分或划定一个等级，如果你喜欢，可以就这些标准和评分征求他的看法。可以在会前将这些内容统统画到图表中去，要是你希望员工一次只关注一个方面的业绩，也可以在会议过程中将衡量标准和评分依次写上去。（要知道，当信息已经写在图表中时，人们会分散精力"预读"。）这个步骤能让员工尽可能少地提出如下问题：你希望我做什么？为什么这很重要？这个步骤能够站在员工个人及公司发展的角度提供直观的、实质性的信息。

绘制业绩动力图由两大基本的资讯涂鸦活动支持，它兼顾了评估与提供建设性意见两个方面，很好地服务于反馈会议的首要目标，它加深了员工对反馈意见的理解，提高了员工将这些意见运用到实际中去的可能性。

绘制业绩动力图的注意事项

· 在图表中，用活泼的字体或字母画代表这位员工的名字，选择一个代表她最好一面或最大抱负的图标。花时间设计这个图标，让它富有个性，这表示你尊重他，尊重他在公司中的地位。你只需花一点点精力，就能体现你的体贴和善意。

· 运用如上所述的涂鸦思路，用图像来代表每一个评判标准，并在下面写一个简短的解释。视觉语言为这个图表带来了生气，让它具有更丰富的意义层次，并且能够让人有兴趣在以后重温。

· 当你们为了这个会议聚集到一起时，你可以将这张图画得更大，将对员工的职业期望包括进去。当人们不清楚某个能力如何服务于一个更大的目标时，他们很难找到动力去发展这种能力。让员工明白你所寻求的目标。帮助他理解他所发展的能力是如何同一个更大的体系或愿景联系起来的，他的这种能力将如何为这一愿景做出贡献。使用你新学到的资讯涂鸦技巧向他展现这个愿景，将它事先画在针对他的那份业绩动力图中。通过视觉化向他说明他对公司的期望可能造成何种影响，具有何种意义，这能够神奇地激发这位员工的积极性。

· 根据你们公司的文化设计评分等级也是个很好的主意。如果你在一家IT公司工作，可以将业绩水平等级分别设定为软件菜鸟、云计算专家和编程明星。你可以随意选择业绩水平等级的命名方式，不过你可能会惊讶地发现，有那么多人（尤其是年轻一代）对一个“响亮名头”做出的反应要比简单的数字评分或等级判定热烈得多——换句话说，他们更希望自己被评为“电脑忍者”或“市场分析大师”，而不仅仅是得到一个五分。

· 在设定业绩动力图中每个评判标准的具体内容时，要给予员工充分的自主权。他可以就怎样提高销售业绩补充自己的想法或观点，或是提出一些公司方面应该考虑的问题。这个资讯图应该是一个开放的文档——既能体现员工的参与，也能反映员工的贡献。

· 典型的反馈会议旨在为某位员工提供有效的绩效考核。但提出反馈意见通常是件很棘手的事情，因为（a）与会双方的权力并不均等——这个事实肯定会影响员工接受意见的真心程度，甚至会让员工觉得自己的命运并不是掌握在自己手中；（b）我们中绝大多数人并不能真正地接受反馈意见，除非反馈意见在某种程度上具有建设性、公正、设身处地为我们着想。所以当你进行这个步骤时，首先要在业绩动力图中画出这位员工出色的地方。给她具体的例子，对她的卓越表现大加赞赏，然后再进入到需要改进的方面。当人们在一开始知道自己受到重视和欣赏时，才更可能在之后保持开放的心态。

完成业绩动力图的绘制之后，你们两个将进入最后一个步骤，它将为此次反馈会议画上一个完美的句号。这个步骤极具建设性，因为在这个阶段，你和你的员工将一起为了提升未来的业绩精心打建一条学习曲线。

反馈会议下的团队资讯涂鸦步骤#3：制定培训计划

制定培训计划的目的：

给予员工一种自主意识，让他有目的地思考自己发展的方向和可行性。在上级的配合与指导下制定自我导向、自我选择的学习计划。

需要的资讯涂鸦者数量：

同上。

持续时间：

15至20分钟。

关键性前提：

你的公司允许并支持定制化的训练。如果没有这个意愿或预算，该员工也愿意想出合适的办法在体制内进行学习，从而提升自己的优势和职业发展机会。

如何制定培训计划

到了这个时候，你和你的员工都已经了解此员工可以提升的方面，这些信息都在这个员工的个人业绩动力图中标注了出来。（说不定你们已经快速涂画了公司的组织体系及发展愿景，以了解这位员工的职业发展将对公司产生何种影响！）现在还是要用到这张资讯图，你们要从中找出提升员工的可能方案，并且就一个方案达成一致。通过制定培训计划，员工便有机会改进目前表现得不尽如人意的地方。所以如果你设定的评分系统是计数的（比方说，从1分到10分），那么你和你的员工就应该从低分那方面着手，比如“2”或“5”，除非公司的发展方向或团队将要进行的项目要求这位员工必须紧急提升某些方面的工作表现。

首先，你应该向员工说明，你们要一起头脑风暴，想出办法提升他表现较弱的方面。记得提醒他，反馈会议的目的便是找出员工可以改进的地方，想办法支持他。正是在这个阶段，你们将找出明确的改进方案及可行性步骤。

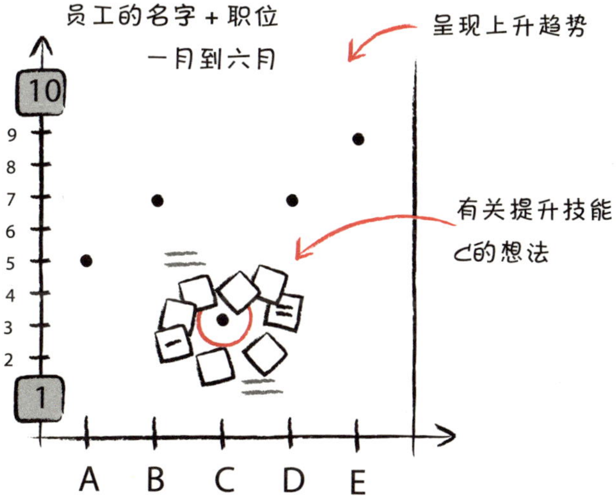

确定你希望员工在未来几周或几个月里需要努力改进的方面。千万不要好高骛远。我们在一段时间内能够进行的个人提升是有限的，所以要征询员工的意见，他对哪些方面的改进最感兴趣，想要最先进行，如果除了他所说的之外，你还希望他在另外一些方面做出改进，也明确地告诉他。当改进的方面确定以后，你们就可以开始深入研究并制定具体计划了。

比方说，你们两个已经决定首先应该提高这位员工的沟通技巧。那么接下来你们就要头脑风暴，想出他怎样才能改进。你要让他提供自己的想法，抓住可以直接反映到资讯图中的想法，把这些想法画到图中相应评分的周围，然后再加上你的想法。重复这个过程，直到每一个需要提升的方面都有了相应的计划。

当这些备选计划都贴到图表后，你们要讨论。"找一位导师"是否比"参加网络课程"更具有可行性？"向一位出色的沟通者学习"是否比"阅读一本有关沟通技巧的书籍"更有效？考虑每一个备选计划的可行性、成本及有效性，将那些你们达成共识的想法圈起来。下面我为你列出了一些选项，以免你们两个到时候一筹莫展：

· 参加相关的会议、研讨会或培训班（网上的或是现实中的）

· 建立内部的"读书俱乐部"，专注于学习相关的材料

· 观察擅长此种技能的人，记录观察结果

· 注册相关的网络课程

· 找一个"学习伙伴"，定期碰头，互相检查学习进度，以激励员工持续关注、提升某方面的工作表现

· 每周召开一次内部的研讨会或学习班，人们聚集起来就某个话题共同进行讨论，以便互相学习

· 邀请专家到公司来就该问题进行演讲

· 为某个员工或团队指定一位能够远程指导的导师

· 找到一个最适合的做法，将这个做法推行一个星期、一个月，或任何时间长度，直到它成为日常工作的一部分。

学习的方式是无穷无尽的，所以要对各种各样的学习方法保持开放的心态。同员工一起制定可以贯彻执行的计划，将这些学习方法放进去。当下一次聚集在

一起召开反馈会议时，你们可以在业绩动力图中标出这段时间以来这位员工发生的变化，可以讨论某个学习方法是否影响了结果，如果是的话，它是如何做到的。打个比方，如果阅读相关书籍的效果要比参加网络课程好，那你就记住这一点。随着时间的推移，这个员工的个人学习风格将变得越来越清晰，你们两人便可以利用这一点为他量身定制未来的培训计划。

制定培训计划过程中的注意事项

· 向员工提供具有操作性的、明确的计划步骤。如果你只是单纯地提出“要更具创新性”，而不向他说明应该做哪些具体的事情，那就太空泛了。你要详细阐述你对员工的期望，让他了解某个举措奏效时是怎样的。

· 为员工提供多种培训计划以便选择。比方，提前告诉他公司里有一些利于他不断学习的项目或实践活动。根据每个员工的不同情况，将不同类型的研讨会、课程、网络研讨会或培训课程的信息告诉他们。给员工提供选项，也别忘了邀请他们就自己想要得到的培训提出建议。

· 人们很可能永远不会在每一项考核中都拿满分。你要让员工明确：每个人不需要以“十全十美”作为前进的动力，也不需要以得到最高的评分作为衡量个人价值的标准。渐进式提高是行为改进的标准模式，要让员工明白，他的目标就是做出明显的进步，哪怕这个进步很小——而不是一下子就做到完美无缺。让他知道，有些局限是可以接受的，连你自己也有一些局限。

关于反馈会议，你要记住重要的一点：对那些超越了“胡萝卜加大棒”水平的激励方式，人们的反馈会更好，长期看来更是如此。人类是复杂的生物，如果我们能够感知自己的进步过程，同时知晓这个过程是我们能够控制的，那我们很自然地就会选择不断地提升。当我们觉得自己有自主权、有目标、有能力时，就会有最好的表现。资讯涂鸦流程能够服务我们更深层的内在动机。你也许会向员工描绘一个宏伟的愿景，让他知晓他的个人发展将如何影响这个愿景；而员工也可以在这个过程中通过图表看到自己是如何随着时间推移不断进步的（或是刚好相反）。他能够看到自己的不足，但更重要的是，他能够保持积极的心态，因为他能看到随着时间的推移自己将获得的进步——这是一个可以感知的过程。他还能通过头脑风暴想出并选定符合自身情况的培训计划——这个过程是能够自主控制的。

从“上级”那里获取反馈信息是一件很有挑战的事情，哪怕对那些真正自信的人也是如此，但这个流程能够让这件事情变得不那么剑拔弩张，能够让接受反馈意见的人缓和情绪、敞开心扉，他能够在此过程中看到关于未来的宏伟愿景，他将被放到“船长”的位置，掌握自己职业发展的方向。当你按照这个流程完成反馈会议时，你将得到双赢的结果。

混合型会议

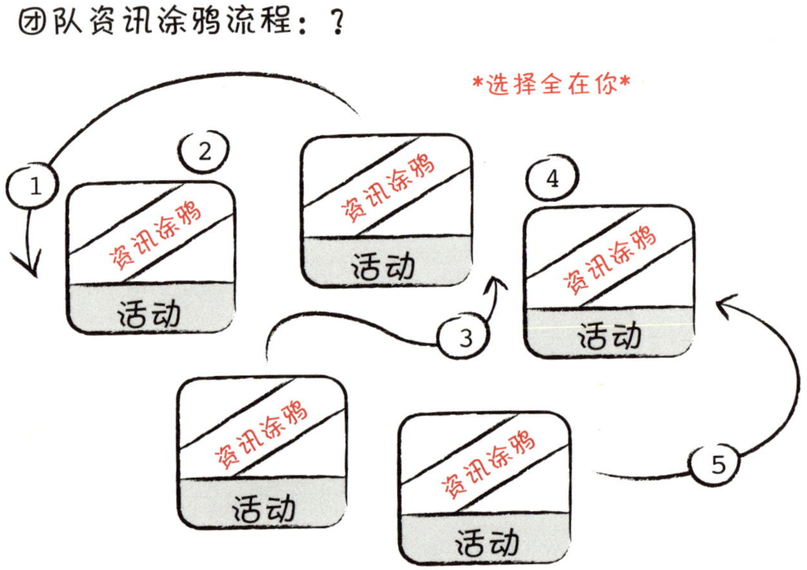

混合型会议是六种会议类型中的最后一个，它可以有各种各样的目标。现在，你已经是一个无可争议的王牌资讯涂鸦者了。没有什么会议、没有什么需要群策群力的活动是你不能通过涂鸦方式进行的，而且你可以让这些会议和活动比传统方式高效上千倍。因为你已经是一个涂鸦专家了，所以说到我们的混合型会议，我就不特别指定具体流程了。在这种会议中，你可以释放出全部的热情，将你在漫长的涂鸦革命之路中学到的全部知识应用起来。不过为了让你成功地举行混合型会议，我有一件事情要告诉你，它是从你们最爱的实用主义出发的。

人们聚集在一起（通常简称为“集会”）其实可以简单地看作一次能量的聚合。从最基本的结构来看，它就是这样。当你将新学到的这些涂鸦技巧运用起来时，你就能将下列结果带进这个能量聚合体中：

- 简单的视觉语言和视觉构成
- 思维实践
- 将这股能量引向一个理想目标的活动顺序，也就是一个流程

到了现在，团队资讯涂鸦如何帮助团队进行思考对你来说已经不是一个未解之谜了，在这个过程中，资讯涂鸦流程起到了主要作用。资讯涂鸦流程为可视化行为建立了一条因果链，能够提升个人及团队思维活动的表现。想要成功进行一次团队活动，设计一个合适的流程是至关重要的。

当你为混合型会议设计团队资讯涂鸦流程时（说真的，也包括给其他每一种类型的会议设计流程时），一定要记住，一个涂鸦活动应该同下一个涂鸦活动无缝相连。比方说，理解客户（移情图）应该放在为客户设计方案（探索性构思）之前。评估方案的可行性（需求与能力对照图）应该发生在对方案进行投票之前。这些流程不是随意设定的。它们反映的是一个符合人类本能的有机统一过程，当人类想要通过一种有意义、有根据的方式解决问题时，它们自然而然就会出现。你首先要了解会议的目标，然后决定进行哪些资讯涂鸦活动、以怎样的顺序进行，这样就能为此次会议指出一条高效、创新、利于思考的途径。然后你要做的就是找到更多的练习、更多的资讯涂鸦活动以便实际运用。

为此，我向你推荐互联网。互联网上有很多资讯涂鸦活动。你可以用“视觉思考”“引导游戏”“思维工具”“设计思维”等作为关键词进行搜索。我还在下面为你推荐了一些书——它们都是以前出版的一些关于如何促进思维的出色作品。我要提醒你，它们在介绍各种思维技巧时很少涉及视觉语言的运用，但你接受的训练已经足够让你设想出将涂鸦应用到任何地方。现在的你，已经是个全脑视觉思考的“四星上将”了。继续前进，不断试验。混搭、联接、重组、杂糅，设计出你自己的团队资讯涂鸦流程。当你走过这段路程时，混合型会议将向你举手敬礼！

- 《游戏风暴：献给创新者、不守常规者与变革者的书》，戴夫·格雷、桑妮·布朗及詹姆斯·玛卡纳夫合著
- 《创新者的工具包：促进可预见、可持续有机增长的50种经营技巧》，戴维·西尔弗斯坦、菲利普·塞缪尔及尼尔·戴卡洛合著
- 《101种设计方法：驱动企业创新的组织方法》，维杰·库马尔著
- 《创新游戏》，卢克·霍曼著
- 《思想者的工具箱：解决问题的14种强大技巧》，摩根·D.琼斯著
- 《巧用便利贴，快速解决问题》，大卫·斯特雷克著
- 《视觉会议：应用视觉工具促进团队沟通、决策与执行》，大卫·西贝特著
- 《水平思考法：一步一步走向创新》，爱德华·德·博诺著
- 《训练你的创造力：释放最佳创意的62个练习》，爱德华·德·博诺著

涂鸦时间（总结你刚学到的东西）

第六章

迈向视觉文明：涂鸦革命呼唤我们的行动

将涂鸦带到工作中去

亲爱的革命者们，看看现在的你——你拥有了全套的视觉语言工具；你学会了减法的艺术；你掌握了绘制图表的技巧；你了解了资讯涂鸦的步骤；你有了坚持下去的动力。现在，我要说说一些人会遇到的障碍。

我将其称为“影子”。

每当我们知道我们马上就要开始创作了不得的涂鸦时，这个影子就会冒出来，歇斯底里地反对我们“冒险”。它本意是好的，却总是帮倒忙，我们想要放飞一只美丽的蝴蝶，它却冲上来撕碎蝴蝶的翅膀。它用嘶嘶的声音说：万无一失总比留下遗憾好。它无情地在我们耳边低语：

你知道这家伙是个麻烦，对吧？它本意是好的，我希望你直视它的脸，冷静甚至是怀着同情地对它说："影子，我听到你说的了。我知道你的意图是好的。谢谢你为了保护我而做的一切。但在这件事情上，我不会受到伤害。资讯涂鸦没有什么不安全的。事实上，通过资讯涂鸦，我和我的团队将得到巨大的益处。我们能够让我们的思想通过一种已经缺失了太久的方式探究各种可能性。那将是一段奇妙的旅程。当我真正需要你提醒的时候，我知道你就在这里。因为你是我的影子，你会一直伴随我。"

对我们所有人来说，这个影子的存在是真实的、正常的，所以不要试着打败它。如果你那样做，它只会卷土重来，并且变得更加强大。更好的做法是承认它的存在，然后继续前行。向着涂鸦和煦、智慧的光辉前行。

说到这里，因为我是你们的朋友，所以我不会对你们撒谎：如果你真的在开会时采取了资讯涂鸦的办法，你很可能会看到各种各样的反应。有人会窃笑，有人会嘀咕——如果你的公司文化相对刻板，你甚至还会听到哄堂大笑。你可以任由他们战胜你，任由他们使用讨厌的、愚昧的手段扼杀新想法、新创意、新观念，你完全可以选择这样做。你可以用回你的文字、数字和电子表格，像过去那样继续工作。我会尊重你的选择，因为我知道我要求你做的事情并不容易。

但如果你准备成为一个革命者，如果你知道我们的思想从先入为主的错误观念中挣脱出来后能够发挥更大的潜力、做出更多的贡献，如果你希望能够自由地思考，那么我为你提供了一些忠告，这些忠告将帮你减轻焦虑。

1. 找一个会议主持人。如果你觉得你自己主持起会议来不自在，那就在你的团队中找一个愿意担当此职的人。在会议开始前与他沟通好你打算做的事情以及你的期望。

2. 邀请正确的与会者。与会者与会议目标一样重要。确保你邀请的人知道会上将要讨论的内容，确保他们对这些事情具有决策权（或者至少是与有决策权的人有直接关联），确保他们会参与进来，或者能被哄着参与进来。如果没有合适的人选，你们不妨一起度过一段快活时光。也就是说，如果你邀请不到完全符合要求的人，你可以通过资讯涂鸦本身来弥补不足之处。即便是一个乱七八糟的团队，当你给他们一些事情来关注、来做的时候，反而会相对容易得出成果。相比传统的会议模式，通过视觉空间与充满活力的步骤营造的会议氛围肯定能够帮助会议取得更好的效果，进而抵消与会人员不尽如人意的缺陷。我对你的忠告就是，提前想好正确的人选。否则，你可能既浪费了宝贵的时间和精力，在会上也得不到众人的支持。

3. 设定你对团体行为的期望。你的同事大概都是成年人，不需要举手才能去上厕所，但这并不是说在资讯涂鸦的时候，你不需要告诉他们什么行为有助于资讯涂鸦，而什么行为不是。他们中有许多人也许从未参加过视觉思维会议，所以向他们好好说明一番，让他们明白这是怎么回事，告诉他们一些规则，征得他们的口头同意。设定的规则最多不要超过五条，否则他们会觉得自己是在参加军事训练。我的建议是两三条规则就好，像是“要是哪个地方你不明白，请说出来”“不要随意做评判，除非对整个过程有好处”“别人说话时专心聆听（不是每个人都喜欢大声发言，但每个人都喜欢自己说话的时候别人专心听）”。

4. 在真正进行团队资讯涂鸦前，先找一小群值得信赖的人进行几次资讯涂鸦游戏。如果你觉得一开始就在大会上尝试团队资讯涂鸦让你很不自在，你可以找两个人先进行一次“小组”资讯涂鸦。这种预演很有价值，因为团队资讯涂鸦过程中有许多因素会影响到最后的结果。包括你邀请的与会人数、投票或排名的方式、为每个步骤分配的时间、选择的游戏类型、怎样利用一个游戏来引出下一个游戏等等。如果你花时间进行一次短小的试验，构想好一个流程，亲身体验一下资讯涂鸦游戏实际的状况，那到时候效果会更好，你也会更有自信。

5. 计划你的会议。搞清楚资讯涂鸦每个步骤的顺序和原因。与会者会想知道自己在做什么，为什么要这么做。你可以直接套用书中的视觉化流程表，或者使用已经学到的技巧将整个会议的流程视觉化。

6. 布置一下房间，给人们一些视觉上的暗示。在大家走进会议室之前摆好适合涂鸦的用具。写好或是画好资讯涂鸦步骤的名字，提前画好示意图或图表。当人们走进房间时，就能看到白板、五颜六色的便利贴、标记符号和视觉构成，他们就会知道这次会议将不同寻常。

7. 手头掌握正确的信息。无论是幻灯片展示、报告，还是个人讲述，确保你拿出来的东西是真正需要讨论的。没有拿出正确的信息让大家探讨，资讯涂鸦的效果从一开始就会大打折扣。

8. 准备好热身用的涂鸦或资讯涂鸦练习。不要上来就让与会者涂画点什么。先让他们对你要做的事情有个概念，挑选一个短小（甚至是有趣）的涂鸦游戏让他们参与，这将让他们对此次活动有个大致印象，也能让大家放松下来。你可以在书里或网上找到这些游戏。比方说可以免费下载的“即兴表演百科全书”就能提供许多短小有趣的开场活动。

9. 记住你在本书第一章里发现的事实。涂鸦是伪装起来的思维方式。第一次在大型会议上进行团队资讯涂鸦之前，如果你需要鼓舞一下自己（我向你保证，你尝试得越多，就会发现这样做越来越容易，并且收获也越来越多），那就快速回顾一下你在这本书里学到的东西，不要让“影子”压垮你。涂鸦就是你的忠实战友。即使你被压力压得双腿直抖，也别松开它的手。

10. 记住，每一次资讯涂鸦都很灵活，你可以随机应变。我在这一章里给你的每一条忠告都是基于我的经验和专业知识。但我只是一个人。我希望你能自信自由地探索。我希望你冲出我为你画下的界线，围绕资讯涂鸦的核心不断尝试新的方法。你可以把我提议的三十分钟的游戏缩短为十分钟。你可以把某个元素从一个思维练习中拿走，放到另一个思维练习中，或者是把两者结合起来，再加入一个随机的元素。团队资讯涂鸦的目的是给予人们一个思考的空间，在这个空间中改变他们固有的认知模式。这就是团队资讯涂鸦的终极目的，你可以使用的方式方法是无穷的。你和你的团队生活在一个拥有无尽知识的世界里，你要尽你所能帮助他们探索知识的无穷可能性。

亲爱的读者，

我们已经一起走了这么远的路，现在我们抵达了此次旅行的终点。但前面的路还很长。为了扫清笼罩在涂鸦周围的迷雾、将它放到应有的社会地位上，我们需要一次革命。为了这一光荣的使命，我在这里为全世界的涂鸦革命者写下这篇宣言。它召唤你们加入这一行动中。大声诵念，感受它在你心中激起的共鸣，在生活中倡导它，帮助涂鸦站上那个本应属于它的舞台。

涂鸦革命宣言

涂鸦

~~：磨蹭~~

~~：瞎混~~

~~：画出没有意义的印记~~

~~：某种几乎没什么价值、实质或重要性的事情~~

~~：啥都不干~~

这不是真的。

涂鸦

：全身心投入地即兴涂画记号，以帮助自己思考

这是真的。

我们，每个国家的涂鸦者们，为了建立一个更好的世界，为了揭示语义学的真相，为了促进整个大脑的学习能力，为了苦苦挣扎着学习和理解知识的职员与学生，为了提升教育质量，为了让我们自己和我们的后代获得涂鸦的巨大益处，必须将这份宣言告知所有的涂鸦者。

与流行的观念相反，这个世界上并没有漫不经心的涂鸦。

创作一幅涂鸦必须动脑子。涂鸦就是思考；只是这种思考被掩盖起来了。因此我们的这份宣言，就是要挑战社会意欲（不管是有意的还是无意的）压制、贬低涂鸦的做法。我们作为革命者，必须厘清涂鸦的真相，纠正数十年来对于涂鸦的错误看法，为涂鸦正名。因为我们——全世界现有的数以百万计的涂鸦者以及有史以来数不胜数的涂鸦者——了解涂鸦的力量。在今天以及往后的每一天，我们应该让整个世界都了解这种力量。不要再让涂鸦背负恶名。不要再让视觉语言被低估、被忽视、被误解。我们要始终坚信涂鸦——不管以何种形式出现——是

一种拟真式学习的重要工具。不管我们处于何种学习环境，我们都要谨慎而灵活地使用它的力量。

我们坚信这些真理是不证自明的：

✓ 涂鸦是人类与生俱来的本领，就像走路和说话一样；

✓ 三万多年前，人类就开始在沙地上、雪地里、洞穴的墙上涂鸦；

✓ 我们的神经构造决定了我们天生就具有强大的视觉感知能力；

✓ 涂鸦适用于四大学习模式——听觉、动觉、读/写、视觉，能够显著提升学习体验；

✓ 涂鸦能够提升专注力、增加记住的信息的数量；

✓ 在解决问题、洞悉事实、发明创新的时候，涂鸦能够让思维更深入、更有创造力；

✓ 对于想在科学、技术、医学、建筑、文学和艺术上有所突破的人来说，涂鸦是始终存在的工具，是创意的雏形，是灵感的触媒；

✓ 在人类历史上，那些最优秀、最聪明的人都乐于接受涂鸦的帮助；

✓ 涂鸦不受所谓“高雅艺术”的局限，作为一种表现自己想法的形式，它可以为所有人免费获取。

因为这些关于涂鸦的真相，我们特此宣布发起涂鸦革命。我们藐视涂鸦的现代定义，我们要将自己的定义赋予涂鸦。我们相信这个定义是公平、公正的：

涂鸦：全身心投入地即兴涂画记号，以帮助自己思考；使用简单明了的视觉语言激活心灵的眼睛，开启各种学习模式，帮助创新发明和解决问题。

我们相信，让人们习得涂鸦的力量对于人类走向一个美好的未来是至关重要的，我们还必须将此种力量引入实际的运用中去。为此，作为革命者的我们已经掌握了一种超前而先进的方法：资讯涂鸦。

资讯涂鸦：有意地将基于听觉或文本的内容转化为文字和图像；结合文字和图像，以此为基础创造一种新的视觉语言，以个人或团队的形式来澄清和沟通想法；探究并展现复杂的信息内容。

为了风云变幻、诡异难测的未来，我们必须不断练习资讯涂鸦，在未来，只有那些有知识并且懂得怎样通过视觉构成展现知识的人才能如鱼得水。我们相信每个人都应该得到学习和实践涂鸦与资讯涂鸦的机会，这样我们才不必压抑我们天生的涂鸦能力，只为了迎合过时的观念。我们坚信应该让人们看到涂鸦与资讯涂鸦在现实世界中的价值和运用。

为了达到这一崇高的目标，我们要求教师、老板和权威人物停止一切怀疑、反对、污蔑涂鸦的做法。我们坚持我们的信念：只要社会以开放的姿态接受涂鸦，在那些充斥着大量复杂难解的信息的场合，涂鸦就是最合适的信息传递工具。今天，我们要释放涂鸦的力量，将它在我们世界中的位置提到合适的高度。不管何时，只要我们相信需要用到涂鸦，我们就要拿起手中的钢笔、铅笔、记号笔开始涂鸦——不管是复杂的涂鸦还是简单的涂鸦。我们将使用涂鸦的力量，我们绝不会为此感到抱歉。我们还会把涂鸦用到工作中去。

革命万岁！

在这本书的开头，我向你许下了一个承诺。我承诺，涂鸦革命能让你的思考以及对事实的洞悉更深入，能让你拥有更多创新的机会，能给予你更好的解决问题的办法。通过你的努力，这个承诺将成为现实。你选择了涂鸦，你便选择了同时唤醒你的左脑和右脑，你便选择了探寻无尽的可能性。这个选择将让我们所有人面对汹涌复杂的信息洪流时不再迷惑、不再误解，因而走向一个更好的未来。总有一天，当我们回首过去，会因为我们曾经在学校和公司里只使用文字、数字和口头语言而感到惊讶。而为了这一天的到来，你要作为一个革命者不断努力。你有能力也有工具成为一场伟大变革的代言人。这条通往视觉文化的道路——有助于人类创造力和智慧不断进步的道路——将由英勇无畏的人们开拓，也就是你！

你可以在这个网址签署这份宣言：
http://sunnibrown.com/doodlerevolution/manifesto/

爱你们的
桑妮

注释与援引资料

第一章 涂鸦的本质就是思考

1. “有文化”是一个非常难定义的概念。这幅插图反映的是一个具有操作性的定义，它侧重于衡量目的，这个定义是在2003年6月联合国教科文组织召开的一次国际专家会议上提出的。（参见http://unesdoc.unesco.org/ images / 0013 / 001362 / 136246e PDF）

2. 我们解析图像信息的能力似乎比我们想象的要弱，至少是在还原度方面。哈佛医学院的摩西·巴尔教授正在进行一项关于视觉认知与预测的有趣研究，我在这里将用笨拙的语言对他的工作做一个概述。巴尔博士的研究表明，人类的大脑时刻都在对即将发生的事情做出预测。所以我们的大脑似乎总是会将通过视觉（以及其他类型的感官）感知到的信息同记忆联系起来，对储存在记忆中的信息进行检索，找出相似的内容，并进行类推。在我看来，这就意味着（a）我们的大脑是非常讲究效率的机器，在进行预测的时候，对准确度并不是那么关心；（b）我们总是不断地对我们看到的东西进行塑形。换句话说，我们看到的、感知到的事物，要么是我们想要看到的，要么是我们觉得自己会看到的，巴尔博士将这一机制称为“预激活记忆（pre-sensitized representations）”。由此看来，所谓“世间万物不过是人类心灵的投影与预测”这一说法似乎很有道理。

3. 想要大概了解我们的腓尼基语字母表如何失去了其中的图像元素，你可以阅读丹·罗姆所著的《吧啦吧啦吧啦：当语言失效的时候怎么办》一书中附录A部分：我们如何失去了一半的思想。你还可以阅读罗伯特·霍恩所著《视觉语言：二十一世纪的世界语》一书的第二章，轻松愉快地了解无数个世纪以来视觉语言的发展状况。不管你选择阅读哪本书，看完之后，你都会发出这样的感慨：要是自己从小就学习象形文字与表音语言该多好，像是汉语啦、古埃及语啦，不管何种年纪的人，学习这种语言都是非常有趣的事情。

4. 西尔维娅·芬恩对儿童及视觉语言的起源进行了研究。在她的《第一笔画：视觉思维的开端》一书中，她论述了这样一个事实：世界各地的儿童发展起视觉语言的顺序是相同的、可预见的。它自然地从我们的头脑和双手中生长出来，就像花朵绽放一样。

5. 我学习了新闻学、语言学、法语、西班牙语、公共政策。够有说服力了吧。

6. 在史蒂夫·普拉斯菲尔德的杰出作品《艺术之战》中，创意表达及实现的“敌人”被称为“障碍（Resistance）”。你将在本书第二章看到我为史蒂夫画的一幅涂鸦。

7. 一些可供你将来进行研究的实例：建筑大师弗兰克·盖里在设计每座建筑时所画的草稿；发明家斯蒂芬·沃兹尼亚克为苹果Ⅰ所画的草图；著名的美国西南航空公司与画在餐巾纸上的公司蓝图以及斐波拉契数列发现的故事。

8. 我有一个好朋友是波斯人，她说在波斯语里，“涂鸦”这个词总是让人想到另外一个词，这个词的发音类似“du-del”，意思是“小男孩的小鸡鸡”。所以在波斯人眼里“涂鸦”意味着什么，我想你们都能看出来了吧。

9. 看看大卫·史瑞格里的作品。纽约《时代周刊》曾刊登过一篇关于史瑞格里的文章，叫作《涂鸦艺术》，在这篇文章中，他被描述为一位“运用简单线条的大师”。

10. 看看乔恩·伯格曼的作品。他的快速作画过程经常被称为“涂鸦”，他本人也承认他在开始绘制那些大型的壁画之前不曾对作品做过整体构思。他“一边画一边构思”，让画笔指引自己。伯格曼还说过一些更有意思的话，我一定要在这里引用一下：“当你严肃对待时，涂鸦是艰巨的工作；要是你只想乱涂一气，那它简直再容易不过了。”恭喜他认识到了涂鸦这个工具的多面性。（参阅 http://jonburgerman.com/info/faq）

11. 你也许还会问，一幅涂鸦之作能否具有深远的意义，对这个问题，我会斩钉截铁地回答：“是的！”赛·托姆布雷的作品就结合了潦草的书写和涂鸦，经常被批评家们嘲笑，但他最终得到了人们的承认，被誉为第二次世界大战后最有影响力的抽象派艺术大师之一。

12. 如果你依然心存疑虑，不妨用“涂鸦”作为关键词Google一下。你会得到那么多五花八门的搜索结果，多得你忍不住开始怀疑世界。

13. 或者说“九大产业”“十二大产业”，取决于你问的是谁。

14. 丹·米切尔，《硅谷的另类“快走”》，刊登于2011年11月15日出版的《财富》杂志。（参阅http://tech.fortune.cnn.com/2011/11/15/silicon-valleys-different-kind-ofpower-walk）

15. 乔布斯这些著名的“散步”，其中一些与约翰·斯卡利有着密切的关系。约翰·斯卡利原本是百事公司的副总裁，后任总裁，在乔布斯的热切邀请下，于1983年成为苹果公司的首席执行官。他们二人之间的关系十分激烈，正如他们所面对的挑战一般。沃尔特·艾萨克森在为乔布斯撰写的传记中写到，每当需要做出重大决定的时候，乔布斯经常邀请斯卡利一起进行长时间的散步。

16. 《斯蒂芬·乔布斯逸闻》，刊登于《快公司》杂志2012年5月刊第80页。

17. 摘自沃尔特·艾萨克森所著《爱因斯坦：人生与宇宙》（纽约：西蒙&舒斯特出版公司，2007年，平装本，第14页。）

18. 雅克·埃塔里是一位经济学家，杰出的学者，著名的技术统治论者，法国前总统弗朗索瓦·密特朗的顾问及密友。他在业余时间也写作关于爵士乐的书。

第二章 涂鸦的革命性贡献：认知力、团队表现力、个人乐趣

19. 杰基·安德雷德，《涂鸦能做什么？》 刊登于《应用认知心理学》第23卷第3 期（2009年2月26日）。

20. 嗯，应该说每个人，除了爱德华·库克，这位23岁的年轻人堪称“记忆大师”，拥有“过目不忘”的神奇能力，他是如此解释其中奥妙的：“绝大多数记忆窍门的大体思路都是将需要记住的枯燥数据变成丰富多彩、令人兴奋、与众不同的事物，这样你就不可能忘掉了。”他解释得实在太到位了，爱德华，你真棒！

21. 通过“场所”与“形象”进行记忆的方法，也称“记忆宫殿”。

22. 斯科菲尔德博士的故事及相关研究可查阅网址：

http://hermes.mbl.edu/publications/pub_archive/Botryllus/Botryllus.revised.html.

23. 在你发问之前，我要抢先回答，没有！斯科菲尔德博士当时并没有意识到她正在做的事情具有如此这般革命性的意义。

24. 莎伦·安斯沃思、 沃恩·普兰及拉塞尔·泰特勒合著的《以科学的方式边画边学》，刊登于《科学》杂志第333卷 （2011年8月26日），第1096－1097页。

25. 出自莎伦·安斯沃思博士的陈述，参见网址：

http://medicalxpress.com/news/2011-08-doodling-science.html

26. 出自维基百科，参见网址：http://en.wikipedia.org/wiki/ Visual_learning

27. 在约翰·麦地那博士写的《大脑规则》一书中，讲到我们的大脑在理解概念时实际上并没有关注具体的字母。我们的大脑是将字母当作图像吸收的。这也部分解释了为何我们绝大多数人没法记住一整页密密麻麻的文字——密集恐惧

症要发作了！——却能够记住一连串数以百计的照片。

28. 在这里有必要提一提“普遍语法”的理论。它主要是由诺姆·乔姆斯基博士提出的。它是一个语言学理论，认为学习语法的能力是人类大脑所固有的。也就是说，尽管区分名词与动词、虚词与实词的能力也许是人类与生俱来的本能，但人类还需要接触更多的实例与语境才能真正地掌握语言。简单地说，就是语言需要教才能学会。

29. 它甚至可能极大地影响人们做决定、解析信息、解决问题的能力。在社会及认知心理学的研究中，有一个很有意思的领域，称为“具身认知（embodied cognition）”，它关注的是我们的身体在思维过程中的作用，认为我们身体的运动系统极大地影响着我们探寻的结论、做出的决定、抱持的看法等等。关于人类身体与思想之间的联系，还有许多可供挖掘之处，但这个理论已经引起了广泛的关注。比方说，一些研制机器人的科技人员由此推测，真正的人工智能只可能在一个拥有感觉及运动机能的机械身体里产生。也就是说，如果没有一个可以自由活动的外在形体，纯粹的思维运转过程是不可能存在的。根据这个理论，马特·格罗宁在《飞出个未来》里展现的装在罐子里会说话的人头，因为失去了与其身体的连接，在创造力与智力方面本应大打折扣。

30. 我知道流行的观点认为这个数字应该是“七”，电话号码的长度往往被拿出来作为支持性证据。这个“魔法数字七”源自米勒法则，1956年美国心理学家米勒在《认知心理学》上发表的一篇文章中提出了这个关于短时记忆的法则。但近些年来进行的更为深入的研究表明，“七”这个数字还是估计得太多了。根据纳尔逊·考恩发表在《行为与脑科学》第24卷（2001年）第87-114页上的文章，这个数字应该是2.5±1.5，数值波动随着需要记忆的信息的特点及个体差异之间的相互影响而定。一些研究甚至将这个数字进一步缩小（卡勒文，1998年；麦克尔里，1998年，2001年；2002年；奥贝拉，2002年；沃黑赫和巴萨克，2005年），认为我们的注意力只允许我们在同一时间内关注一个单一的项目。

31. 2004年2月。参见网址：

http://www.ted.com/talks/lang/en/sergey_brin_and_larry_page_on_google.html

32. 特别是前运动及运动皮层（掌管身体的抓握动作及运动）、背外侧前额叶皮层（负责开启心灵的眼睛和想象力）、腹外侧前额叶皮层（决定开启哪部分的想象）以及杏仁核与基底核，包括尾状核（参与情绪反应）。

33. 摘自罗伯特·E·霍恩所著《视觉语言：二十一世纪的世界语》，第234页。

34. 同上

35.我个人见过的一些提倡白板文化的范例，包括Zappos、谷歌、Facebook、Square、Xplane、HomeAway、迪士尼的办公室以及Steelcase设计的工作间“workspring”。

36. 我要澄清的是，“空白空间”并不一定是白色的。（我感觉巴拉坦迪·瑟斯顿可以就这个梗讲一个笑话）。当我说“空白空间”的时候，指的是很大的、可以在上面写字画画的空间，人们可以在这个空间里对自己的想法进行表达、视觉化转换、深化。它可以有多种形式，包括活动挂图板、用粉笔书写的黑板、粘便利贴的墙壁、用大头钉的木板、泡沫板、玻璃擦写板、IdeaPaint涂料等等。

37. 在约翰·麦地那博士所写的《大脑规则：在公司、家庭与学校生存与发展的12大原则》一书中，他在讲到第四条规则时，对人们试图集中精神应对外来刺激时大脑中发生的事情进行了详细的解说。我将在这里对他描述的步骤进行一下概述，好让你理解基本的过程：第一步：转移注意力。一旦我们决定关注某个任务，我们的血液会大量涌向前额皮质层的前端。这就向大脑发出了一个信号：你马上需要转移注意力了。第二步：启动任务#1的规则。这个步骤有两个目标：第一，是找到能够执行这一任务的神经元；第二，下达激活这些神经元的命令。一旦这个步骤开始进行，大脑便开始执行这个任务。第三步：分离。如果我们还在处理第一个任务时，第二个任务接踵而来，那么我们的大脑必须从任务一中“抽身而出”，以便对任务二做出反应，因为任务二的“规则”与任务一的“规则”是不同的。所以我们的大脑必须进行这个分离的步骤。第四步：启动任务#2的规则。为了对第二个任务的“规则”做出回应，我们的大脑必须再次进行步骤一，寻找并激活适合执行第二个任务的神经元。一旦我们这样做了，我们的大脑便开始执行第二个任务。令人惊讶的是，每当我们将注意力从一个任务转到另一个任务上时，我们的大脑都会花费时间将这四个步骤依次进行一遍。这就是多线程任务处理实际上不可能做到的原因，因为归根到底，我们的大脑是按照顺序进行工作的，从一个任务切换到另一个任务，而不是同时执行两个任务。用麦地那的话来说，那便是："我们只能说，那些看起来善于进行多线程任务处理的人，实际上只是有着良好的记忆，能够依次注意到不同时间输入的多个信息。"参考网址：

http://brainrules.blogspot.com/2008/03/brain-cannot-multitask_16.html.

38. 同上

39. 这其中的区别就在于一个是我们的大脑自动为我们分配资源（对一个怀有敌意的表情做出反应），一个是我们强行分配资源（比方说在一个无聊的讲座上集中注意力。）《思考：快与慢》一书的作者丹尼尔·卡纳曼将这种区别形容为两种不同的系统。他在书中写道，系统1"自动运行，速度很快，很少或完全没有付出努力，没有自我控制的感觉"；而系统2"根据思维活动的费劲程度分配注意力，这些思维活动包括复杂的运算等"。

40. 这两幅涂鸦可以称为图像化的"读后感"，是我在阅读了史蒂夫·普拉斯菲尔德的杰出著作《艺术之战》后有感而作的。我事先已经将史蒂夫书中讲到的重要内容列了个单子，所以在我创作"涂鸦读后感"时便将它们作为灵感来源。这两幅涂鸦都是一蹴而就的，我直接使用了书法笔和墨水，而不是先用铅笔打草稿，再用橡皮和修正液进行修改。这些图像都是自发生成的，字体以及内容的放置方式也是如此。它仿佛出自普拉斯菲尔德本人之手，他非常喜欢这些涂鸦。哦也！

41. 我知道会有一大帮人跳出来为滥用技术做辩解。你们尽管这样去做好了。想了解辩论双方的观点，你可以去读读雪莉·特克尔的书，读读杰伦·拉尼尔、尼古拉斯·卡尔的书。然后再读读简·麦戈尼格尔的文章，读读克莱·舍基、凯文·凯利、雷·库兹韦尔的文章。但不管如何，请不要觉得一卡路里就是一卡路里，所以含有一百卡路里的多力多滋玉米片就等于含有一百卡路里的芽甘蓝。科技不能一概而论，所以不要因为我说科技的应用能够引发压力和孤独就全盘反对。它有时候能够引发这种后果，有时候确实引发了这种后果，只是有时候而已。比方说我在电脑上敲这段话时便感到了压力和孤独。

42．海马体是大脑边缘系统的一部分，它在巩固记忆方面扮演着重要的角色，不管是短期记忆还是长期记忆。它还支持着人类的空间式浏览能力。这一区域的损坏可能导致各种各样的疾病，像是阿尔茨海默氏病、精神分裂症、重度抑郁症、癫痫，以及不同程度的健忘。下面我要提到的这个研究就是关于压力与海马体萎缩的，它让我感到深深的悲哀，因为它涉及的对象是士兵，特别是经历过战争创伤的士兵，这些人的自杀率，根据《时代周刊》的报道，在2012年相比前一年上升了16%。斯坦福大学著名生物学家罗伯特·萨波尔斯基这样说道："近来绝大多数关于PTSD的研究都发现了患者海马体的萎缩，大脑的其他部分均为良好。但此种萎缩造成的危害绝非小事。例如，塔玛拉·格韦茨、罗杰·皮特曼与其在曼切斯特退伍军人医疗中心及哈佛医学院的同事对经历过战争创伤的PTSD患者进行了研究，他们的研究报告指出，患者海马体一侧的体积约低于正常水平25%。二十五个百分点！这就好像情感创伤抹杀了心脏四个腔室中的一个。"出自罗伯特·萨波尔斯基所著《压力与缩水的大脑》，刊登于《发现》杂志第20卷第3期（1999年）第116-122页。参考网址：

http://helios.hampshire.edu/~cjgNS/sputtbug/416K/Endo/sapolsky-stress.pdf.

43．我得承认，这个联系现在还存在争议，因为流行病学很难对其加以证明，但请读读《创伤后应激障碍和美国退伍军人罹患老年痴呆症的风险》这份报告，它很耐人寻味。这份报告断言："在一个男性为主的退伍军人群体中，那些诊断出PTSD的人相比没有患上PTSD的人，罹患老年痴呆的风险要高出近乎两倍。与此种重大的机能失调相关的机制必须加以识别，以找到减少老年痴呆与创伤后应激障碍风险的方法。"K·耶夫等人所著，发表于《普通精神病学文献》第67卷第6期（2010年6月）。

44．有趣的是，极端地专注于某个任务可能会导致"情境性失明"。换句话说，一位涂鸦者可能全身心地沉浸在创作过程中，以至于看不见那些通常会吸引人们目光的事物。（你们中的一些人可能知道那个由克里斯托弗·查布利斯与丹尼尔·西蒙斯拍摄的著名视频"看不见的大猩猩"。要是你没听说过，请谷歌。）我敢肯定我们都有过这种"情境性失明"的有趣经历。当我还是个小孩子的时候，每个星期都要读大概十本大部头的书，我经常迷失在书页中，忘了吃饭睡觉，这就是我的“情境性失明”经历。

45. “知悉网络”是我的朋友凯文·利亚创造的短语，他以前是个律师，孜孜不倦地研究与大脑有关的一切。他制定了一个计划课程，称为“思想运动会”，多年以来，他一直在深化、推广这个课程计划。

46. 乔治·圣·皮埃尔是一位来自加拿大的自由搏击大师，现任UFC次中量级冠军（注定作为全世界最好的P4P拳手功成身退！）。被那些爱他的人称为“突袭”和“GSP”。他反复证明着想象对他的成功起到了多么重要的作用。在他做赛前准备时，他会花大量时间在脑海中想象自己胜利的情形，想象自己经过奋战摆脱困境的情形。当为了参加终极格斗赛的电视直播做彩排时，他会在心里排演第二天的搏斗场面，甚至细致到进场仪式。他这样做可不是为了电视效果。平时的每场比赛之前他都会这样做，他是在有意地提升自己的潜能，旨在取得胜利。

47. 菲尔普斯曾说过，他从七岁起就开始不断想象如何“游得完美”，现在他是奥运会历史上获奖最多的人，获得过19枚奖牌。

48. 参见网址：

http://www.tangsoodoworld.com/articles/The_Mental_Training_of_Chuck_Norris.pdf

49. 在V.S.罗曼钱德朗的书《泄密的大脑》中，你可以看到许多通过想象治愈病痛的有趣故事。在这本书里，罗曼钱德朗描绘了那些患有幻肢痛的病人，介绍了他是如何治疗这种产生在已经不存在的肢体上的不适、疼痛乃至瘫痪的症状。罗曼钱德朗进行了一项实验，利用镜子的反射这一简单的手段让病人的大脑相信失去的肢体又再次回来了。一旦他成功地让患者“眼见为实”，患者便可以哄骗自己的大脑相信断肢依然存在，而且功能完好，既不疼也不麻痹。他将这种疗法称为“镜像视觉反馈（mirror visual feedback）”，简称为MVF，他坦承自己对这一疗法的效果之好感到十分吃惊。它适用于幻肢疼痛的患者、中风患者以及长期经受各种慢性病疼痛困扰的患者。它之所以如此有效，应该归功于镜子向病人大脑提供的强大的视觉感知反馈信号。因为镜子造成的视觉上的错觉，大脑开始进行自我调整，感受到的不再是持续的疼痛，而是疼痛消失。

50. 关于战俘如何利用想象来帮助自己度过难熬的囚禁生涯，有着各种各样的轶事。其中最著名的包括詹姆士·纳斯美瑟少校与高尔夫球的故事，这个故事最早出现在知名演讲家金克拉的一本著作中。尽管战俘们需要借助想象来生存（乃至之后重整旗鼓）的事实显而易见，但这些故事的来源多半并不可信。不过的确有一个故事十分可信，它出自美国公共广播公司的一部纪录片《情感生活》，故事的主角是一位叫做鲍勃·休梅克的战俘，他在八年时间里辗转于北越的各个监狱（包括臭名昭著的“河内希尔顿”），过着孤独与饱受折磨的生活。休梅克详细地叙述了他用来保持神志正常乃至满怀希望的方法，其中就包括深入细致地想象他回家之后将要建起的房屋。休梅克在自己的想象中建起了这座房屋，上到整个房子的结构，下到砖块钉子的数量乃至木料的长短，都烂熟在心。我还想特别提一提维克托·弗兰克的故事，他是一位奥地利的神经学家，也是大屠杀的幸存者，他借助想象的力量在残酷的环境中坚持下来的故事也广为人知。弗兰克运用心灵的力量让自己变成一个观察者，客观地审视自己身为囚徒的处境，冷静地观察着一切，仿佛他是一位科学家，在对自己目睹的事件做报告，他还想象出整个大学的听众正在听他的演讲。这让弗兰克看到并体验到另一种现实，于是他真实所处的那个现实就变得勉强可以忍受了。弗兰克也反复想象他妻子的脸庞，目的就是为了保持真实的爱与被爱的感觉。这些都记录在他的著作之中。

51. 出自奥普拉在“人生课堂”节目中对金凯瑞进行的采访。参阅网址：http://www.youtube.com/watch?v=nPU5bjzLZX0

52. 出自G.越及K.柯尔合著的《从运动计划开始增加力量：长时间自发训练与想象的肌肉锻炼之比较》，发表于《神经生理学杂志》第67卷（1992年），第1114－1123页. 另一篇关于思维训练如何提升肌肉力量的文章是M·莱塞尔等人合著的《通过运动意象及不同比率的身心练习获得力量》，发表于《心理学前沿》第2卷（2011年），第194页。

53. 事实上，重复地看便能建立起记忆和体验感受。

54. 我在本书第一章援引了摩西·巴尔关于预测和视觉认知的研究成果。现在让我们重新看看他的视频“进击的大脑”，你将得到更深的体会。
（参考网址：www.youtube.com/watch?v=yeY8qnZaUBU）.

55. 我在这里列出了一些具有启发性的信息用以支持这张流程图第2、3个格子中的论点，它们都是关于记忆的工作机制的：D.沙克特所著《记忆的七宗罪》（纽约：霍顿·米夫林出版公司，2001年出版），以及D.沙克特与他人合著的《记忆的未来：回忆、想象和大脑》，发表于《神经元》杂志第76卷（2012年11月21日）。此外还有D.R.阿迪斯、K.纳普、R.P.罗伯茨、D.L.沙克特合著的《通往过去的路：引导及催生自传性记忆检索的神经基质》，发表于《神经影像学》杂志第59卷（2012年），第2908－2922页。

56. 当然了，在这里我要提醒你注意“想要”这个词。大脑的知悉网络——那些已经建立起来的记忆，既可以帮助你反复体验过去的经历，也可能导致你陷入不良习惯的怪圈不能自拔。所以重要的是有目的地想象你“想要”的结果，而不是任由我们那些负面的、消极的体验泛滥成灾。

57. 准确地说，我们也可以使用想象来描画不理想的结果，而且我们这样做的可能性更大。训练我们的大脑想象积极的结果是一件非常值得努力的事情，尽管这并不是我们大脑的缺省模式。

58. 主要位于颞叶皮层。

59. 请注意，在我所提到的这些神经网络名称中，“想象网络”并不是一个专业的术语（关于“想象网络”，有一个写得很好的参考说明，请参阅网址：http://rstb.royalsocietypublishing.org/content/364/1521/1263.full），但我之所以使用这个词，是为了让你更好理解，因为一些通行的神经网络名字并不能明确地指示其功能。比方说，“突显网络（salience network）”便是一个公认的术语，指的是区分、评估绝大多数与我们密切相关的内部及外部刺激以便引导行为的神经网络，但光看“突显”这个词语，你多半猜不出它能起到什么作用。此外，你还需要注意的是，有另外三个神经网络似乎与想象网络有所关联。它们分别是默认模式网络（default mode network）（当想象以白日梦的形式出现时）、记忆网络（包括海马体和大脑后部的综合皮质区，以及内侧前额叶皮层），和工作记忆网络（working memory network）。

60. “默认模式网络”是我们大多数人在大多数时间里大脑所处的模式。当我们关注外部世界时，需要投入更多的注意力，需要进行换位思考，需要进行记忆检索。所以当我们的注意力无需放在外部世界时，这个网络便会激活。马库斯·雷切尔及其同事在2001年发表了一篇具有里程碑意义的论文，首次正式提出这一网络模式的存在：M·雷切尔等人合著《大脑运转的默认模式初探》，发表于《美国科学院学报》第98卷第2期（2001年），第676－682页。

61. “知道”是一个很模糊的概念，很可能它所涉及的大脑区域要比我在这里列出的多。我举这个例子只是为了强调一个总体思路，大脑的各个部分并不是每时每刻都全部处于活跃状态的，而是随着不同的行为发生，激活不同的相关区域。

62. 在基斯·D·马克曼、威廉·P·克莱因及朱莉·A·苏尔主编的《想象力及心理模拟手册》（2009年）一书中，我们可以看到这样一段话，它在第2章的第22页（“心理模拟行为及专业知识，”由锡安·L·贝尔洛克及伊恩·M·里昂撰写）：“……以精神力在内心模拟一个行为但没有付诸身体明确的执行，通常被称为运动想象（迪西第，1996a，1996b）。运动想象和运动本身之间有什么关系？根据过去几十年间的心理生理学和神经科学研究，付诸实际的运动与想象中模拟的运动在功能上是等价的（参见迪西第与格雷扎克斯的研究，1999年；詹尼诺德，1994年）。也就是说，运动想象与运动本身共享相同的神经机制（迪西第，1996年；詹尼诺德与弗拉克，1999年）。例如，当个体被要求想象自己进行写作时，可以在前额叶脑区、SMA（辅助运动区）及小脑观察到局部脑血流（rCBF）的增多——与进行实际的写作行为时大脑的激活模式十分相似（迪西第、菲利蓬和英格瓦，1988年）。”这段文字展现了人类大脑的潜力，十分有趣，但我要指出的是，在大概一两个段落之后，贝尔洛克和里昂进一步提到，尽管运动想象与运动本身有很多重叠的地方，但两者依然有着区别。请看：“尽管运动想象和运动本身存在这些相似性，但对运动进行心理模拟和做出确实可见的运动依然是有差异的。例如，在上述迪西第与米歇尔进行的写作行为研究中（1989年），研究者发现，初级运动区（MI）只在进行实际的写作时激活，而进行想象中的写作时并未激活。事实上，还有许多研究也已经发现，运动想象与实际行为激活的前运动皮层与SMAS区域基本重叠，但初级运动皮质并没有出现这种情况（参见基尔罗特与科利特的研究，2005年）。这就表明，实际的行为与想象的动作激活的大脑皮层，只在涉及计划与步骤的区域有所重叠，而涉及行为执行的区域并非如此（迪西第，1996a，1996b）。也就是说，从运动控制层次这个更高的、认知的水平上来看，运动想象和实际行为的过程是相同的（参见麦凯的研究，1989年）。”这一切对涂鸦意味着什么呢？让我们来思考一下。涂鸦的过程由两部分组成。它涉及到前意识及有意识的规划，在心理上设想并规划下一步行动，但它也涉及实际的、现实中的身体运动。这就意味着涂鸦活动激活的大脑区域要比单独进行心理预演时要多（心理预演本身就是一个很强大的工具）。正因为涂鸦能够同时激活大脑中的多个区域，所以当我们在进行涂鸦活动时，我们的大脑便奏出一曲交织着想象力与行动的交响乐。在第2章的第31页，贝尔洛克和里昂做了一个很好的总结："运动想象作为一种康复手段，已被广泛用于中风患者和其他希望重新自如地进行某些特定行为的患者身上。（参见迪克斯坦与多伊奇的研究，2007年）。运动图像也已经被用来训练外科医生，以便执行有着复杂过程的外科手术（霍尔，2002年；罗杰斯，2006年），用于促进学习和记忆复杂的运动任务（德里斯凯尔、库珀与莫兰的研究，1994年；费尔兹与兰德斯的研究，1983年；马丁、莫里兹与霍尔的研究，1999年），甚至用于迁移运动技能。例如，吉恩提利、帕帕克赞斯和波佐在2006年进行的研究就表明，通过运动想象训练使用一只手臂，可以提高另一只手臂的运动机能。要对这一章做一个总结的话，那就是研究者认为，通过心理模拟一种行动，能够激活涉及实际行动的神经机制。那么由此推断对某个行为进行心理模拟有助于提高随后实际执行该行为时的表现，就不算耸人听闻了。尽管如此，这一发现的潜力尚未全部开发出来，它不仅是一种康复或行为学习的手段，而且我们应该把它当做一个潜在的途径，通过它来获取更复杂的认知技巧，而无需进行实际的行为操作，像是阅读理解或空间推理（参见本手册中由科斯林与莫尔顿撰写的第3章）。

63. 你也许能够回想起它同时也是一个涉及音乐、运动知觉及思维练习的过程。

64. 当我在写作涂鸦的可能性这一部分时，我已经很克制了。我原本想探讨一下镜像神经元（mirror neurons），这种神经元（已被证实存在于猴子身上，但是否存在于人类大脑中还有争议）会在下列情况下激活：一只动物自己做出一个动作以及这只动物看到另一只动物做出相同的动作。有证据表明，当一个人想象自己在做某件事情以及这个人实际上在做某件事情时，这些神经元也会激活。这个消息简直是爆炸性的，因为它暗示了我们可以并且已经在通过使用心灵的眼睛（以及大脑中其他的感觉网络）来创造现实。我们所看到的东西可能就是因为我们才真实存在的。我本来打算在这个基础上将镜像神经元蕴含的可能性与海森堡测不准原理结合起来探讨一番，海森堡测不准原理认为所有的潜力或可能性都是同时存在的。将这两个理论结合起来的话，我觉得我们可以基于我们看见的东西及我们选择看见的东西来显示不同的现实——通过有目的的视觉化转换行为——绘图、涂鸦等等。我觉得最终量子物理学将证明这个想法是可行的，但我那些更理智更严肃的朋友提醒我别表现得太过疯狂。所以最终我选择了探讨“知悉网络”这个远没有那么激进的话题。

第三章 学习涂鸦：探秘视觉语言

65. 当然了，我已经通过练习画得越来越好了，这也是本书的目的之一，但我依然处于会被艺术学校的人嘲笑的水平。不过我对此一点也不感到困扰。

66. 我也有一些学生，他们的绘画能力之高我拍马也赶不上。我很为他们高兴，但要是他们以为这能让他们成为老师的宠儿，他们很快就会了解到我不是那么好说话的。我们要做的事情是关乎思考的，而不是关乎绘画的。此外，绘画能力实际上会阻碍一个人在课堂上的进步。那些擅长绘画的人需要面对两个挑战：一，他们往往专注于绘画，从而忽视了信息本身，而他们本应该围绕这些信息进行思考；二，擅长绘画的人通常很难对自己的作品进行删减，因为他们花费了那么多的时间来提高他们的绘画技巧。但快速、简单地涂画是进行高效的资讯涂鸦的基础，所以他们还额外需要对他们的作品进行删减，以达到简明的效果。

67. B.A.S.H.游戏是一个涂鸦游戏，在电子游戏兴起之前，孩子们常常玩这个游戏。B.A.S.H.分别是船（Boat）、飞机（Airplane）、舰艇（Ship）与直升机（Helicopter）的首字母，游戏的目标就是破坏对方的“基地”。玩这个游戏只需要纸和笔。两个玩家在“大海”中央绘出小岛，然后从一个主基地里派出飞机和船只，尝试攻入对方的基地，同时从每一艘船只或飞机上画出向外延伸的直线，代表战略性武器，用以摧毁对方的船只或飞机。还有一些其他的规则，我就不深入讲了。我想说的是，B.A.S.H.游戏给我上了宝贵的一课，为了摧毁对方的军队，我学会了如何又快又好地画直线。

68. 显然，在戴夫之前，还有其他种类的视觉语言基本元素。但他所做的是通读文献，推导出了十二个字母（六个“形”，六个“面”），他认为这十二个字母能够涵盖所有可能的视觉语言组合。这个字母表对我和我的学生而言都是非常宝贵的，感谢戴夫为我的生活和工作做出的贡献。

69. 在这里，我的意思是，在一份书面语言中，字母是最小的可分辨单位（称为字素），正如在一幅涂鸦中，视觉语言字母表中的这些“字母”便是最小的可分辨单位一样。而在口语中，最小的可分辨单位被称为“音素”。字母与音素的区别大概类似于字母S与摩擦音s-之间的差异。

70. 你可能会问，“环”不是构成了一个小的闭合形状吗？但在自然的情况下，构成它的线条并不会折回来与自身交叉。

71. 如果你没有听说过这幅画，我在这里向你简单介绍一下，这是勒内·玛格里特的画作，名为《形象的叛逆（The Treachery of Images）》，这是一幅发人深省的著名画作，画上描绘了一只烟斗，下面用法语写着“你看到的不是烟斗”。玛格丽特是一位比利时的超现实主义画家，对涉及感知现实的想法很感兴趣。这件作品便是试图让观众思考这样一个问题：能否在一幅画里捕捉一个对象的本质——显然是不可能的。他希望观众认识到，视觉表现只是一种幻觉，永远不能像真实的东西那样让人得到情感上的满足。

72. 在第四章中，我们将进一步对抽象概念进行可视化转换，像是“策略”“正义”之类的，现在，让我们先从名词开始。它们一般没那么吓人。

73. 在这里我想向你推介艾德·安柏利的系列绘本，像是《创造一个词》《动物之书》《面孔的故事》，甚至是《怪人之书》。他在这些令人愉快的图画书里展现了用图像字母表画画是一件多么简单的事情。看着看着，你就会开始感慨，为什么我们不在幼儿园学习拼音字母的时候读这些书呢？

74. 汤姆·高尔德是一位苏格兰漫画家和插画家，他著名的作品有《王国的守护者》《三个小小漫画》《猎人与画家》《巨大的机器人》等。这个看起来手舞足蹈的小人来自一本限量版的绘本，叫作《一个史诗故事中的角色》。很遗憾，我没能拥有这本限量发行的书。但汤姆·高尔德用电子邮件给我发来了高分辨率的小人图片，对我来说已经足够好了。

75. 艾德·安柏利是一位美国艺术家和插画家，以其创作的迷人儿童绘本而闻名。安柏利在资讯涂鸦圈子里也很出名，他像我一样，也认为每个人都能学会画画，而且应该学习画画。

76. 戴夫·格雷在他的个人网站davegrayinfo.com上分享了大量作品，你还可以在他的Flickr相册中浏览他的作品。这个行走的小人来自他的作品《是什么点燃了你的创作能量？》

77. 戴夫·格雷在几个月前同我分享了这些通用原则。在艺术学校里它们可能是不值一提的零碎知识，却是我们这些没有艺术细胞的凡人能够真正用到的东西。

78. 查尔斯·舒尔茨实际上非常擅长绘制复杂的人物形象。但他在《花生漫画》中绘制的角色让人感觉非常随意、非常平易近人。所以我这么说不是在鄙视他的绘画技术，而是在称赞他作品的受欢迎程度。

79. 我不确定这一工具的起源。有时我把它归功于美国作家、漫画家琳达·巴里，但我不能肯定地说这就是她发明的。这一工具可能就像蟑螂或卖春一样，在人类诞生之初便与我们同在了。

80. 当人类搜寻面孔时，两个大脑半球之间的分工似乎是这样的：先是左脑对一个图像与面孔的相似程度进行评估，然后将得出的结论传递给右脑：这是/不是一张真正的脸。而后右脑再决定这张脸是真实存在的抑或只是一个幻觉、是心理作用使然——虽然不是面孔，但具有强烈的暗示作用，能让人想到面孔（比如面包上的圣母玛利亚像）。根据《连线》杂志，大脑在处理高级的视觉进程任务时左右半球有着不同的分工，而区分真正的面孔与虚幻的面孔便是最早被研究者发现的分工之一。

参阅网址：http://www.wired.com/wiredscience/2012/01/brainface-recognition

81. 玛丽·哈里斯·琼斯被人们尊称为“琼斯妈妈”，她是一位美国教师，在一场黄热病流行中失去了丈夫和四个孩子。她搬到芝加哥，开了一家服装店，又在芝加哥大火中失去了一切。最终她成为了一位了不起的劳工运动组织者，在全国的童工、劳工中具有极大的号召力，以至于西奥多·罗斯福总统将她称为“美国最危险的女人”。

82. “cadavre exquis”是法语，将它翻译过来便是你所看到的“精美尸首”

这个词。法国超现实主义者们在喝了整晚的酒之后——好让人吃惊啊！——创造了这个室内游戏。在这个游戏中，人们按照顺序涂画字词或图像，然后汇集起来，没有人能猜到所有的碎片组合起来会是什么样子。随着时间的推移，这个游戏经历了许多变化与发展，现在你依然可以在拼贴画和一些儿童书籍中认出它的影子——在这种儿童书籍中，人物的头、躯干和腿能够任意搭配，以便生成新的人物。

83. 这个游戏的灵感来自于Doodlers Anonymous网站，纯真艺术永恒的网上家园。

第四章 学习资讯涂鸦：精通视觉思维

84. 对于那些熟悉托尼·布赞作品的人来说，在理解个人资讯涂鸦时不妨想想他的“思维导图”，只不过个人资讯涂鸦还能以不同的视觉结构表现从核心的“思维导图”发散出去的内容。

85. 显然，将主观诠释彻底排除在这个过程之外是不可能的。毕竟资讯涂鸦者也是人。但她是要拿报酬的，所以她必须准确地将演讲者的主题、信息、功能性的条目、表达传达给观众。不能像个人资讯涂鸦那样，对她捕捉到的口头信息进行增添、修改或强调，以便对她个人更有意义。例如，如果一个立法者说，“我们应该致力于将转基因食物从美国的食品供应中去除”（虽然我从来没有听到哪个议员这么说过），那么资讯涂鸦者就应该在有限的时间内尽可能地捕捉这句话的内容，同时避免在涂鸦作品中添加诸如“完全是屁话”之类的推测性结论。她的任务是倾听、总结演讲者的话，然后进行视觉化转换。

86. 其中两个工具你已经学到了：面孔和体型。

87. 关于一个成果斐然的创造性过程中各个因素所占的比率，有着不同的说法。有人说是10%的灵感加上90%的汗水。有人说是5%的运气加8%的坚持断网再加87%的努力。不管你喜欢哪种说法，事实就是，我们每个人都希望拥有创意迸发的闪亮时刻，而这个时刻必然源自辛勤的工作。所以托马斯·爱迪生会说出这样的话：“大多数人之所以错过机会，是因为机会套着工作服，不工作怎能遇到它？”

88. 这个列表有两个来源：一是我自己的工作和实地观察得出的结论，二是托尼·布赞的著作《思维导图：如何运用发散思维最大化开发大脑潜能》。

89. 托尼·布赞是一位英国作家和教育顾问，被认为是当代视觉记忆推广的先锋，他于二十世纪七十年代总结出了著名的“思维地图”记忆法。参见托尼·布赞与巴里·布赞合著的《思维导图：如何运用发散思维来最大化你的大脑的潜力》（伦敦：BBC出版社，1993年），第46页。

90. 法语对拼写也相当不友好。看看下面这些词语后缀，它们的发音完全相同或非常接近：-os，-ot，-eau，-eaux，-eaus。没错，就是这样。

91. 这句话说的是："家里没人？你的意思是？"

92. 嘻哈文化倒是没有发明什么"耸人听闻的拼写"（我觉得家乐氏的水果谷物圈在这一点上已经完全打败了他们），但在宣扬这种做法方面也做了不少"贡献"。想想诸如"playa hata"或"what the dilly yo"之类的词，想想诸如卢达·克里斯，Phanatik以及Questlove之类的音乐家，你就明白我的意思了。

93. lmgtfy.com是万能的互联网带给我们的一个可爱网站，"lmgtfy"代表着"让我为你谷歌一下"。我觉得这个网站是专门针对下述人士设计的：拿着愚蠢的问题张嘴或是动手写电子邮件询问身边的人，也不愿自己动手寻找答案。

94. 拼写技能和智力水平之间偶尔会有关联，但两者并非因果关系。人们之所以能看到两者之间的这种相互关系，往往是因为人们先入为主地认为上佳的拼写能力代表着高超的智力水平。这类似于我们将伟岸的身高与领导才能联系在一起的做法。在身高与领导才能之间的确可能存在联系，但人们之所以能看到这种联系，往往是因为他们先入为主地认为存在这种联系。实际上一个人的身高并不能决定或说明其领导水平的高低，反正我是不会因为某位候选人的身高高于常人就给他投票的。抱歉，林肯先生。

95. 平面设计师之类的人将其称为"行间距"。

96. 平面设计师之类的人将其称为"字符间距"。

97. 平面设计师之类的人将其称为"字间距"。

98. 我不是说所有的女性都是娇柔温顺的，但要试着将这个形容词同女性割裂开来，那可不是一件容易的事情。

99. 参见斯蒂芬妮·帕帕斯所著《“时髦字体”可以帮助学生学习》，《生命科学》杂志，2011年1月13日。参考网址：http://www.livescience.com/9296-funky-fonts-students-learn.html

100. 参见网站：bancomicsans.com

101. 他拍摄的那部奥斯卡获奖纪录长片真是把我震撼得不能自已：《战争迷雾：罗伯特·麦克纳马拉生命中的11个教训》。

102. 埃罗尔·莫里斯的这段话刊登在2007年7月10日的《纽约时报》“Opinionator”专栏中，完整引用如下：“撒谎，撒谎，裤头烧光。没有配图文字、没有背景语境，没有关于图片是什么图片的提示，我便无法做出回答。对一张照片一无所知、全无概念，我就不能确定这张照片的真实与否。一张没有说明文字、被剥夺了所有语境的照片，实际上是毫无意义的。我需要了解更多的信息。”参考网址：

http://opinionator.blogs.nytimes.com/2007/07/10/pictures-are-supposed-to-be-worth-a-thousand-words

103. 值得一提的是，资讯涂鸦也能照亮现实存在的模糊之处。换句话说，有时候人们完全不知道自己的话语在某些方面是如此的含糊不清、模棱两可，直到他们将其绘成涂鸦。然后这些含糊之处才清楚地显现出来。很具有讽刺性，不是吗?

104. “交缠性（intertwingularity）”一词是由“IT社会哲学家”特德·纳尔逊创造的，用以表达人类知识相互关系的复杂性。

105. 摘自特德·纳尔逊所著的《计算机解放运动：你可以并且必须理解电脑/梦幻机器：经由计算机屏幕获得新的自由——一份少数派报告》（印第安纳州，南本德，私人印刷，1974年）。

106. 摘自特德·纳尔逊所著《计算机解放运动/梦想机器》（修订版）（华盛顿州，雷德蒙德：Tempus Books of Microsoft Press出版社，1987年）。

107. 想要进行一次成功的资讯涂鸦，速度通常也是一个需要考虑的因素，因为口头表达的内容必须通过涂鸦创作表现出来。在团队资讯涂鸦中，你通常会有一些富余的时间——参与者咳嗽啦、支支吾吾啦、停顿啦、中场休息啦，让你有时间填充、添补信息。但在实时进行的个人或表演型资讯涂鸦中，有时候你必须紧赶慢赶才能跟上发言者的节奏。

108. 你可以在戴夫·格雷的Flickr相册中浏览到大量作品，这些作品证明了黑白两色的资讯涂鸦可以给人留下多么深刻的印象。参考网址：

http://www.flickr.com/photos/davegray/collections/72157600017554580

109. 色彩的运用在表演型资讯涂鸦中表现最为出色，因为这是唯一一种需要顾及作品悦目程度的涂鸦形式。在个人资讯涂鸦中，颜色具有一定的重要性，是因为它能够让资讯涂鸦者通过不同的颜色细化内容的层次，从而帮助个人的学习过程。而在团队资讯涂鸦中，颜色的重要性微乎其微，因为在这种类型的涂鸦创作过程中，“看起来好看”是不需要关心的事情。

110. 如果你对颜色及其跨文化的意义感兴趣，那你也许会喜欢大卫·麦坎德利斯的书《美丽的信息》。他在这本书中向我们提供了一幅色环图，展示了不同的颜色在世界各地分别对应何种情感。你也可以在下面这个网址阅读这本书的电子版：

www.informationisbeautiful.net/visualizations

111. 根据你所追求的资讯涂鸦类型，这个过程会有一些变化，但总的说来，它都会以某种形式出现。如果你希望了解得更详细一些，那么我会告诉你，这个过程最有可能出现在非即时的个人资讯涂鸦及团队资讯涂鸦中。而表演型的资讯涂鸦和即时进行的个人资讯涂鸦都进行得非常快，因此你为你所捕获的内容配上完美视觉结构的可能性微乎其微，除非你使用最具有普适性的视觉结构，像是饼状图、柱状图或是辐射图。

112. 这听起来像是说大话，我知道。但如果你使用资讯涂鸦帮助到了你自己那个小小的世界，那也依然是个世界呀。所以也可以说你拯救了世界嘛。

113. 神经学家里克·汉森在《佛陀的大脑：关于幸福、爱与智慧的神经学实践》一书中以一种有趣的方式说明了这个现象的原因：我们的大脑被很强的生存本能所驱动。因此，它往往从我们的最大利益出发，避免可能会导致我们的身体（更重要的是，社会关系）受到损害的行为。我们的杏仁体（通常与丘脑、顶叶皮层后半部分及颞叶一起工作）因此趋向于夸大威胁，因为在一天结束的时候，我们大多数人宁愿感到安全，而不是感到惋惜。因为在生存这个游戏中，“惋惜”通常意味着死亡（或者是更糟糕的情况：被放逐，因为被放逐就意味着被孤立，随之而来的必然是死亡）。所以，尽管我们热爱、钦佩那些无畏的开拓者和悍不畏死的冒险家，但我们绝大多数人实际上并不想成为那样的人。安全第一!

114. 这对现实存在的所有类别的资讯涂鸦都适用。只有一个值得注意的例外情况，那就是当一位资讯涂鸦者进行非实时的个人资讯涂鸦时。举个例子，一位资讯涂鸦者看到一张地图，比方说，非洲地图，然后开始绘制一幅旨在提供信息的资讯涂鸦，这幅资讯涂鸦有着许多分叉，列举了许多有趣的事实和数据。她可能会先涂画一种植物，然后再适当地标注上这种植物的种属，加上其生命周期的说明文字。在这种情况下，图像先于文字就是相当自然的事情。还有一个看似非常合理的办法可以检验“图像先于文字”这个说法的可行性：你可以试着先涂画出一个视觉结构，然后盯着它看，看看脑海中能浮现出什么文字或是见解。这个实验会产生出许多滑稽可笑的结果，但很值得一试。

115. 人机交互（Human－Computer interface或Human－Machine Interaction，简称HCI或HMI），是一门研究计算机系统与用户之间交互关系的学问。人机交互界面通常是指用户可见的部分。用户通过人机交互界面与计算机系统交流，并进行操作。

116. 摘自沃尔特·艾萨克森所著《史蒂夫·乔布斯传》，第111页。

117. 例如，演讲者可以通过展示一张引人注目的照片吸引观众，这张照片能够引出一个话题或是改变人们的某个观点。广告商希望调动起观众的情绪，而不是引发观众的理性思考，所以他会给观众更多感官上的体验，以便影响观众下一步的反应。当一个主持人希望从一个团队中梳理出创新办法时，开始时也许会要求参与者进行想法的展示，而不是深入阐述任务的本质。

118. 我在这里所说的“肌肉”，指的是认知的“肌肉”。在涉及涂鸦和绘画时，认知肌肉具有一种类似“肌肉记忆”的能力，所谓“肌肉记忆”，是一种程序记忆，你能够通过反复的操作将一种与肌肉运动有关的行为，比方说，打字，铭刻到你的记忆之中。例如，如果你不断地画一朵玫瑰，那么你画玫瑰的能力会随着练习变得越来越好。这是因为你正在为画玫瑰建立一种“肌肉记忆”，而这种现实肌肉的记忆能够通过所谓的“认知肌肉记忆”来进行强化。研究表明，当你看到一朵玫瑰时，你的大脑会创造一个视觉的印记或记忆，代表你在这一刻了解到的玫瑰的大小和形状。当你进行涂鸦时，你大脑中的运动、视觉和体感皮层便开始活跃起来，协调一致，让你将这朵玫瑰涂画得与你曾经看到的玫瑰一样。所以实际上，你既可以锻炼身体上的肌肉，也可以锻炼精神上的“肌肉”，让它们保持强劲。如果一位资讯涂鸦者想要在精神和身体方面不断提高，那么不断锻炼这些肌肉是很关键的。

119. 是的，我知道速记员的存在，但他们所用的速记法没有人能看懂。

120. 回想一下我们在前面探讨涂鸦所带来的认知好处时提到的“工作记忆”。

121. 涂鸦能够带来许多立竿见影的好处，其中之一便是它能让人们的手和眼睛忙碌起来，这往往能够有效地平息人们内心的杂音，让人们的精神变得集中。

122. 这个百分比的确立，大部分应该归功于美国教育学家埃德加·戴尔提出的一种视听教学理论，他在1946年提出了这一理论，并附有生动的图表说明，今天大家都亲切地将这一理论称为“经验之塔”。戴尔博士的原始图表中并没有提到这个百分比，也没有进行什么研究表明这一百分比的存在。戴尔博士本人已经澄清了这个事实。尽管这个数据看上去像模像样、让人信服，但同大多数民间传言一样，它的真实性不堪一击。就算如此，这个百分比笼罩着强烈的“智慧与真理”的光环，这也是它为何不断流传的原因。

123. 这句话实际上是对中国一句古老格言的英文解释（大约公元前五世纪）:“闻之我也野，视之我也饶，行之我也明。”

124. 新鲜出炉的统计学数据。

125. 真正优秀的表演型资讯涂鸦者会在接下订单之前进行研究。他们会研究自己将要共事的公司的组织机构、产品和服务、竞争对手乃至公司的内刊。他们会寻找合适的缩略语和行话。他们在真正步入观众的世界之前尽己所能地深入了解观众的世界。他们就像一心求胜的运动员或武术大师，全身心地投入自己将要面对的比赛，这样才能在比赛中做出更好的表现。

126. 也意味着了解你的老师。哪些人说话很快、很难听懂？哪些人说话很慢、声音低沉？哪些人不爱长篇大论，喜欢进行师生互动？你可以根据不同的对象改变你的应对办法。

127. 我曾参加过大量会议，但所谓的“六种会议类型”真不是我提出来的。迈克尔·道尔和大卫·施特劳斯曾经就（视觉化！）会议写了一本永不过时的书，叫做《怎样让会议有效进行：新的互动方法》。它出版于1976年，但在我看来写得比《罗伯特议事规则》还要好，要知道，《罗伯特议事规则》在美国可谓会议与审议、协商规程方面的权威著作。

128. “前馈会议”指的是那种在会上提出新的信息或对现有信息进行更新的会议。

129. 战略规划类会议可能在公司不同层面的组织结构中召开——工作小组、部门经理、副总、总监、董事会。但这些会议的本质和目标都是相同的。

130. 最不可预测的会议内容通常来自前馈会议和混合型会议。不可预测性是这两种会议的特点之一，因为前馈会议的内容涉及无限的可能性，而混合型会议的目标可能发生重大反转。不过你不用担心——我在下面提供给你的诀窍也会说到如何应付这种情况的。

131. 我们大多数人不会立即进入倾听模式，除非是有某种特殊情况，像是有位朋友急需我们的安慰或是有人大说特说我们的好话。所以，在会议中听人发言的时候，我们通常会经历一个自然的过渡阶段，在此期间，我们内心的声音渐渐安静下来，慢慢地进入一种开放的倾听模式。当你投入到倾听中去时，实际上便进入了一种流动的状态，作为倾听者的你仿佛变成了一个畅通无阻的管道，信息毫无凝滞地在其间流转。

132. 禅宗中有这样一句意味深长的话："只想自己，必会痛苦。心系他人，必会快乐。"

133. 在我和我的团队进行资讯涂鸦前，常常会对我们将要进行视觉化展示的主题和领域进行初步的研究。如果美国宇航局聘请我们在会议上对喷气推进系统、喷气式飞机或星际探索航天器进行视觉化展示以便为与会者提供便利，那我们就会花时间去了解这些东西真实的模样，然后为它们构思一个简单的涂鸦版本，以便在会议上使用。我们这样做出于两个考虑，（一）可以在人们讨论会议主题时当场将这个主题以视觉化的形式展现出来；（二）向客户表明我们已经为自己的工作做好了准备。我们也会对公司的行话（所有公司都有其内部行话）以及公司的缩略语做这样的研究，因为你将在会议中用到它们，所以你最好事先做好功课，这样才不会在会议速度变快时跟不上节奏。

134. 实际上，我在设计我的TED发言稿时就是这样做的。我花了四个月时间进行资讯涂鸦，我把它挂在我的墙上，这样我在走过时便能看到，并且不断地编辑修改。我的这一演讲设计过程灵感来自于南希·杜阿特的著作《共鸣》，她既是我的朋友，也是我的导师。她在《共鸣》这本书的第142-143页中以视觉化的方式生动而详细地描绘了这种方法。此外，"S.T.A.R.时刻"这个词组也是南茜创造的，它代表着"他们会永远记得"。

135. 为了绘制这个示意图大全，我参考了杜阿特的设计，并且借助了xplane公司的编码系统。这两者对我的工作影响最大。如果你想看看完整版的图表大全，不妨找找南希写的《幻灯片的学问》这本书。其中有两页专门展示了各种各样的图表，详尽而美丽，能够让你对图表有一个全新的认识。如果你像我一样发自内心地热爱图表，那么当你看到这两页时肯定会像个书呆子那样瞠目结舌、喜出望外。哈哈！

136. 记住，你将要学到的是会在资讯涂鸦中自然而然出现的基本构造。你的涂鸦作品绝大部分都将是即兴创作的。所以我向你提供这些视觉构造，希望它们能够成为你视觉语言的一部分，这样你就能在以后自然而娴熟地运用它们。

137. 它们偶尔也能表示时间，比方说一幅关于成吉思汗恐怖统治的时间线视图。

138. 爱德华·塔夫特教授在其著作 《视觉化阐释：图像与数量、依据及叙述》的第10页进行了这一总结。

139. 如果你从未见过这个三角结构，我建议你对其进行一番认真的思考。它很快能让你明白，为何有时人们以为自己在帮助受害者，结果却适得其反。为了帮助你理解，我想告诉你的是，这个三角结构中的角色并不是固定的——人们总是在不同角色间转换——而且每个角色做出的行为都会同时影响另外两个角色。所以我们有时同时扮演着迫害者、拯救者与受害者的角色，其间的冲突是无穷无尽的。打破这个循环的最好方法便是完全跳出这个三角结构。

140. 戴夫·格雷。

141. 戴夫·格雷。

142. 由S.S.瓦格纳设计。

143. 将一家公司形容为“联系紧密”的灵感来自戴夫·格雷的《结构紧密联系的公司》。这本书讨论了公司过去常见的组织结构与为了适应现在的市场而采取的组织结构之间的区别。我在此处列举的区别，其中一些是戴夫在他的书中通过比较图的形式表现出来的；其他那些标签和形容词是我根据我的理解随手写下的。

144. 已知的第一张条形图出现在1786年出版的《商业及政治图表集》中，这本书由威廉·普雷菲尔所著。普雷菲尔是一个万事通，也是资讯涂鸦的先驱。他给我们带来了饼状图、条形图和线图。如果他晚出生几十年，也许会和查尔斯·约瑟夫·米纳德成为好朋友——前面我们已经提到过，查尔斯为我们带来了一张令人印象深刻的信息图，展现了拿破仑1812年那场灾难性的进军。

145. 麦克·罗德将这些笔记称为“速写笔记”，如果你想看到它的全貌，可以浏览下面这个网址：

http://www.flickr.com/photos/rohdesign/6363688953/sizes/o/in/set-72157628051682643

你也可以在Flickr网站上找到他的页面，好好欣赏一番他的作品。

146. 不管是罗马花椰菜还是我们平常所说的花椰菜都是如此。

147. 我在前面提到过尼古拉·特斯拉，我相信他是一位能够自动看到深层视觉结构的人。爱因斯坦也许与他不相上下——据说爱因斯坦大脑中具有的神经胶质细胞要比普通人多得多。但我们这些普通人呢？只好努力喽。

第五章 将资讯涂鸦带到工作中去：改变我们在团队中的思维方式

148. IdeaPaint 涂料是一种单覆盖、滚刷式的白板漆，可以将几乎所有表面变成擦写板。

149. 人们经常问我如何在数字环境中进行团队资讯涂鸦，因为在现实中，有许多团队成员工作地点分散，需要通过远程方式合作。他们想听到的答案是：在模拟环境中进行的远程资讯涂鸦同面对面进行的一样有效。许多计算机设计师、软件工程师及教育学家都在努力解决这一挑战，但就目前而言，在我看来，想要完全模拟面对面的资讯涂鸦会议，我们的技术还不够成熟。现代人在生理上同我们的祖先并没有什么区别，这就意味着，对于处在一个三维世界中的我们而言，身临其境的学习通常更有效，这样我们才能通过多感官的、群体的、确切实在的交互获取信息。这并不是说你不应该尝试数字资讯涂鸦。它也是一种选择，而且随着科技发展，它的技术也将不断成熟。它对团队合作与学习带来的好处和影响很值得我们去探索，就像其他那些可能影响我们创造力与思考力的实验性方法一样。

150. 我在这里做了一个假设：这些教室、报告厅和会议室是按照传统的方式运作——由一位演讲者、老师或教授通过讲话引导学习过程。现实中的确存在互动式及沉浸式的教学方式，只是远远达不到我希望的数量。如果你发现自己有幸置身这样的教学环境，最好尽情享受这种学习体验，等到下课之后再将自己学到的东西画成资讯涂鸦。不要错过这难得的机会。这是一份宝贵的礼物，你应该感谢你的老师或会议组织者使它成为可能。

151. 注意：并不是说每个会议的流程都有且只有三个执行步骤。有些会议是三个步骤，有些可能有五个步骤。你明白我的意思了吧。

152. 从我的经验来看，口头说明加上现场示范能够更好地帮助人们理解他们要做的事情。光有口头指示一般而言是不够的。换句话说，当你进行现场示范时，要告诉学生你使用的方法并不是不可动摇的。在视觉化转换的工作中，你要允许人们在完成练习的同时展现个人风格。给他们指出方向，然后让他们自由飞翔。

153. 如果必要的话，你也可以打印出来。

154. 如果有2个人，就让他们2人2组；如果有5个人，就将他们分成2组（1组2个人，1组3个人）或是3组（2个2人小组，剩下1个人单独2组）；如果有20个人，可以将他们分成2个10人小组或是4个5人小组。以此类推。

155. 如果你是那种在工作开始前便急不可耐想知道结果的人，那么对于此刻在你心中上蹿下跳的那个问题，我的回答就是“没错”——在这些思维导图中，将会存在许多重叠的信息或是可能被证明是冗余的信息。如果你仔细推敲，一些“特征”会让你感觉像是“收益”，一些“挑战”的存在带出了某个新的“特征”。不要纠结于分类是否绝对严谨。继续绘制这该死的思维导图就好了。我们正在从多个角度填充、完善信息点。

156. 如果你选择了后一种做法，那么当会议进展到强制排名步骤时，你就需要让这些小组为自己审阅的特定项目进行排名。你还需要察觉他们在排名时是否存在个人偏向，确保排名的真实有效。如果你同独立的或跨部门的小组一起审阅特定的项目，自然会有一些偏见产生，但如果你选择在这个步骤中只同某几个特定的小组而不是全部小组一起审阅特定的思维导图，那么团队成员心里产生的偏见可能会强烈许多。也就是说，你排除了一种可能出现的偏见，却把另一种潜在的偏见引入团队之中，因为只有一部分与会者能够了解那些项目的信息，而信息获取的不均等导致了偏见的产生。亲爱的会议领导者，我相信你可以处理这种微妙的情况，但我觉得还是有必要提醒你一下。

157. 这不禁让人想起轻松易行的“世界咖啡屋”会议形式。你可以自行查阅、了解这种会议形式，亲爱的读者。

158. 除非你选择只让特定的小组了解特定的项目，就像我在之前某条尾注中提到的那样。

159. 为了防止你已经忘了，我再提醒你一下，这三个变量分别是“特征”、

"收益"和"挑战"。

160. 或是每个小组——如果你喜欢，可以先让与会者以小组形式进行排名，达成一致的结果，然后再将这个结果拿到整个大团队中来。

161. 我之所以选择"特征"作为排名的第一项内容并没有什么特殊理由，我就是这么做了。你也可以选择另一个变量作为开始。

162. 我知道有些人会很想这么干，但许多项目的细节特征是不能进行横向比较的，一个苹果和一个橘子摆在我们面前，我们能比较的是它们的重量，而不是颜色或香味。如果你试图比较它的颜色或香味，那就真是说不清了，想想看，你要如何拿着一个应用特有的缜密安全性去同另一个应用特有的查询功能做比较?在这个步骤中，我们必须站在更为宏观的角度思考。

163. 你们中的一些人可能会注意到，至少从我们列出的三排得分来看，项目X和项目Y是不相上下的。但这并不代表这个举例中的最后排名结果就是如此（因为我没有把第四排和第五排的得分列出来）。但在现实中，强制排名的确会出现不相上下的结果。如果发生这种情况，那就发起口头的投票，让团队成员就一个项目确实优于其他所有项目达成一致，或者你也可以将这两个得分相同的项目拿出来，让它们再进行一次"最终角逐"。 你还可以指定一个额外的标准，根据它来对得分相同的项目进行排名，重新计算总的得分。在做了这些事情之后，就基本不可能再出现两个方案得分相同的情况了。

164. 如果你想在一张大桌子上展示排名结果好让所有人都能围过来观看，那就可以使用索引卡。

165. 你还可以用上培乐多手工彩泥、彩色扭扭棒、照片、鸭子羽毛，甚至小饼干！什么都可以。将它们用到你的涂鸦过程中去！

166. 另一种解决这个问题的方法是，了解你的团队中哪些人属于安静的类型，然后特别要求他们发言。我注意到绝大多数性格内向的人并不反感发言的邀请，当你要求他们发言时，他们通常会很自然地接受。所以注意观察，找到那些内向的人，有意识地邀请他们发表意见。正如《安静》一书的作者苏珊·盖伊告诉我们的那样，内向的人具有在沉默中观察的能力，他们往往能给出特别重要的意见。

167. 也许你们都在使用在线的项目管理软件，像是Basecamp ，或是5pm ，或者是老牌的Google Drive。只要适合你们团队，不管你用什么我都支持。

168. 如果与会者是5到7人的话。

169. “链接诱饵”是指网页上特别设计出来吸引用户注意的内容或链接，当用户点击它们的时候，会跳转到另一个网页。有各种各样的方法可以让人们“吞下诱饵”，其中最有效的办法之一便是提出一个问题，用户想要回答这个问题必须点击链接。作为生来充满好奇心的物种，人类很难忽视眼前的问题，即使他们内心深处对答案并不是那么感兴趣。比方说：一个诸如“肯耶和基姆给他们的孩子取了什么名字？！”的问题很有可能将你的注意力吸引过去，至少是暂时吸引过去，就算你并不关心肯耶和基姆的孩子叫什么名字，你也会想点进去看看答案，以安抚你的好奇心。

170. 尽管为了更好地了解客户，从这个游戏衍生出来许多不同的版本，但我还是想提一提，这个独特的“移情图”方法是XPlan公司开发出来的，这是一家致力于视觉思考的公司，在他们那里，这种方法被称为“大头”游戏。

171. 韦杰·库玛在其撰写的《101种设计法：促进公司创新的结构方法》一书中，通过一个叫做“五种人性因素”的思维练习详细地介绍了这些分类。

172. 你可能注意到我在这里没有提到“性质”。这是因为不同的形容词发生碰撞很少能产生实质性的创新。将“性质”引入探索性构思的最好方式是让形容不同“性质”的形容词随机地同团队设计出来的产品或服务搭配。比方说，如果你的团队想出了一个新发明“会唱歌的降落伞”，那不妨把“冰冷的”这个形容词放到这个发明里，看看能够让这个发明发生何种变化。

173. 爱德华·德·波诺在其撰写的《锻炼你的创造力：62招助你解锁最有创

意的点子》第94页描述了“破中有立”这种方法。

174. 这是一个构架式的问题，由哈佛商学院的克莱顿·克里斯坦森在其著名的“奶昔营销”演讲中提出。

175. 我在这里大概算是抢跑了——跳过了几个步骤——但我想问问那些一直专心阅读本章节的读者，你觉得你能够通过绘制项目思维导图和强制排名的方式实现决策类会议的目标吗？我打赌你可以。我在列举第一个团队资讯序列时将“制定计划”这个步骤包含了进去，这样做能够让这个序列适用于规划类会议。但你也可以自己选择步骤，不管那是什么会议、什么目标。不断学习之后，你将会越来越清晰地感受到这一点。

176. 许多这种资讯涂鸦活动可以在大规模的团队中进行。你需要的只是一点想象力，再做一些组织结构上的调整和重组，以便让团队成员进行同样的视觉思考成为可能。比方说，你可能需要将团队分成更多的小组，你可能需要让他们涂画自己的点子矩阵，他们可能需要缩在桌面大小的空白空间内进行涂鸦（使用尺寸更小的便利贴），这样会议室里才能容纳得下更多人。这些都是灵活的，我的朋友，我们只需要鼓起勇气去面对混乱的场面。

177. 我很想说这个描绘数量的说法出自乔治·沃克·布什之口，但实际上是基努·里维斯在《周六夜现场》的“名人智力竞答”环节中说的。

178. 这里的“写好”可以指单独的个人写好了（因为有些人会比其他人写得快或是想要表达的想法较少，或者是对这件事情没什么兴趣），或者你也可以提前告诉他们，就算有谁提前写好了，也要待在座位上，直到你喊停为止。你可以按照你的心意选择采取何种做法。

179. 之所以需要注意这一点，是因为当人们努力尝试的时候，自然会产出高质量的想法，当然了，肯定也会有质量没那么高的想法夹杂其中，但在这个阶段，这不是我们需要关心的事情。

180. 我知道你在想“sistren”不是一个词。但它的确是的。虽然它现在已经消亡了，而且当它存在的时候，它的出现也只会让人们感到尴尬，但它的确是一个词，我的“brethren”。

181. 这里的“能力”通常指公司内部的能力，但也可以用来指既定的公司合作伙伴或供应商的能力。

182. 你要根据选题的实际内容考虑不同的机会，因为一个组织可以选择追求一个选题范围内的个别机会，而不是一头扎进整个选题中去。比方说，如果主题内容是“乳腺癌研究”，那么公司可以考虑组织一次步行马拉松活动来为此募集善款，但没必要将整个公司的主要精力投入这个项目。

183. 如果你来自美国之外的国家，我向你解释一下这句话的笑点。美国人（我相信还包括其他说英语的国家的人）经常说，“假设让你我都变成了傻瓜”。我们觉得这个玩笑很机灵，因为它是根据这个单词本身的拼写衍生出来的。假设（Assume）=傻瓜（Ass）+你（U）+我（Me）。哈哈。

184. “证明”这个说法本身就很含糊。如果一个人足够仔细地检查了自己坚信的想法、“事实”、证据或经验，那么就很难说出自己“毋庸置疑地证明了某件事情”这句话。在团队资讯涂鸦步骤中，我们还是从实用的角度出发，按照字面意思来理解它就好了。

185. 有一种例外情况值得注意：如果你是为周报做设计，你可以将这个过程压缩到五到十分钟，因为你和你的团队已经对项目状况的大体变化趋势很熟悉了，你可以快速带领你的团队过一遍流程。

186. 我想这句话可以证明我是一个“书呆子”。“悬浮咒”出自哈利·波特系列，你可以使用这种咒语让物体飘浮到空中，并且将它们挪到任何地方。

187. “比尔·盖茨：蚊子、疟疾与教育”

参见网址：http://www.ted.com/talks/bill_gates_unplugged.html

188. 由于大脑的生理构造，重力的存在本身就让我们访问我们大脑中的理性中心变得很困难。当大脑想要激活某个部分时，必须向那个部分输送血液（其中包含了葡萄糖和氧气）。而主管“理性”的部位在大脑中的位置可以用“又高又陡”来形容，这使得向这个部位输送血液，使其维持长时间的活跃状态变得十分费劲。

189. 我之前已经提到过，在写作这个章节时，我从《共鸣：通过视觉叙事改变观众》这本书里得到了不少灵感。这本书介绍了五种S.T.A.R.时刻：令人难忘的戏剧性表现、重复的声音片段、动人的画面、感人的讲述、令人震惊的统计资料。为了让你更好地理解，接下来我为每种时刻举了一个相应的例子：史蒂夫·乔布斯每次发布苹果新产品时都会使用戏剧化的手段；约翰尼·科克伦在辛普森杀妻案审判现场所说的“如果你戴不上这副手套，你就是无罪的”那句话；凯文·卡特拍摄的那张令人揪心的照片《饥饿的苏丹》：一个饿得奄奄一息的孩子与旁边的秃鹰；吉尔·伯特·泰勒的TED演讲，她讲述了自己中风的故事（还在演讲中使用了一个真正的人类大脑作为道具，双重S.T.A.R.效果！）；耐克基金会的动画短片“女孩效应”，其中陈述了这样一个事实：“当一个女孩长到十二岁，却依然生活在贫困之中，那么她的未来令人堪忧。”上述这些时刻都充满震撼人心的力量，改变了社会看待某个人群或某个问题的方式，令人难以忘怀。如果你在自己的演讲中加入这样一个S.T.A.R.时刻，即使它不像我在上面列举的那些时刻一样激动人心，你也可以好好表扬自己一番：做得好！

190. 当然了，许多公司都有制度化的考核制度、反馈方式和数据库，目的就是为了减少绩效考评中的主观性或不协调因素。不管你是在一家小精品店还是在一家全球性的大公司里召开反馈会议，对员工的信息进行收集和“评级打分”的方式都要能通过员工那一关。如果不能做到这一点，那么对员工的意见就应该作为系统错误被剔除。

图书在版编目（CIP）数据

涂鸦思考力 / (美) 布朗 (Brown,S.) 著 ; 杨蓓译
. -- 南京 : 江苏凤凰文艺出版社 , 2017.3

书名原文 : The Doodle Revolution: Unlock the Power to Think Differently

ISBN 978-7-5399-9245-7

Ⅰ . ①涂… Ⅱ . ①布… ②杨… Ⅲ . ①成功心理—通俗读物 Ⅳ . ① B848.4-49

中国版本图书馆 CIP 数据核字 (2016) 第 097175 号

图字：10-2016-204

书　　名　涂鸦思考力

出 品 人　华　楠
著　　者　(美) 桑妮 · 布朗
译　　者　杨　蓓
责任编辑　丁小卉　姚　丽
特约编辑　夏文彦　周奥扬
责任监制　刘　巍　江伟明
策　　划　读客图书
版　　权　读客图书
封面设计　读客图书　021-33608311
出版发行　凤凰出版传媒股份有限公司
　　　　　江苏凤凰文艺出版社
出版社地址　南京市中央路 165 号，邮编：210009
出版社网址　http://www.jswenyi.com
经　　销　凤凰出版传媒股份有限公司
印　　刷　北京海石通印刷有限公司
开　　本　710mm x 1000mm 1/16
印　　张　20
字　　数　336 千
版　　次　2017 年 4 月第 1 版　2017 年 4 月第 1 次印刷
标准书号　ISBN 978-7-5399-9245-7
定　　价　54.90 元
